H. J. Blaß, T. Uibel

Spaltversagen von Holz in mehrreihigen Verbindungen

Erweiterung des Rechenmodells für die Rissbildung beim Eindrehen von Holzschrauben

Titelbild: Durch Einfärben visualisierte Rissflächen einer Schraubenreihe

Band 21 der Reihe
Karlsruher Berichte zum Ingenieurholzbau

Herausgeber
Karlsruher Institut für Technologie (KIT)
Lehrstuhl für Ingenieurholzbau und Baukonstruktionen
Univ.-Prof. Dr.-Ing. H. J. Blaß

Spaltversagen von Holz in mehrreihigen Verbindungen

Erweiterung des Rechenmodells für die Rissbildung beim Eindrehen von Holzschrauben

Die Arbeiten wurden gefördert aus Mitteln des Deutschen Instituts für Bautechnik

von

H. J. Blaß
T. Uibel

Karlsruher Institut für Technologie (KIT)
Lehrstuhl für Ingenieurholzbau und Baukonstruktionen

Impressum

Karlsruher Institut für Technologie (KIT)
KIT Scientific Publishing
Straße am Forum 2
D-76131 Karlsruhe
www.ksp.kit.edu

KIT – Universität des Landes Baden-Württemberg und
nationales Forschungszentrum in der Helmholtz-Gemeinschaft

KIT Scientific Publishing 2012
Print on Demand

ISSN 1860-093X
ISBN 978-3-86644-852-0

Vorwort

Im Holzbau ist die Verwendung von selbstbohrenden Holzschrauben als Verbindungsmittel oder als Verstärkungselement inzwischen Stand der Technik. Durch Anordnung der Schrauben mit geringen Abständen untereinander und zu den Bauteilrändern kann die Wirksamkeit und die Wirtschaftlichkeit einer Verbindung oder einer Verstärkungsmaßnahme häufig gesteigert werden. Dies trifft insbesondere auch auf die Anwendung von Holzschrauben als Befestigungsmittel für Haupt-Nebenträger-Verbinder zu.

Die Bemessung von Haupt-Nebenträger-Verbindern wird in der Regel durch allgemeine bauaufsichtliche Zulassungen geregelt. Zur Herleitung der erforderlichen Bemessungsmethoden sind umfangreiche Versuche mit Haupt-Nebenträger-Verbindungen notwendig. Die entwickelten Berechnungsmodelle sind aufgrund der Diversität der Verbindungselemente zumeist nur produktspezifisch anwendbar und können nicht auf andere oder modifizierte Produkte übertragen werden. Durch eine rechnerische Ermittlung der Tragfähigkeit dieser Verbinder kann der notwendige Versuchsaufwand erheblich reduziert werden. Hierbei sind die zu erwartenden Versagensformen zu berücksichtigen, von denen sich bereits heute die meisten rechnerisch erfassen lassen. Dieses gilt jedoch nicht für ein Versagen des Holzes durch Aufspalten aufgrund zu geringer Verbindungsmittelabstände. Das Ziel dieses Forschungsvorhabens ist die Entwicklung einer Berechnungsmethode, mit der die erforderlichen Mindestabstände und Mindestholzdicken für Holzschrauben abgeschätzt werden können. Hierdurch lässt sich der Versuchsaufwand zur Festlegung dieser Randbedingungen deutlich reduzieren. Des Weiteren wird eine Grundlage geschaffen, das Versagen von Haupt-Nebenträger-Verbindungen durch Aufspalten rechnerisch zu erfassen.

Im ersten Teil des Forschungsvorhabens wurde ein allgemeines numerisches Modell entwickelt, mit dem das Spaltverhalten beim Eindrehen einer Schraube berechnet werden kann. Der zugehörige Forschungsbericht wurde im Jahr 2009 als Band 12 dieser Reihe veröffentlicht. Im vorliegenden zweiten Teil des Forschungsvorhabens wurde dieses Modell erweitert. Es ist nun möglich, das Spaltverhalten von Anschlüssen mit mehreren Verbindungsmitteln in einer Reihe sowie mit mehreren Verbindungsmittelreihen abzuschätzen. Die Prüfmethode zur Erfassung und direkten Beurteilung verbindungsmittelspezifischer Merkmale auf das Spaltverhalten wurde weiterentwickelt und abgesichert. Darüber hinaus wurden Kriterien zur Beurteilung der ermittelten Risserscheinungen in Hinblick auf ein Bauteilversagen abgeleitet.

Das Forschungsvorhaben wurde aus Mitteln des Deutschen Instituts für Bautechnik (DIBt) gefördert. Die Schrauben für die Versuche wurden von den Herstellern kostenfrei zur Verfügung gestellt.

Die Planung der Untersuchungen, die Betreuung der Versuche und deren Auswertung sowie die Erstellung des Forschungsberichtes erfolgten durch Herrn Dr.-Ing. T. Uibel. Für die Herstellung der Versuchskörper und der Versuchsvorrichtungen waren die Herren A. Klein, M. Deeg, S. Hartmann, M. Huber, G. Kranz und M. Scheid verantwortlich. Bei der Versuchsdurchführung haben Herr Dipl.-Ing. D. Töws, Frau Dipl.-Ing. K. Rupp, Herr Dipl.-Ing. M. Duffner und die wissenschaftlichen Hilfskräfte des Lehrstuhls für Ingenieurholzbau und Baukonstruktionen tatkräftig mitgewirkt.

Allen Beteiligten ist für die Mitarbeit zu danken.

Hans Joachim Blaß

Inhalt

1 Einleitung

Zur Erstellung eines Bauwerks werden im Holzbau oft Tragsysteme aus Hauptträgern und Nebenträgern gebildet. Zum Anschluss der Nebenträger an die Hauptträger steht eine große Anzahl unterschiedlicher Verbinder zur Verfügung. Häufig werden Stahlblechformteile wie zum Beispiel Balkenschuhe, Universalverbinder oder Winkelverbinder eingesetzt. Des Weiteren finden Verbinder aus Stahl beziehungsweise Aluminium Verwendung. Die Bemessung der Verbinder ist zumeist in allgemeinen bauaufsichtlichen Zulassungen geregelt. Die Bemessungsmethoden basieren auf umfangreichen experimentellen Untersuchungen an Haupt-Nebenträger-Verbindungen. Eine Übertragung der Bemessungsregeln auf andere Verbinder ist nicht möglich, wenn Abweichungen zum geprüften und damit berechenbaren Produkt z. B. in Form und Material bestehen.

Die durch einen Haupt-Nebenträger-Anschluss aufnehmbare Last ist abhängig von der Versagensform. Sie wird maßgebend beeinflusst durch die Tragfähigkeit des Verbinders selbst (z. B. Versagen des Stahlblechs), durch die Tragfähigkeit des Holzes im Verbindungsbereich (z. B. Schub-, Querzug- oder Querdruckversagen) und durch die Tragfähigkeit der Verbindungsmittel, mit denen der Verbinder am Neben- bzw. Hauptträger befestigt wird. Eine rechnerische Erfassung der Tragfähigkeit des Verbinders ist je nach Geometrie- und Werkstoffeigenschaften möglich oder muss auf Grundlage von Versuchen erfolgen. Ein Versagen infolge Querzug- oder Querdruckbeanspruchung kann zumeist rechnerisch ermittelt werden. Die Tragfähigkeit der Verbindungsmittel lässt sich ebenfalls rechnerisch z. B. nach der Theorie von Johansen erfassen. Dieses ist jedoch nur dann möglich, wenn sich das Verbindungsmittel bei Biegebeanspruchung bzw. das Holz bei Lochleibungsbeanspruchung plastisch verformen kann. Tritt aufgrund geringer Verbindungsmittelabstände zuvor ein Versagen des Holzes durch Aufspalten auf, ist die Tragfähigkeit bisher nicht rechnerisch ermittelbar. Daher kann der rechnerische Nachweis des Gesamtanschlusses (z. B. gemäß DIN 1052) bisher nicht erbracht werden. Gelingt es auf Grundlage der Untersuchungen dieses Forschungsvorhabens, das Tragverhalten von Haupt-Nebenträger-Verbindungen auch unter Berücksichtigung eines Versagens durch Aufspalten zu berechnen, kann ein großer Teil der Tragfähigkeitsversuche an Anschlüssen entfallen.

Insbesondere bei der Befestigung von Haupt-Nebenträger-Verbindern sind geringe Verbindungsmittelabstände gewünscht, um die Größe der Anschlussflächen zu begrenzen. Hierdurch können bei den Verbindern der Materialbedarf reduziert und Zusatzmomente durch Exzentrizitäten im Anschlussbereich minimiert werden. Neben Nägeln werden in den letzten Jahren zunehmend selbstbohrende Holzschrauben zur Befestigung von Haupt-Nebenträger-Verbindern eingesetzt. Mit diesen Schrauben sind häufig auch geringe Verbindungsmittelabstände realisierbar. Bei selbstbohrenden Holzschrauben wird die Gefahr eines Versagens des Holzes durch Aufspalten beim Eindrehen häufig durch eine besondere Spitzenform (Bohrspitze) verbunden mit einer speziellen Schaftausbildung (Reibenut bzw. Reibschaft) beeinflusst. Des Weiteren kann auch die Form des Schraubenkopfes einen bedeutenden Einfluss auf das Spaltverhalten des Holzes beim Versenken des Kopfes haben. Dieses ist beim Anschluss von Haupt-Nebenträger-Verbindern jedoch meist nicht relevant. Zur Verhinderung eines Versagens der Holzbauteile durch Aufspalten bei der Verbindungsmittelmontage müssen Mindestanforderungen an die Verbindungsmittelabstände und die Querschnittsmaße bzw. Holzdicke festgelegt werden. Bisher werden die erforderlichen Mindestabstände und Mindestholzdicken durch umfangreiche Einschraubversuche mit einem iterativen Vorgehen ermittelt.

Im Rahmen dieses insgesamt dreiteiligen Forschungsvorhabens wird das Spaltverhalten von Holz für Schrauben untersucht, die ohne Vorbohren in das Holz eingedreht werden. Es wird eine Berechnungsmethode entwickelt, die es ermöglicht, das Spaltverhalten in Abhängigkeit von Bauteilmaßen, Verbindungsmittelabständen, Anordnungen und Besonderheiten der Schraubenausführung abzuschätzen.

Im ersten Teil des Forschungsvorhabens wurde hierzu ein allgemeingültiges Rechenmodell entwickelt, mit dem Risserscheinungen ermittelt werden können, die beim Einbringen von Schrauben in Bauteilen aus Holz entstehen. Das Modell basiert auf numerischen Berechnungen, verbunden mit wenigen Grundlagenversuchen zur Ermittlung der schraubenspezifischen Einflüsse auf das Spaltverhalten. Das Modell war zunächst jedoch auf die Anordnung einer Schraube beschränkt.

Im vorliegenden zweiten Teil des Forschungsvorhabens wird das Modell auf Anschlüsse mit mehreren Verbindungsmitteln übertragen. Des Weiteren werden die Grundlagen des Modells durch umfangreiche experimentelle und numerische Untersuchungen abgesichert und verbessert. Die Prüfmethode zur Quantifizierung schraubenspezifischer Einflüsse auf das Spaltverhalten wird durch umfassende Parameterstudien weiterentwickelt. Hierdurch ist es möglich, das Spaltverhalten unterschiedlich ausgebildeter Verbindungsmittel zutreffend zu berücksichtigen. Ferner werden Kriterien zur Beurteilung der ermittelten Risserscheinungen (Rissflächen und Risslängen) in Hinblick auf die Gefahr des Versagens des Holzes durch Aufspalten abgeleitet.

Für den dritten Teil des Vorhabens ist geplant, die Allgemeingültigkeit des Modells durch Untersuchungen an weiteren Schrauben mit unterschiedlich ausgebildeten Schraubenmerkmalen zu überprüfen. Außerdem soll die Auswirkung der ermittelten Mindestabstände auf die Tragfähigkeit von Verbindungen untersucht werden.

2 Grundlagen zur Überprüfung und Erweiterung des Modells

2.1 Allgemeines

Im Rahmen des Forschungsvorhabens soll eine Methode entwickelt werden, mit der das Spaltverhalten von Nadelholz beim Eindrehen von selbstbohrenden Holzschrauben numerisch abgeschätzt werden kann. Selbstbohrende Schrauben bestehen zumeist aus Kohlenstoffstahl und werden i. d. R. nach dem Aufrollen des Gewindes gehärtet, um höhere Werte der Zugtragfähigkeit, des Fließmomentes und der Torsionstragfähigkeit (Bruchdrehmoment) zu erreichen. Darüber hinaus verfügen sie häufig über spezielle Bohrspitzen, Schneidgewinde und Reibschäfte, um das Einschraubdrehmoment im Holz zu vermindern. Diese Eigenschaften gestatten es, sie im Gegensatz zu genormten Holzschrauben mit Gewinde nach DIN 7998 in nicht vorgebohrte Hölzer einzudrehen. Beim Einbringen von Verbindungsmitteln ohne Vorbohren kann ein Holzbauteil aufspalten oder eine Rissbildung ausgelöst werden, vgl. Bild 2-1. Hierdurch kann die Kraftübertragung deutlich reduziert oder völlig ausgeschlossen werden, so dass eine Verwendung des Bauteils nicht mehr möglich ist. Außerdem beeinflussen Risse, die durch die Montage der Verbindungsmittel verursacht wurden, die Tragfähigkeit des Bauteils bzw. des Anschlusses unter Belastung. Diese Anfangsrisse können ein weiteres Risswachstum initiieren und so zum Versagen des Holzes durch Aufspalten führen.

Bild 2-1   Rissbildung und Aufspalten beim Eindrehen von Schrauben aufgrund zu geringer Abstände der Verbindungsmittel (Fotos: M. Frese)

Zur Vermeidung des Risswachstums und des Aufspaltens des Holzes werden in den Bemessungsnormen für Holzbauwerke bzw. in den bauaufsichtlichen Zulassungen für Holzschrauben Mindestabstände und Mindestholzdicken in Abhängigkeit vom Verbindungsmitteldurchmesser vorgeschrieben. Allgemein werden selbstbohrende Holzschrauben bezüglich der Mindestabstände zunächst wie Nägel in nicht vorgebohrten Hölzern behandelt, siehe Bild 2-2 und Tabelle 2-1.

Deutlich geringere Mindestabstände sind bei Schrauben möglich, die über Bohrspitzen, Schneidgewinde, Reibschäfte oder ähnliche Merkmale verfügen, da diese die Gefahr des Aufspaltens reduzieren. Häufig können derartig gestaltete Schrauben bei Einhaltung von bestimmten Mindestholzdicken mit Abständen wie für Nägel in vorgebohrten Hölzern angeordnet werden, vgl. Tabelle 2-1. Werden die Schrauben überwiegend auf Herausziehen beansprucht, können die Mindestabstände ggf. weiter reduziert werden. Die Anwendbarkeit reduzierter Mindestabstände und zugehöriger Mindestholzdicken muss für die bauaufsichtliche Zulassung der jeweiligen Schraube nachgewiesen werden. Hierzu werden bisher Einschraubversuche durchgeführt, mit denen iterativ die Kombinationen aus Abständen und Holzdicken ermittelt werden, die nicht zum Versagen durch Aufspalten bzw. zu tragfähigkeitsreduzierenden Risserscheinungen führen.

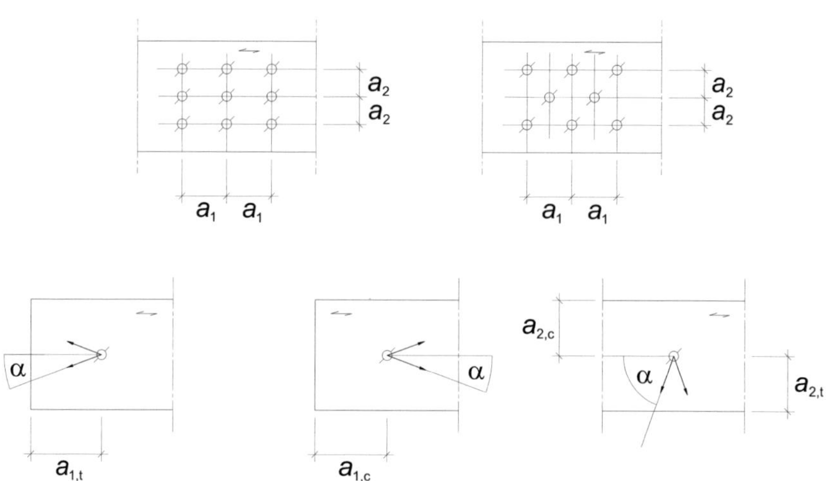

Bild 2-2   Definition der Mindestabstände von Verbindungsmitteln gemäß DIN 1052

Tabelle 2-1   Abstände für Nägel in vorgebohrten und nicht vorgebohrten Hölzern gemäß DIN 1052: 2008

	a_1	a_2	$a_{1,t}$	$a_{1,c}$	$a_{2,t}$	$a_{2,c}$
nicht vorgebohrt[1] $d < 5$ mm	$(5+5\cdot\cos\alpha)\cdot d$	$5\cdot d$	$(7+5\cdot\cos\alpha)\cdot d$	$7\cdot d$	$(5+2\cdot\sin\alpha)\cdot d$	$5\cdot d$
nicht vorgebohrt[1] $d \geq 5$ mm	$(5+7\cdot\cos\alpha)\cdot d$	$5\cdot d$	$(10+5\cdot\cos\alpha)\cdot d$	$10\cdot d$	$(5+5\cdot\sin\alpha)\cdot d$	$5\cdot d$
vorgebohrt	$(3+2\cdot\cos\alpha)\cdot d$	$3\cdot d$	$(7+5\cdot\cos\alpha)\cdot d$	$7\cdot d$	$(3+4\cdot\sin\alpha)\cdot d$	$3\cdot d$

[1] nicht vorgebohrte Hölzer mit $\rho_k \leq 420$ kg/m³

2.2 Erkenntnisse aus dem ersten Teil des Forschungsvorhabens

Im ersten Teil des Forschungsvorhabens wurden die relevanten Einflussgrößen auf das Spaltverhalten sondiert und hierzu die Ergebnisse konventioneller Einschraubversuche analysiert. Bei konventionellen Einschraubversuchen werden die zu prüfenden Holzschrauben mittels eines handelsüblichen Einschraubgerätes in einen Prüfkörper aus Vollholz eingedreht und anschließend die entstandenen Risserscheinungen beurteilt. Für verschiedene Schraubentypen zeigt sich beim Eindrehen auch bei gleichem Durchmesser und sonst gleichen Randbedingungen ein unterschiedliches Spaltverhalten des Holzes, vgl. Tabelle 8-1 in Anhang 8.1. Dieses ist nicht nur auf unterschiedliche Schraubengeometrien (z. B. Kern- und Kopfdurchmesser) zurückzuführen, sondern vor allem auf die Wirkung von Bohrspitzen, Reibschäften sowie von Fräsrippen an Gewindeflanken und Schraubenköpfen.

Diese Eigenschaften können im Gegensatz zu den meisten materialspezifischen Einflüssen (mechanische Eigenschaften des Holzes) und geometrischen Einflüssen (z. B. Abstände, Holzdicke) auf das Spaltverhalten nicht direkt mit einem numerischen Modell erfasst werden. Daher wurde eine experimentelle Ermittlung der schraubenspezifischen Einflüsse vorgesehen und die Methode zur Abschätzung des Spaltverhaltens als Kombination von Grundlagenversuchen und FE-Berechnungen konzipiert. Um das Spaltverhalten beurteilen zu können, sind Aussagen über die Rissausdehnung im Holz notwendig. Daher ist die Größe der resultierenden Rissfläche entscheidend für die Beurteilung der Spaltgefahr. Das Rechenmodell wurde so gestaltet, dass die durch den Einschraubvorgang hervorgerufene Rissbildung in Größe und Verteilung ermittelt werden kann.

Zur Erfassung der verbindungsmittelspezifischen Kräfte, die beim Einschrauben rechtwinklig zur Faserrichtung auf das Holzbauteil wirken, wurde eine neuartige Prüfmethode entwickelt. Die Ergebnisse dieser Versuche wurden des Weiteren verwendet, um mit dreidimensionalen FE-Modellen Ersatzlasten zu bestimmen, die die beim Einschrauben auftretenden Spaltkräfte charakterisieren. Diese Ersatzlasten ermöglichen es, die Einflüsse unterschiedlich ausgebildeter Schraubentypen auf das Spaltverhalten von Holz im Rahmen der Rissflächenberechnung zu berücksichtigen. Die Prüfmethode erlaubt auch eine direkte Beurteilung des Spaltverhaltens einer Schraube durch Vergleichsversuche mit einer Referenzschraube, deren Spaltverhalten bekannt ist.

Zur Berechnung der Rissflächen werden die Holzbauteile in einem FE-Programm mit 3-D-Volumenelementen modelliert. Hierbei werden die materialspezifischen Einflüsse des Holzes auf das Spaltverhalten wie u. a. die Elastizitäts- und Schubmoduln berücksichtigt. Die für das Aufspalten relevante Querzugtragfähigkeit des Holzes wird mit Hilfe von nicht-linearen Federelementen berücksichtigt, die in der Rissebene angeordnet werden. Das nicht lineare Materialgesetz der Federelemente wurde auf Grundlage von Versuchen mit CT-Proben bestimmt. Hierzu wurden diese Versuche mit einem einfachen zweidimensionalen FE-Modell simuliert und die Federelemente im Rahmen von Parameterstudien kalibriert. Zur Simulierung des Einschraubvorgangs wird die zuvor ermittelte Ersatzlast schrittweise als Beanspruchung angesetzt.

Zur Kalibrierung und Verifizierung des Rechenmodells wurden Einschraubversuche durchgeführt, bei denen die Rissflächen durch Einfärben visualisiert wurden. Hierdurch war es möglich, das Ausmaß der Risserscheinungen über den gesamten Querschnitt der Prüfkörper zu quantifizieren. Anhand der Ergebnisse eines Teils dieser Versuche wurden Korrekturfaktoren zur Kalibrierung des Rechenmodells ermittelt. Durch Vergleich der rechnerisch ermittelten Rissflächen mit den experimentell ermittelten Rissflächen aus weiteren Einschraubversuchen wurde das Rechenmodell verifiziert. Für die in praxi relevanten Konfigurationen zeigte sich eine recht gute qualitative und quantitative Übereinstimmung zwischen den simulierten und den experimentell ermittelten Rissflächen. Jedoch war das Modell zunächst auf die Berechnung der Rissflächen bei Anordnung einer Schraube im Holzbauteil beschränkt.

2.3 Ziele der weiteren Untersuchungen und Vorgehensweise

Im Rahmen des zweiten Teils des Forschungsvorhabens sollten weitere Untersuchungen zur Kalibrierung und Absicherung des Rechenmodells durchgeführt werden. Insbesondere war die Zuverlässigkeit der entwickelten Prüfmethode zur Ermittlung von Kräften beim Einschrauben durch zusätzliche Versuche abzusichern. Hierdurch sollten die Prüfbedingungen so definiert werden, dass eine allgemeine und zuverlässige Anwendung des Verfahrens auf Versuche mit Schrauben im Rahmen von Zulassungsverfahren ermöglicht wird. Die ermittelten Korrekturfaktoren zur Erfassung der unterschiedlichen Einflüsse (u. a. Rohdichte, Einschraubgeschwindigkeit) auf das Spaltverhalten waren zu überprüfen. Außerdem sollten weitere Einflüsse, wie z. B. der Winkel zwischen Schraubenachse und Jahrringtangente, in die Berechnungen einbezogen werden. Die Kalibrierung des Rechenmodells zur Berechnung der Rissflächen war mit diesen neuen Erkenntnissen zu überprüfen und zu verbessern.

Des Weiteren sollte das Modell zur Ermittlung des Spaltverhaltens von einem auf mehrere Verbindungsmittel und unterschiedliche Anschlussbilder erweitert werden, um Aussagen über in praxi relevante Verbindungsmittelanordnungen treffen zu können. Hierdurch kann der Aufwand bei der Ermittlung von Randabständen im Rahmen von Einschraubversuchen zusätzlich reduziert werden, da durch das erweiterte Modell bereits im Vorfeld die ungünstigen Anschlussbilder ermittelbar sind. Letztlich war die Ableitung von Kriterien (z. B. maximale Rissfläche, Risslängen bzw. Rissflächenverteilungen) zur Einschätzung der Gefahr des Aufspaltens und damit des Versagens des Bauteils beim Einbringen des Verbindungsmittels geplant.

Zum Erreichen dieser Ziele wurde die neuartige Prüfmethode zur Erfassung schraubenspezifischer Merkmale weiterentwickelt und umfangreiche experimentelle und numerische Untersuchungen zu den verschieden Einflussparametern durchgeführt. Diese Untersuchungen sind in den Kapiteln 3.1 und 3.2 dargestellt. In Kapitel 3.3 wurden auf der Grundlage dieser Erkenntnisse die schraubenspezifischen Ersatzlasten für die Rissflächenberechnung unter Verwendung verbesserter Kalibrierungsfaktoren neu berechnet.

Für Schraubenbilder mit mehreren Schrauben werden in Kapitel 4.1 die Rissflächen experimentell ermittelt. Anhand dieser Versuche werden Kriterien zur Beurteilung der Spaltgefahr in Abhängigkeit von der Größe der Risserscheinungen abgeleitet. In Kapitel 4.2 ist dargestellt, wie das FE-Modell zur numerischen Rissflächenberechnung erweitert wird. Mit Hilfe der Ergebnisse der experimentellen Rissflächenermittlung wird dieses Modell kalibriert und verifiziert.

3 Ermittlung von Kräften beim Eindrehen von Schrauben

3.1 Prüfmethode

3.1.1 Versuchseinrichtung

Zur Beurteilung des Spaltverhaltens von Holz beim Eindrehen selbstbohrender Holzschrauben wurde im ersten Teil dieses Forschungsvorhabens eine Methode entwickelt, mit der Kräfte ermittelt werden können, die beim Eindrehen einer Schraube rechtwinklig zur Faserrichtung auf das Holz wirken, vgl. Blaß und Uibel (2009).

Bei dieser Prüfmethode wird die zu prüfende Holzschraube in die Ebene zwischen den Hälften eines zweiteiligen Prüfkörpers eingedreht. Der Versuchsaufbau ist in Bild 3-1 bis Bild 3-3 dargestellt. Der Prüfkörper wird aus einem Holzquerschnitt durch faserparalleles Auftrennen hergestellt. Die beiden Prüfkörperhälften werden durch Messschrauben verbunden. In einer Bohrung im Kern der Messschrauben sind Dehnmessstreifen appliziert, mit denen die Dehnungen der Schraube bei Beanspruchungen in Axialrichtung gemessen werden können. Durch eine Kalibrierung ist es möglich, aus den Dehnungen die Axialkräfte in den Messschrauben zu berechnen. Somit können die Kräfte bestimmt werden, die beim Eindrehen der Holzschraube auf den Prüfkörper wirken.

Die mit der Prüfmethode gemessenen Kräfte entsprechen aufgrund der im Versuch vorliegenden Randbedingungen nicht den tatsächlichen Kräften, die beim Einschrauben in ein Holzbauteil rechtwinklig zur Faserrichtung wirken. Sie können diese nur qualitativ und quantitativ charakterisieren, aber nicht exakt die tatsächliche Kräfte- bzw. Spannungsverteilung wiedergeben. Folgend werden die mit der Prüfeinrichtung ermittelten Kräfte auch als Einschraub-Spaltkräfte bezeichnet. Dennoch sind diese aus vorgenannten Gründen nicht identisch mit den Kräften, die beim Einschrauben zum Aufspalten des Holzes führen. Sie stellen nur ein Maß zur Abschätzung dieser Kräfte dar. Die Versuche zur Ermittlung der Kräfte werden analog hierzu Einschraub-Spaltkraft-Versuche genannt.

Zum Eindrehen der Holzschraube wird die in Bild 3-3 dargestellte Schraubenprüfmaschine verwendet. Hierdurch ist während des Einschraubvorgangs eine konstante Umdrehungsanzahl gewährleistet. Das Einschraubdrehmoment sowie die Einschraubtiefe werden während des Einschraubens kontinuierlich gemessen. Nachdem das Gewinde der Schraube greift, wird das Einschraubgerät der Schraubenprüfmaschine mit einer definierten, konstanten Auflast in Eindringrichtung der Holzschraube beansprucht. Der Prüfkörper wird während des Versuchs so gelagert, dass das entstehende Torsionsmoment aufgenommen werden kann, ohne die Dehnungs- bzw. Kraftmessung zu beeinträchtigen.

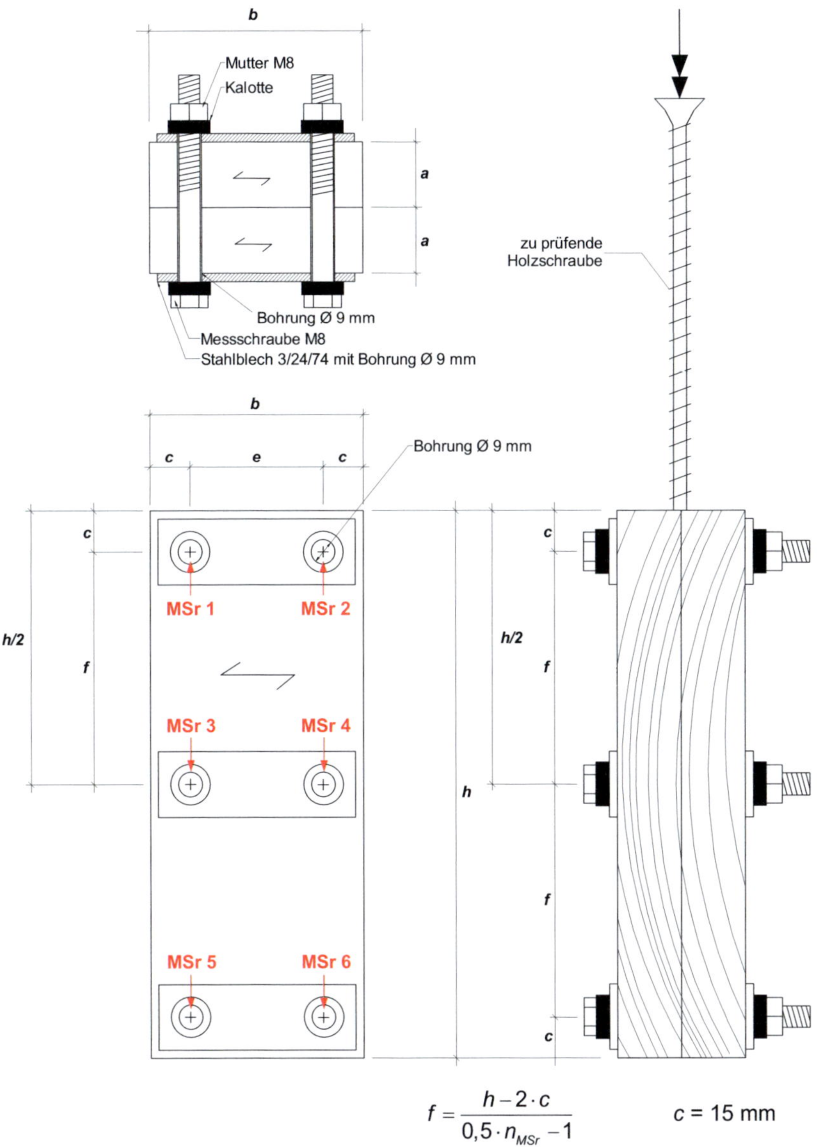

$$f = \frac{h - 2 \cdot c}{0,5 \cdot n_{MSr} - 1} \qquad c = 15 \text{ mm}$$

Bild 3-1   Prüfkörpergeometrie in Ansichten und Schnitt für die Variante mit sechs Messschrauben, Prüfkörper aus Vollholz

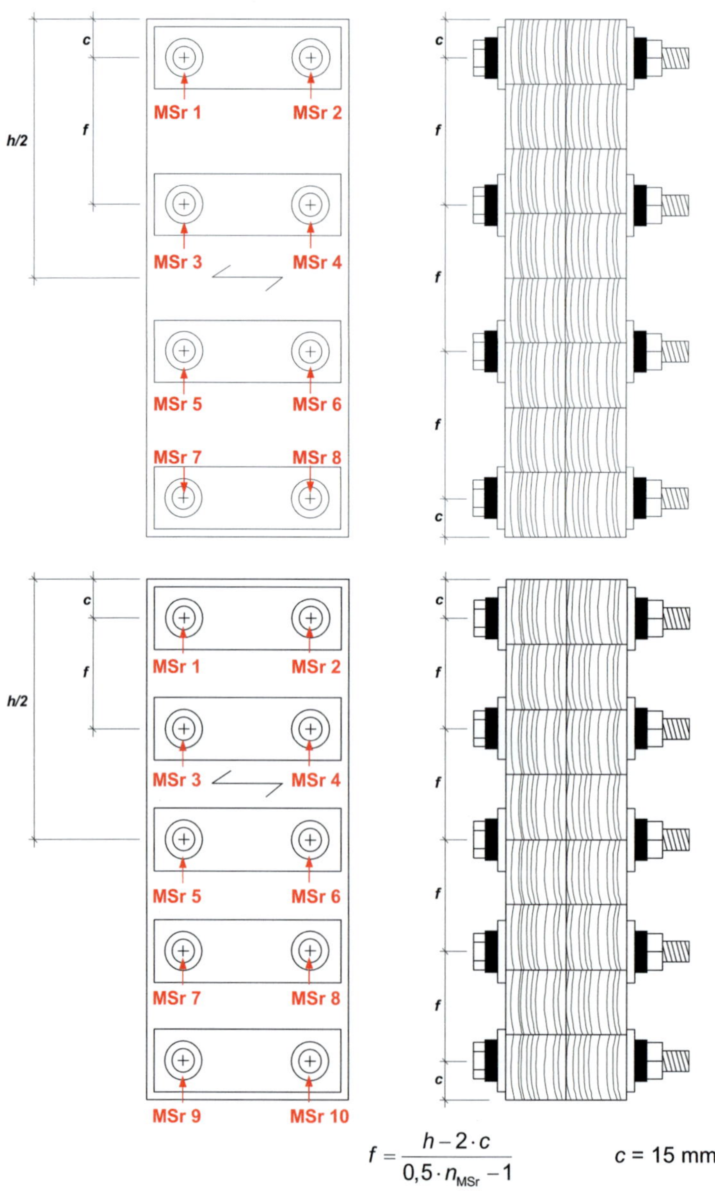

$$f = \frac{h - 2 \cdot c}{0,5 \cdot n_{MSr} - 1} \qquad c = 15 \text{ mm}$$

Bild 3-2   Prüfkörpergeometrie mit acht und zehn Messschrauben

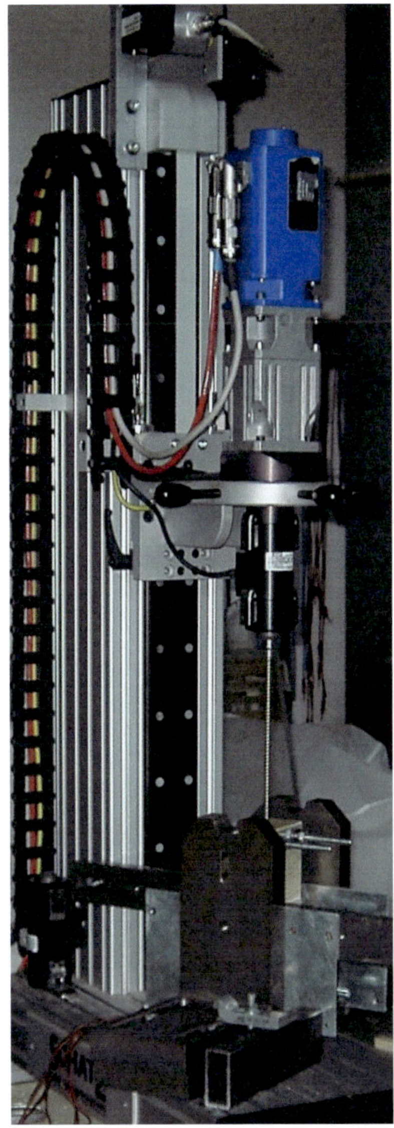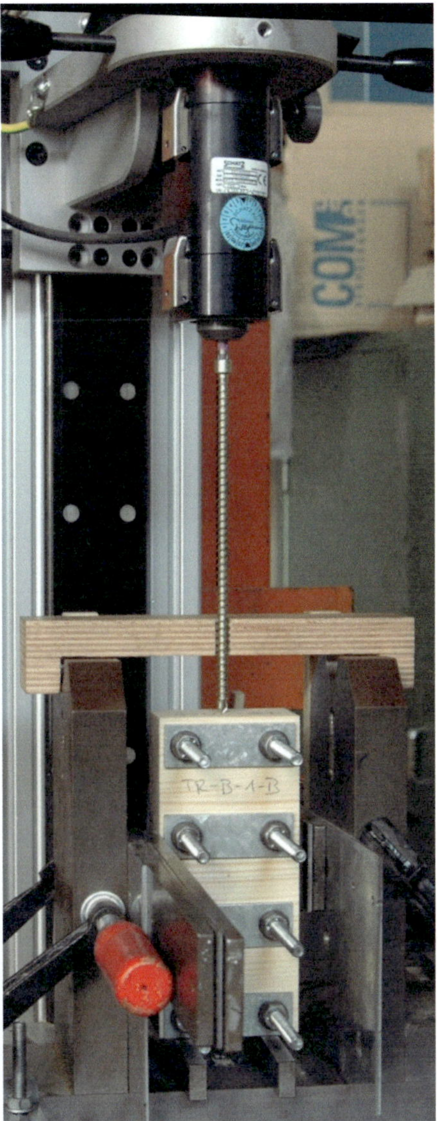

Bild 3-3   Versuchsaufbau – Eindrehen mittels Schraubenprüfmaschine

Nach Abschluss des Einschraubvorgangs wird am geöffneten Prüfkörper beurteilt, ob die Schraube gleichmäßig in beide Prüfkörperhälften eingeschraubt wurde. Ein geöffneter Prüfkörper nach der Versuchsdurchführung ist in Bild 3-4 abgebildet. Zur Beurteilung der Verwertbarkeit eines Versuches wurden unter anderem als objektives Kriterium die plastischen Verformungen gemessen, die durch das Eindrehen der Schraube entstehen. Diese stellen die Eindringtiefe des Kernquerschnitts in die jeweiligen Prüfkörperhälften dar, welche im Idealfall gleich groß sein sollten. Dieses Beurteilungskriterium wurde bereits von Blaß und Uibel (2009) eingesetzt. Das Verhältnis der gemessenen, bleibenden Verformungen wird bezeichnet als:

$$\iota = \min\left\{\frac{t_1}{t_2} ; \frac{t_2}{t_1}\right\} \tag{1}$$

mit

t_1, t_2 gemessene Eindringtiefe an Prüfkörperhälfte 1 bzw. 2 in mm

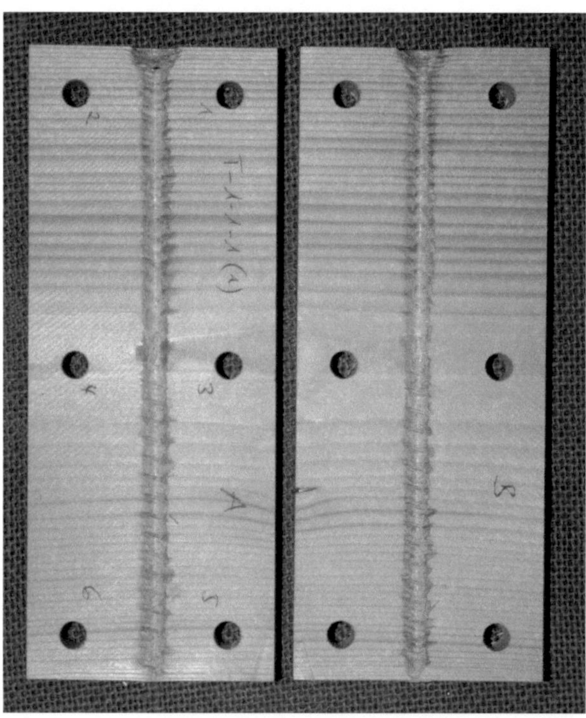

Bild 3-4   Prüfkörper aus Vollholz nach der Versuchsdurchführung

Die Messung der Eindringtiefen erfolgt im Bereich der jeweiligen Positionen der Messschrauben und somit punktuell über die gesamte Prüfkörperhöhe. Es zeigte sich, dass ein Einschrauben mit völlig symmetrischen Eindrücktiefen nicht immer möglich ist. Bei einigen Versuchen waren Schrauben beim Eindrehen teilweise in eine Prüfkörperhälfte verlaufen. Versuche konnten i. d. R. verwertet werden, falls Gleichung (1) an jeder Messstelle folgende Bedingung erfüllt:

$$\iota_i \geq 0,4 \tag{2}$$

mit

ι_i Verhältnis der bleibenden Verformungen nach (1) an i-ten Messstelle

Ist das Kriterium aus Gleichung (2) nicht erfüllt, wird geprüft, ob der Mittelwert der Verhältnisse ι_i über alle Messstellen mindestens $\iota_{mean} \geq 0,35$ beträgt. In diesem Fall wurden die Ergebnisse der betreffenden Versuche durch Vergleiche auf Basis der Last-Einschraubweg-Diagramme beurteilt und gegebenenfalls ihre Verwendung zugelassen.

Des Weiteren ist zu berücksichtigen, dass die Eindrücktiefen lediglich punktuell an drei bis fünf Messstellen gemessen wurden. In der Regel wird der Prüfkörper beim Einschrauben im Bereich der Holzschraube auch elastisch verformt. Die elastischen Verformungsanteile werden nach dem Lösen der Messschrauben wieder abgebaut. Insgesamt wurde daher die Qualität der jeweiligen Versuche auf Grundlage einer ganzheitlichen Betrachtung beurteilt.

3.1.2　Prüfkörper

Im Rahmen der Untersuchungen des ersten Teils des Forschungsvorhabens wurden bereits Versuche zur Ermittlung der Einschraub-Spaltkräfte durchgeführt. Hierbei wurden sechs Messschrauben an Prüfkörpern aus Vollholz angeordnet, vgl. Bild 3-1. Mit dieser Konfiguration wurden für die erste Versuchsserie dieses Vorhabens (vgl. Tabelle 3-1 in Abschnitt 3.2.1) weitere Versuchsreihen durchgeführt.

Bild 3-5 zeigt typische Querschnitte der Prüfkörper aus praxisüblichem Vollholz. Diese wurden in der Regel aus Halbhölzern hergestellt. In Bild 3-6 ist γ als Winkel zwischen Schraubenachse und Tangente an den Jahrringen definiert. Die Querschnittsbreite der Prüfkörper beträgt je nach Versuchsreihe zwischen 48 mm und 72 mm und die Prüfkörperhöhe zwischen 180 mm und 320 mm. Die mechanischen Eigenschaften dieser Vollholz-Prüfkörper können aufgrund ihrer Querschnittsmaße lokal signifikant variieren. Wird die maßgebende Prüfkörperebene betrachtet, so ändern sich insbesondere die Rohdichte und die Jahrringorientierung über die Prüfkörperhöhe. Der Winkel γ ist über die Prüfkörperhöhe nicht konstant und kann zwischen $\gamma_{min} = 0°$ und $\gamma_{max} = 90°$ variieren. Der Winkel zwischen Schraubenachse und Jahrringtangente wird im Bereich des Schraubenkopfes als γ_K und im Bereich der Schraubenspitze als γ_S bezeichnet. Mit der Änderung der Jahrringlage und der Rohdichte des Prüfkörpers entlang des Einschraubwegs verändern sich dessen lokale Steifigkeits- und Festigkeitseigenschaften. Insbesondere ändert sich aufgrund der rhombischen Anisotropie des Holzes der Elastizitätsmodul rechtwinklig zur Faserrichtung in Abhängigkeit von der Jahrringorientierung.

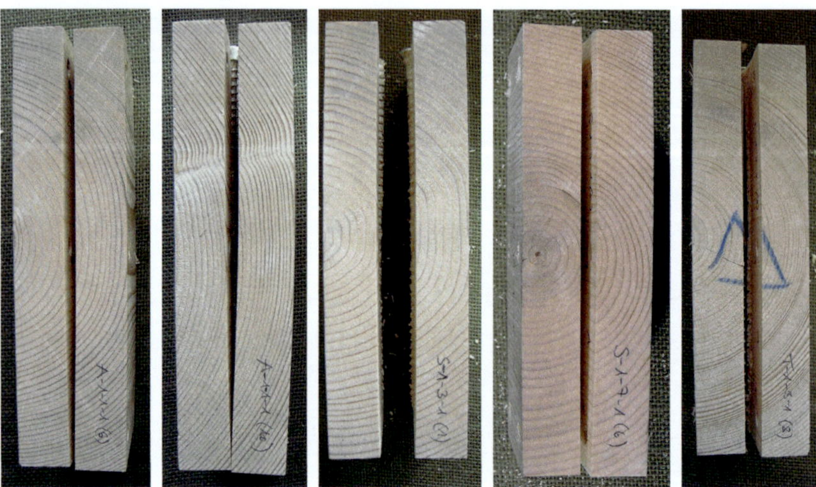

Bild 3-5　　　　　Typische Querschnitte von Prüfkörpern aus Vollholz

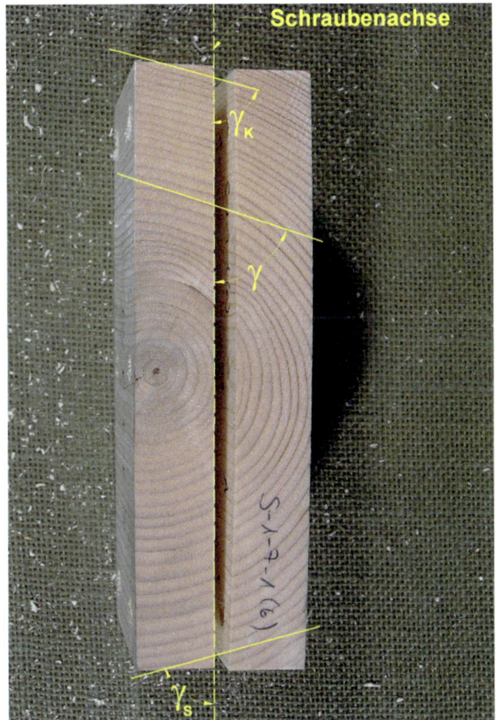

Bild 3-6   Prüfkörper aus Vollholz, Winkel γ zwischen Schraubenachse und Jahrringtangente

In Tangentialrichtung kann der Elastizitätsmodul in etwa nur die Hälfte des Elastizitätsmoduls der Radialrichtung betragen ($E_T/E_R \sim 1/2$). Dieses wirkt sich auf die lokale Biegesteifigkeit des Prüfkörpers aus. Des Weiteren variiert die Querdruckfestigkeit in Abhängigkeit von Jahrringorientierung und Rohdichte. Die mit Hilfe der Versuchseinrichtung gemessenen Kräfte können durch die lokalen Änderungen der Steifigkeits- und Festigkeitseigenschaften des Prüfkörpers beeinflusst werden. Eine etwaige Beeinflussung der Versuchsergebnisse ist für vergleichende Betrachtungen unter Verwendung mehrerer Prüfkörper aus demselben Ausgangsmaterial nicht relevant. Um für Vergleichsversuche Prüfkörper mit ähnlichen bzw. gleichen Eigenschaften zu erhalten, wurde ein Kantholz der Länge nach in mehrere Prüfkörper aufgeteilt. Die Verwendung dieser Prüfkörper erlaubt überdies die Ermittlung der Kräfte für praxisübliche Bauteile aus Vollholz unter Berücksichtigung ihrer typischen Materialeigenschaften.

Eine direkte Untersuchung des Winkels γ anhand von Versuchen mit Prüfkörpern, bei denen dieser über die Prüfkörperhöhe bzw. den Einschraubweg variiert, ist jedoch nicht möglich. Des Weiteren ist zu prüfen, ob der an diesen Prüfkörpern ermittelte Rohdichteeinfluss allgemeine Gültigkeit besitzt bzw. inwieweit die Versuchsergebnisse durch die lokalen Änderungen der Steifigkeits- und Festigkeitseigenschaften beeinflusst werden.

In der zweiten Versuchsserie (vgl. Tabelle 3-2 in Abschnitt 3.2.1) wurden daher zur expliziten Untersuchung des Einflusses der Rohdichte und der Winkel zwischen Schraubenachse und Jahrringtangente besondere Prüfkörper verwendet. Die Prüfkörper verfügen aufgrund der Verwendung von speziellem Brettschichtholz über einen nahezu homogenen Querschnitt. Das Brettschichtholz wurde im Labor so hergestellt, dass der jeweilige Prüfkörper aus derselben Lamelle besteht. Hierzu wurde ein Brett der Länge nach in Abschnitte aufgeteilt. Anschließend wurden die Abschnitte zu einem Brettschichtholzquerschnitt verklebt. Störstellen wie z. B. Äste oder Harzgallen wurden beim Zuschnitt der Lamellen herausgekappt. Auf diese Weise können Prüfkörper mit über die Höhe gleichmäßig verteilter Rohdichte hergestellt werden. Außerdem ist es so möglich, Prüfkörper zu produzieren, bei denen der Winkel zwischen Schraubenachse und Jahrringtangente über die Einschraubtiefe konstant ist, siehe Bild 3-7 und Bild 3-8. Die Prüfkörper bestehen jeweils aus acht bzw. sieben Lamellenlagen mit einer Dicke von 22,5 mm bzw. 28,6 mm. Es wurden drei grundsätzliche Prüfkörpervarianten mit Winkeln γ zwischen Schraubenachse und Jahrringtangente von $\gamma \sim 0°$ bzw. 0 bis 30° (Variante I), $\gamma \sim 45°$ bzw. 31° bis 60°(Variante II) und $\gamma \sim 90°$ bzw. 61° bis 90° (Variante III) angestrebt.

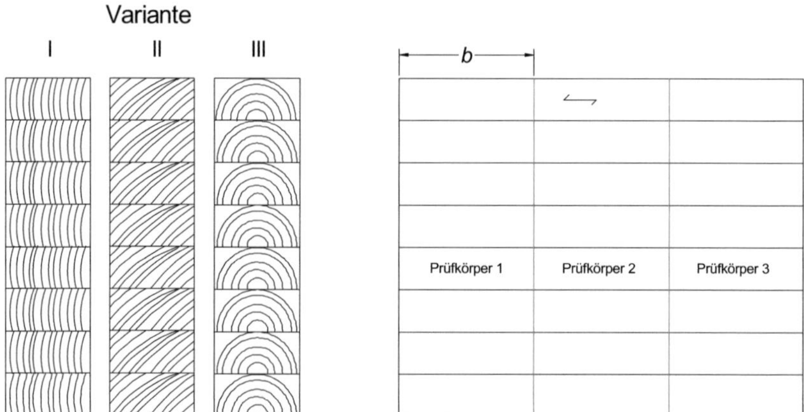

Bild 3-7   Homogenisiertes Brettschichtholz für Einschraub-Spaltkraft-Versuche

Bild 3-8   Prüfkörpervarianten I, II und III, abweichend zur Darstellung beste-
                  hen die Prüfkörper aus sieben bzw. acht Lamellenlagen

Bei der Produktion der Prüfkörper wurden die Lamellenabschnitte so lang gewählt, dass zwei bis drei Prüfkörper aus einem Brettschichtholzabschnitt hergestellt werden konnten, vgl. Bild 3-7. Diese Prüfkörper weisen somit ähnliche bis gleiche mechanische Eigenschaften auf.

3.1.3 Kenngrößen zur Beurteilung schraubenspezifischer Einflüsse

Bei der vorgestellten Prüfmethode werden während der Versuchsdurchführung die Kräfte an den Messschrauben, der Einschraubweg und das Einschraubdrehmoment kontinuierlich erfasst. In Bild 3-9 sind die an den Messschrauben gemessenen Kräfte über den Einschraubweg für einen typischen Versuch dargestellt. Die Position der aufgeführten Messpunkte kann Bild 3-1 entnommen werden. Bereits im ersten Teil dieses Forschungsvorhabens wurde zur Beurteilung des Spaltverhaltens einer Schraube als Vergleichsgröße die mittlere Gesamtkraft $F_{m,tot}$ definiert. Dies ist die Summe der an den Messschrauben über die Einschraubtiefe gemessenen Kräfte, die über eine Referenzlänge (z. B. die Nennlänge) der Holzschraube gemittelt wird, vgl. Gleichung (3). Die Vorspannung der Messschrauben wird bei der Integration nicht berücksichtigt.

$$F_{m,tot} = \frac{1}{\ell_{Sr,ref}} \int_{0}^{\ell_{pd}} \left(F_{MSr,1}(x) + F_{MSr,2}(x) + \ldots + F_{MSr,i}(x) + \ldots + F_{MSr,n}(x) \right) dx \qquad (3)$$

mit

ℓ_{pd} Einschraubtiefe bzw. Einschraubweg in mm

$\ell_{Sr,ref}$ Referenzlänge der Holzschraube, bezogene Schraubenlänge in mm

$F_{MSr,i}(x)$ Wert der gemessenen Kraft an der i-ten Messschraube in N

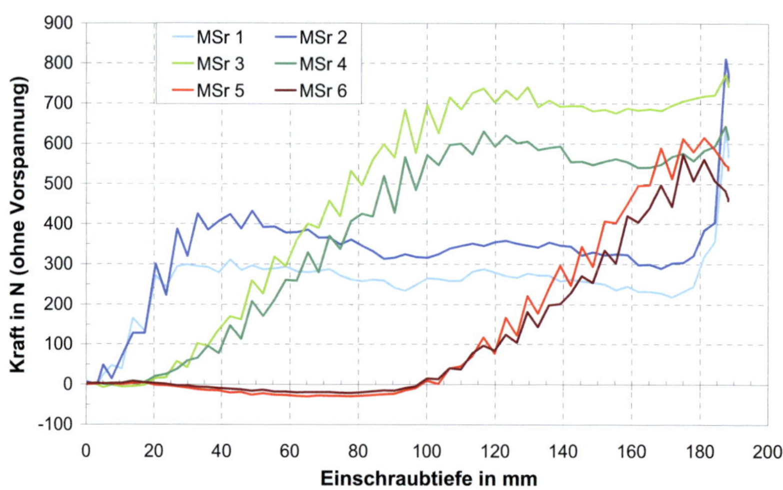

Bild 3-9   Gemessene Kräfte an den Messschrauben in Abhängigkeit von der Einschraubtiefe am Beispiel einer Vollgewindeschraube (Typ A)

Als Referenzlänge der Holzschraube $\ell_{Sr,ref}$ wurde von Blaß und Uibel (2009) die Nennlänge der Schraube $\ell_{Sr,nom}$ verwendet. Es kann aber auch über die mittlere tatsächliche Länge der Schrauben $\ell_{Sr,real}$ oder die jeweilige Eindringtiefe ℓ_{pd} gemittelt werden. Wird die mittlere Gesamtkraft auf die nominelle Schraubenlänge bezogen, so wird diese als $F_{m,tot,n}$ bezeichnet:

$$F_{m,tot,n} = \frac{1}{\ell_{Sr,nom}} \int_0^{\ell_{pd}} \left(F_{MSr,1}(x) + F_{MSr,2}(x) + ... + F_{MSr,i}(x) + ... + F_{MSr,n}(x) \right) dx \tag{4}$$

mit

$\ell_{Sr,nom}$ Nennlänge der Holzschraube in mm

Wird die mittlere Gesamtkraft über die tatsächliche Schraubenlänge gemittelt, so gilt für $F_{m,tot,r}$:

$$F_{m,tot,r} = \frac{1}{\ell_{Sr,real}} \int_0^{\ell_{pd}} \left(F_{MSr,1}(x) + F_{MSr,2}(x) + ... + F_{MSr,i}(x) + ... + F_{MSr,n}(x) \right) dx \tag{5}$$

mit

$\ell_{Sr,real}$ mittlere, tatsächliche Schraubenlänge in mm

Die Längen unterschiedlicher Schraubentypen können sich in ihren tatsächlichen Fertigungstoleranzen bzw. auch bezüglich der zulässigen Toleranzen deutlich unterscheiden. In der Regel ist die tatsächliche Schraubenlänge geringer als die Nennlänge. Bei Schrauben der Hersteller A, B und C der Nenngröße 8,0 x 200 mm konnte eine Abweichung zwischen mittlerer tatsächlicher Länge und Nennlänge je nach Schraubentyp zwischen 0,3 % und 4,7 % festgestellt werden.

Eine Auswertung unter Berücksichtigung einer Mittelung über den Einschraubweg ℓ_{pd} wurde nicht explizit durchgeführt, da die Schrauben für die Versuche so ausgewählt wurden, dass die tatsächliche Schraubenlänge $\ell_{Sr,real}$ dem Einschraubweg entsprach:

$$\ell_{Sr,real} \cong \ell_{pd} \tag{6}$$

Hierdurch wird erreicht, dass die Schraubenköpfe gleich tief versenkt werden. Somit wird ein bündiger Abschluss von Schraubenkopf und Holzoberfläche bei jedem Versuch gewährleistet.

Die Berechnung der mittleren Gesamtkraft ($F_{m,tot,n}$ oder $F_{m,tot,r}$) erlaubt es, die Ergebnisse der unterschiedlichen Versuchsreihen zu vergleichen und so das Spaltverhalten eines Schraubentyps direkt zu beurteilen. Hierzu können z. B. Vergleichsversuche mit einer Referenzschraube durchgeführt werden, für die das Spaltverhalten des Holzes bekannt ist.

Zur weiteren Charakterisierung des Spaltverhaltens einer Schraube kann der Verlauf der Kräfte an den Messschrauben 1 und 2 (MSr1, MSr2) herangezogen werden. Hierzu wird das Mittel (MSr 1/2) aus beiden Messwerten gebildet. Die Wirkung der Bohrspitze kann durch die Anfangssteigung m_{tip} und das erste lokale Maximum im Kraftverlauf $F_{tip,max}$ beschrieben werden. Insbesondere durch $F_{tip,max}$ ist die Kraft beschreibbar, die durch die Ausbildung der Schraubenspitze (z. B. als Bohrspitze) auf das Holz wirkt.

Die Auswirkung des Versenkens des Schraubenkopfes auf den Verlauf der gemessenen Kräfte am Messschraubenpaar (MSr 1/2) kann durch die Differenz ΔF_{head} beschrieben werden. Dieses ist die Differenz zwischen dem Kraftniveau vor dem Versenken des Schraubenkopfes und der maximalen Kraft. Die Definition der aufgeführten Größen ist in Bild 3-10 am konkreten Beispiel eines Versuches mit einer Vollgewindeschraube (Typ A) dargestellt. Für Teilgewindeschrauben mit einem Reibschaft zwischen Gewinde und glattem Schaftbereich lässt sich der Einfluss des Reibschafts mit Hilfe der Differenz ΔF_{rsh} beschreiben. Im Kraftverlauf ist dieses die Differenz zwischen dem lokalen Maximum und dem Beginn des Kraftanstiegs, welcher auf die Wirkung des Reibschafts zurückgeführt werden kann. In Bild 3-11 ist ΔF_{rsh} am Beispiel des Kraftverlaufs aus einem Versuch mit einer Teilgewindeschraube vom Typ C dargestellt.

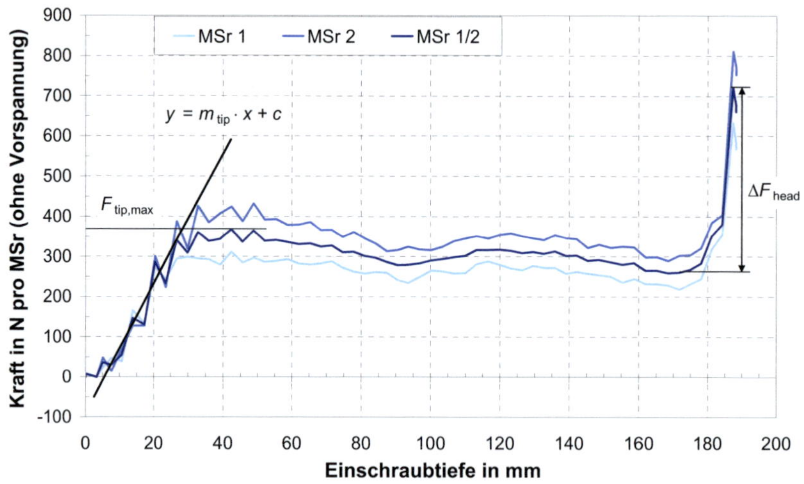

Bild 3-10   Definition der Kenngrößen m_{tip}, $F_{tip,max}$ und ΔF_{head} des Kraftverlaufs an den Messschrauben 1 und 2 am Beispiel einer Vollgewindeschraube (Typ A)

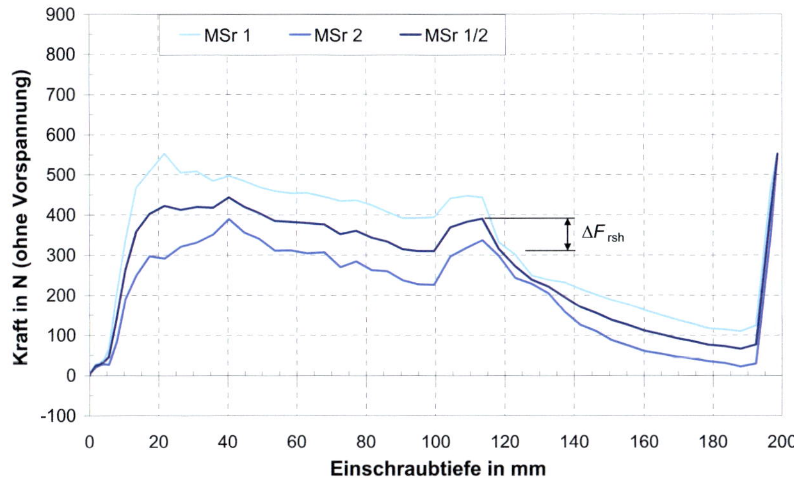

Bild 3-11   Definition der Kenngröße ΔF_{rsh} des Kraftverlaufs an den Mess-schrauben 1 und 2 am Beispiel einer Teilgewindeschraube

3.2 Untersuchungen zu Einflussparametern

3.2.1 Versuchsprogramm – Untersuchte Einflüsse

Die mit der vorgestellten Versuchseinrichtung ermittelten Kräfte werden in ihrer Größe und ihrem Verlauf über die Einschraubtiefe von verschiedenen Parametern beeinflusst. Zur Identifizierung und Quantifizierung der wesentlichen Einflussparameter wurden umfangreiche experimentelle Untersuchungen durchgeführt und durch numerische Berechnungen ergänzt. Bei der Auswertung wird insbesondere die Beeinflussung der mittleren Gesamtkraft betrachtet, da diese als Kenngröße zur Beurteilung von Schraubenmerkmalen verwendet werden soll. Mit den Erkenntnissen der Untersuchungen werden die Randbedingungen des Prüfverfahrens festgelegt und abgesichert. Außerdem ist durch die Quantifizierung der Einflüsse der Prüfkörpereigenschaften eine Korrektur der Versuchsergebnisse in Abhängigkeit von diesen möglich. Im Rahmen der experimentellen Untersuchungen wurden folgende Einflussparameter untersucht:

- Prüfkörpermaterial (Vollholz, Brettschichtholz),

- Rohdichte

- Winkel γ zwischen Schraubenachse und Jahrringtangente, vgl. Bild 3-6

- Anzahl der Messschrauben

- Vorspannung der Messschrauben

- Einschraubgeschwindigkeit

- Schraubentyp, unterschiedlich ausgebildete Schraubenmerkmale

Im ersten Teil des Vorhabens wurden in neun Versuchsreihen unter Verwendung von drei Schraubentypen Versuche zur Ermittlung der Einschraub-Spaltkräfte durchgeführt. Hierbei wurden Prüfkörper aus Vollholz verwendet und sechs Messschrauben angeordnet. In dieser Konfiguration wurden weitere 28 Versuchsreihen vorgesehen. Somit umfasst diese erste Versuchsserie 37 Versuchsreihen. Eine Übersicht der ersten Versuchsserie ist in Tabelle 3-1 aufgeführt. Die Versuchsreihen A-1 bis C-1, A-2 bis C-2 und A-3 bis C-3 der Untersuchungen von Blaß und Uibel (2009) sind in dieser Aufstellung als Reihen 1.1-A bis 1.1-C, 1.2.1-A bis 1.2.1-C sowie 1.2.3-A bis 1.2.3-C bezeichnet.

Insgesamt wurden in der ersten Serie 384 Versuche vorgesehen, von denen 284 verwertet werden konnten. Bei den nicht verwertbaren Versuchen lag in der Regel ein Verlaufen der Schraube beim Eindrehen vor, so dass die Anforderung aus Gleichung (2) nicht erfüllt wurde. In Tabelle 8-2 des Anhangs 8.2 sind die Ergebnisse der ersten Versuchsserie zusammengefasst. Die Einzelversuche sind in Tabelle 8-4 bis Tabelle 8-40 zusammengestellt.

In der zweiten Versuchsserie wurden spezielle Prüfkörper aus homogenisiertem Brettschichtholz eingesetzt. Die Messschraubenanzahl wurde für die Regelversuche auf acht erhöht. Die Einschraubdrehzahl betrug bei allen Versuchen der zweiten Versuchsserie 50 min^{-1} und die Vorspannkraft 100 N pro Messschrauben. Die Versuchskonfigurationen der insgesamt 26 Reihen sind in Tabelle 3-2 zusammengestellt. Von den durchgeführten 225 Versuchen konnten 190 für die Auswertung verwendet werden. Eine Aufstellung der Versuchsergebnisse ist in Tabelle 8-3 sowie Tabelle 8-41 bis Tabelle 8-65 des Anhangs 8.2 angeführt.

Innerhalb der meisten Versuchsreihen wurden unterschiedliche Schraubentypen eingesetzt, um schraubenspezifische Einflüsse auf die Untersuchungsparameter identifizieren und quantifizieren zu können. Des Weiteren sollten ggf. vorliegende Korrelationen zwischen schraubenspezifischen Einflüssen und Untersuchungsparametern eingegrenzt werden. Es wurden Vollgewindeschrauben mit unterschiedlicher Spitzen- und Kopfform (Typ A und B) sowie eine Teilgewindeschraube (Typ C) verwendet. Ergänzend wurden Versuche mit Vollgewindeschrauben der Typen E und F sowie einer Doppelgewindeschraube (Typ D-2) durchgeführt. Ein direkter Vergleich der Ergebnisse innerhalb einer Versuchsreihe wurde erreicht, indem Prüfkörper mit gleichen bzw. ähnlichen Eigenschaften auf die jeweiligen Unterreihen aufgeteilt wurden. Diese Prüfkörper standen zur Verfügung, da mehrere Prüfkörper aus den selben Hölzern bzw. Lamellen hergestellt wurden.

Die Prüfkörper wurden bis zur Versuchsdurchführung bei Normalklima 20/65 nach DIN 50014 (Lufttemperatur 20°C, relative Luftfeuchtigkeit 65 %) gelagert. Für die Prüfkörper aus Vollholz der ersten Versuchsserie lag in den einzelnen Reihen der Mittelwert der Holzfeuchte zwischen $u = 11,7\ \%$ und $u = 14,0\ \%$. Die mittlere Rohdichte betrug zwischen 377 kg/m³ und 504 kg/m³. In der zweiten Versuchsserie mit Prüfkörpern aus im Labor hergestelltem Brettschichtholz der Holzart Fichte/Tanne konnte eine mittlere Holzfeuchte von $u = 10,9\ \%$ bis $u = 12,6\ \%$ festgestellt werden. In den verschiedenen Versuchsreihen betrug die mittlere Rohdichte zwischen 432 kg/m² und 506 kg/m³. Zusätzlich wurden die Elastizitätsmoduln und die Schubmoduln des Versuchsmaterials auf der Grundlage einer Längs- und Biegeschwingungsmessung an den Prüfkörpern bzw. am Ausgangsmaterial ermittelt, vgl. Görlacher (1984) und (2002).

Tabelle 3-1   Einschraub-Spaltkräfte, Versuche mit Prüfkörpern aus Vollholz

Reihe	Holzschraube			Versuchskonfiguration					Versuchsanzahl	
	Hersteller	Maße in mm		Prüfkörpermaße in mm			Drehzahl	Vorspannung	gesamt	verwertbar
		d	ℓ	a	b	h	U in min^{-1}	$F_{MSr,p}$ in N		
1.1-A[1]	A	8	200	24	80	180	50	100	10	9
1.1-B[1]	B	8	200	24	80	180	50	100	10	8
1.1-C[1]	C	8	200	24	80	180	50	100	10	7
1.2.1-A[2]	A	8	200	24	80	200	50	100	14	9
1.2.1-B[2]	B	8	200	24	80	200	50	100	10	10
1.2.1-C[2]	C	8	200	24	80	200	50	100	10	10
1.2.2-A	A	8	200	24	80	200	50	100	12	9
1.2.2-B	B	8	200	24	80	200	50	100	12	8
1.2.2-C	C	8	200	24	80	200	50	100	10	7
1.2.3-A[3]	A	8	200	24	80	200	50	100	13	6
1.2.3-B[3]	B	8	200	24	80	200	50	100	10	7
1.2.3-C[3]	C	8	200	24	80	200	50	100	10	8
1.3.1-A	A	8	200	24	80	200	10	100	15	6
1.3.1-B	B	8	200	24	80	200	10	100	16	10
1.3.1-C	C	8	200	24	80	200	10	100	11	8
1.3.2-A	A	8	200	24	80	200	100	100	15	10
1.3.2-B	B	8	200	24	80	200	100	100	16	10
1.3.2-C	C	8	200	24	80	200	100	100	11	9
1.4.1-A	A	8	200	24	80	200	50	75	12	11
1.4.1-B	B	8	200	24	80	200	50	75	12	10
1.4.2-A	A	8	200	24	80	200	50	150	12	10
1.4.2-B	B	8	200	24	80	200	50	150	12	10
1.5.1-A	A	8	240	24	80	240	50	100	12	9
1.5.1-B	B	8	240	24	80	240	50	100	11	9
1.5.2-A	A	8	300	24	80	300	50	100	10	8
1.5.2-B	B	8	300	24	80	300	50	100	10	7
1.5.3-C	C	8	280	24	80	240	50	100	10	8
1.5.4-C	C	8	320	24	80	320	50	100	10	8
1.6.1-B	B	6	200	24	80	200	50	100	6	3
1.6.1-C	C	6	180	24	80	180	50	100	6	5
1.6.2-B	B	6	200	18	60	200	50	100	6	3
1.6.2-C	C	6	180	18	60	180	50	100	6	5
1.6.3-A	A	12	200	24	80	200	50	100	6	5
1.6.3-C	C	10	180	24	80	180	50	100	6	5
1.6.4-A	A	12	200	36	120	200	50	100	6	4
1.6.4-C	C	10	180	30	100	180	50	100	6	6
1.7-D	D	8,2	190	24	80	190	50	100	10	7

Versuche aus Blaß und Uibel (2009):   1) Reihen A-1, B-1, C-1   2) Reihen A-2, B-2, C-2   3) Reihen A-3, B-3, C-3

Tabelle 3-2 Übersicht Einschraub-Spaltkraft-Versuche, Prüfkörper aus speziellem Brettschichtholz, $\varepsilon = 90°$

Reihe	Holzschraube			Versuchskonfiguration						Versuchsanzahl	
	Hersteller	Maße in mm		Prüfkörpermaße in mm			n_{MSr}	ε in °	Var. γ	gesamt	verwertbar
		d	ℓ	a	b	h					
2.1.1-A	A	8	200	24	80	180	8	90	I	13	8
2.1.1-B	B	8	200	24	80	180	8	90	I	13	11
2.1.1-C	C	8	200	24	80	180	8	90	I	13	11
2.1.2-A	A	8	200	24	80	180	8	90	III	10	8
2.1.2-B	B	8	200	24	80	180	8	90	III	10	10
2.1.2-C	C	8	200	24	80	180	8	90	III	10	10
2.1.3-A	A	8	200	24	80	180	8	90	I	10	7
2.1.3-B	B	8	200	24	80	180	8	90	I	10	8
2.1.3-C	C	8	200	24	80	180	8	90	I	10	8
2.1.4-A	A	8	200	24	80	180	8	90	III	10	10
2.1.4-B	B	8	200	24	80	180	8	90	III	10	9
2.1.4-C	C	8	200	24	80	180	8	90	III	10	8
2.1.5-A	A	8	200	24	80	180	8	90	II	8	4
2.1.5-B	B	8	200	24	80	180	8	90	II	8	8
2.1.5-C	C	8	200	24	80	180	8	90	II	8	8
2.2.1-A	A	8	240	24	80	200	6	90	I, III	10	9
2.2.2-A	A	8	240	24	80	200	10	90	I, III	10	7
2.3.1-A	A	8	240	24	80	200	6	90	III	5	5
2.3.2-A	A	8	240	24	80	200	8	90	III	5	4
2.4.1-A	A	8	200	24	80	180	8	90	I, III	8	6
2.4.2-A	A	10	200	24	80	180	8	90	I, III	8	5
2.4.3-A	A	12	200	24	80	180	8	90	I, III	8	8
2.5-A	A	8	200	24	80	180	8	90	I, II, III	6	6
2.5-E	E	8	220	24	80	180	8	90	I, II, III	6	6
2.5-F	F	8	200	24	80	180	8	90	I, II, III	6	6

3.2.2 Einfluss der Rohdichte

Die Rohdichte gehört zu den wichtigsten materialspezifischen Einflüssen auf das Spaltverhalten von Holz beim Einbringen von Verbindungsmitteln ohne Vorbohren. Dementsprechend groß ist der Einfluss der Rohdichte auf die schraubenspezifischen Kräfte, die mit der Versuchsmethode beim Einschrauben ermittelt werden können. Die Analyse aller weiteren Einflussparameter erfordert daher eine von der Rohdichte abhängige Korrektur der Versuchsergebnisse. Die Rohdichte selbst korreliert mit der Jahrringbreite und dem Früh- bzw. Spätholzanteil, vgl. Kollmann (1951). Somit werden die Einflüsse dieser Parameter indirekt über ihre Korrelation mit der Rohdichte erfasst. Der Einfluss der Rohdichte auf die mittlere Gesamtkraft $F_{m,tot}$ bzw. $F_{m,tot,r}$ (vgl. Abschnitt 3.1.3) wurde in einer ersten Analyse für Prüfkörper aus Vollholz und für homogenisierte Prüfkörper aus speziellem Brettschichtholz getrennt ermittelt. Anschließend wurde eine zusammenfassende Regressionsanalyse durchgeführt.

Für Versuche mit Vollholz wurden zur Ermittlung des Rohdichteeinflusses die Versuchsreihen 1.1 und 1.2 verwendet. Bei diesen Versuchsreihen waren die sonstigen Parameter mit Ausnahme der Prüfkörperhöhe in der Versuchsreihe 1.1 gleich. Für die Versuche wurden Schrauben 8 x 200 mm der Typen A, B und C in den entsprechenden Unterreihen verwendet. Die Prüfkörper wurden so ausgewählt, dass Prüfkörper mit gleichen Eigenschaften für Versuche mit unterschiedlichen Schraubentypen eingesetzt wurden. Dieses konnte gewährleistet werden, indem drei Prüfkörper unmittelbar hintereinander aus einer Bohle der Holzart Fichte hergestellt und den Unterreihen A, B und C zugeordnet wurden. Daher verfügen diese Prüfkörper über gleiche oder zumindest ähnliche Eigenschaften in Hinblick auf die Rohdichte, die Jahrringbreite, die Jahrringlage sowie auf die daraus folgende Steifigkeit und Festigkeit. Bild 3-12 zeigt die mittlere Gesamtkraft $F_{m,tot,r}$ in Abhängigkeit von der Normalrohdichte (mittlere Holzfeuchte u_{mean} = 13,3 %). Insgesamt konnten 98 Versuche für die statistische Auswertung verwendet werden. Für alle Schraubentypen wurde eine deutliche Korrelation zwischen mittlerer Gesamtkraft und Rohdichte festgestellt. Bereits bei einem linearen Ansatz betragen die Korrelationskoeffizienten je nach Schraubentyp zwischen R = 0,79 (Typ A) und R = 0,87 (Typ B). Die Gleichungen der Regressionsgeraden sind im Diagramm in Bild 3-12 aufgeführt. Die Steigungen m der Regressionsgeraden sind für die Schraubentypen unterschiedlich. Dieses bedeutet, dass der Einfluss der Rohdichte auf die mittlere Gesamtkraft abhängig von der Gestaltung der Schraube ist.

Die beste Korrelation zwischen mittlerer Gesamtkraft und Rohdichte konnte mit einem nichtlinearen Modellansatz erreicht werden. Die ermittelten Potenzfunktionen sowie die zugehörigen Gleichungen und Korrelationskoeffizienten sind in Bild 3-13 dargestellt.

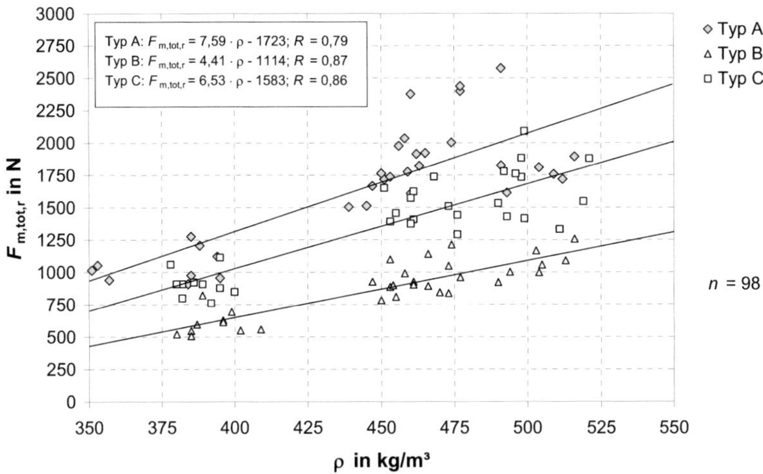

Bild 3-12   Mittlere Gesamtkraft $F_{m,tot,r}$ in Abhängigkeit von der Rohdichte für Prüfkörper aus Vollholz, Schrauben 8 x 200 mm, Reihe 1.1 und 1.2, linearer Modellansatz

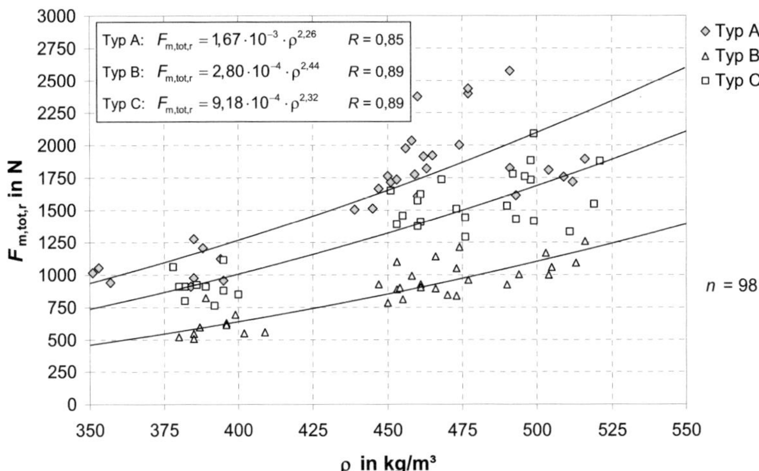

Bild 3-13   Mittlere Gesamtkraft $F_{m,tot,r}$ in Abhängigkeit von der Rohdichte für Prüfkörper aus Vollholz, Schrauben 8 x 200 mm, Reihe 1.1 und 1.2, nichtlinearer Modellansatz

Zur expliziten Ermittlung des Rohdichteeinflusses werden aus der zweiten Versuchs-serie die Reihen 2.1 sowie 2.4.1-A und 2.5-A herangezogen. Bei den verwendeten Prüfkörpern aus speziellem, homogenisiertem Brettschichtholz sind die Rohdichte und der Winkel γ zwischen Schraubenachse und Jahrringtangente über die Prüfkör-perhöhe nahezu konstant. Die sonstigen Parameter in Hinblick auf Prüfkörpergeo-metrien, Versuchsanordnung und Versuchsdurchführung sind bei allen Versuchen gleich. Die Versuche wurden mit Schrauben 8 x 200 mm der Typen A, B und C durchgeführt. An den Prüfkörpern wurde für jede Lamellenlage der mittlere Winkel γ ermittelt. Anschließend wurde über die Lagenanzahl das arithmetische Mittel gebil-det, so dass sich ein mittlerer Winkel γ pro Prüfkörper ergibt. Die zugehörige Häufig-keitsverteilung für die 140 verwertbaren Prüfkörper ist in Bild 3-14 dargestellt. Die Grundgesamtheit der Prüfkörper wurde so ausgewählt, dass unterschiedliche Winkel von $\gamma \sim 0°$ bis $\gamma \sim 90°$ berücksichtigt werden. Daher ist es möglich, zunächst eine vom Winkel γ unabhängige Regressionsanalyse durchzuführen. In Bild 3-15 ist die mittlere Gesamtkraft über die Normalrohdichte (mittlere Holzfeuchte u_{mean} = 12,3 %) darge-stellt. Bereits mit einem linearen Regressionsmodell kann die Korrelation zwischen mittlerer Gesamtkraft und Rohdichte gezeigt werden. Hierbei beträgt der Korrelati-onskoeffizient je nach Schraubentyp zwischen $R = 0,76$ (Typ A, C) bzw. $R = 0,77$ (Typ B). Die beste Korrelation zwischen mittlerer Gesamtkraft und Rohdichte wird mit einer Potenzfunktion erreicht. Die Regressionsgleichungen sowie die Korrelations-koeffizienten R sind für jeden Schraubentyp in Bild 3-15 angegeben.

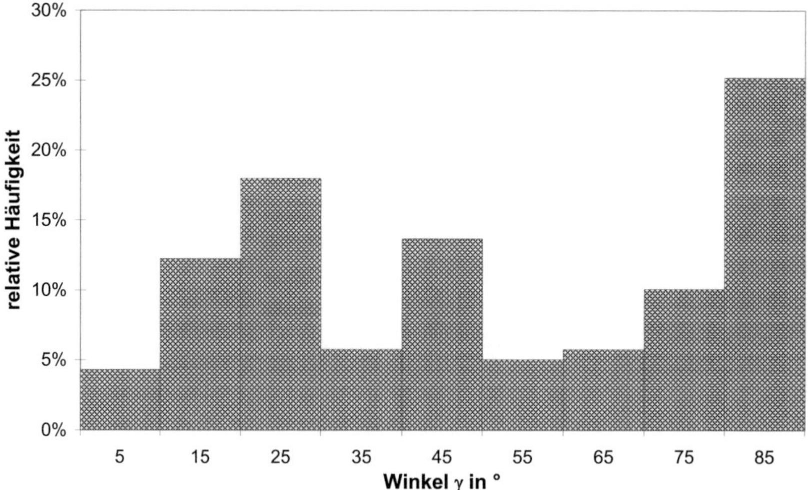

Bild 3-14   Häufigkeitsverteilung für den Winkel γ zwischen Schraubenachse und Jahrringtangente, Reihen 2.1, 2.4.1-A u. 2.5-A, 140 Prüfkörper

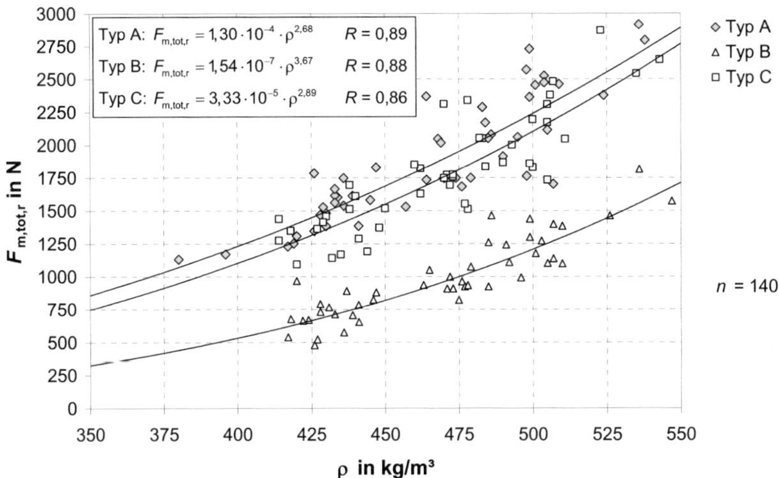

Bild 3-15   Mittlere Gesamtkraft $F_{m,tot,r}$ in Abhängigkeit von der Rohdichte für homogenisierte Prüfkörper aus speziellem Brettschichtholz und Schrauben 8 x 200 mm, Versuchsreihen 2.1, 2.4.1-A und 2.5-A

Der Vergleich der Ergebnisse der Regressionsanalysen für beide Versuchsserien zeigt teilweise einen signifikanten Unterschied bezüglich des ermittelten Einflusses der Rohdichte auf die mittlere Gesamtkraft. In der zweiten Versuchsserie mit Prüfkörpern aus homogenisiertem Brettschichtholz kann insbesondere für den Schraubentyp B ein stärkerer Rohdichteeinfluss festgestellt werden.

Dieser Unterschied ist auf die Verteilung der Prüfkörpereigenschaft Rohdichte bezüglich der jeweiligen Grundgesamtheit der ausgewerteten Versuche der beiden Versuchsserien zurückzuführen. In den betrachteten Versuchsreihen mit Prüfkörpern aus Vollholz (Reihen 1.1 und 1.2) sind Prüfkörper mit Rohdichten oberhalb von 500 kg/m³ unterrepräsentiert. Bei den untersuchten Reihen der zweiten Versuchsserie (2.1, 2.4.1-A und 2.5-A) sind Prüfkörper mit Rohdichten von weniger als 400 kg/m³ deutlich unterrepräsentiert. Dies ist auf die übliche, unterschiedliche Verteilung der Rohdichte bei Vollholz und Brettschichtholz zurückzuführen. Bei Brettschichtholz liegt aufgrund der höheren Rohdichte der Lamellenquerschnitte eine höhere Gesamtrohdichte vor. Vollholzquerschnitte mit den benötigten Prüfkörpermaßen sind mit hohen Rohdichten seltener oder nicht verfügbar. Aufgrund des nichtlinearen Rohdichteeinflusses wirkt sich die jeweilige Unterrepräsentation deutlich auf die Ergebnisse der Regressionsanalyse aus. Durch eine gemeinsame Auswertung der betrachteten Versuche aus beiden Versuchsserien wird die Grundgesamtheit erhöht und die Rohdichteverteilung verbreitert. Eine statistische Analyse bestätigte, dass die betreffenden Versuche aus den unterschiedlichen Versuchsserien zu einer Grundgesamtheit zusammengefasst werden können.

Im Rahmen einer weiteren Regressionsanalyse wurden die Ergebnisse der Versuche mit Schrauben des Durchmessers d = 8 mm in Prüfkörpern aus Vollholz (Reihen 1.1 und 1.2) und in Prüfkörpern aus Brettschichtholz (2.1, 2.4.1-A und 2.5-A) zusammenfassend ausgewertet. Dieses setzt voraus, dass bei den Prüfkörpern aus Vollholz keine signifikante Beeinflussung der mittleren Gesamtkraft durch über die Prüfkörperhöhe variierende Winkel γ vorliegt. Des Weiteren entspricht der mittlere Winkel γ bei den 98 Prüfkörpern aus Vollholz in etwa dem mittleren Winkel γ der Grundgesamtheit der Prüfkörper aus Brettschichtholz. Der Einfluss der unterschiedlichen Messschraubenanzahl kann vernachlässigt werden, wie in Abschnitt 3.2.4 gezeigt wird.

Für die Grundgesamtheit von n = 238 Versuchen wurde für jeden Schraubentyp eine Gleichung zur Ermittlung von Vorhersagewerten der mittleren Gesamtkraft $F_{m,tot,r,pred}$ mit folgender Grundform hergeleitet:

$$F_{m,tot,r,pred} = p_1 \cdot \rho^{p_2} \qquad \text{in N} \tag{7}$$

mit

p_1, p_2 Regressionsparameter

ρ Rohdichte in kg/m³

Die aus der Regressionsanalyse resultierenden Parameter p_1 und p_2 für Gleichung (7) sind in Tabelle 3-3 für die Schraubentypen A, B und C aufgeführt. Es zeigt sich jeweils eine gute Korrelation zwischen Vorhersagewerten und Versuchsergebnissen. Die Korrelationskoeffizienten betragen zwischen R = 0,82 und R = 0,87.

Tabelle 3-3   Regressionsparameter, Korrelationskoeffizienten und Gleichungen der Regressionsgeraden für Vorhersagewerte der mittleren Gesamtkraft gemäß Gleichung (7)

Sr.-Typ	Anzahl	Regressionsparameter		Korrelationskoeffizient	Gleichung der Regressionsgeraden für $F_{m,tot,r}$
	n	p_1	p_2	R	
A	82	$4{,}65 \cdot 10^{-4}$	2,47	0,84	$1{,}00 \cdot F_{m,tot,r,pred} + 12{,}1$
B	79	$1{,}04 \cdot 10^{-5}$	2,98	0,87	$1{,}05 \cdot F_{m,tot,r,pred} - 32{,}4$
C	77	$7{,}69 \cdot 10^{-5}$	2,74	0,82	$1{,}00 \cdot F_{m,tot,r,pred} + 18{,}7$

Bild 3-16 zeigt die Versuchsergebnisse über den Vorhersagewerten der mittleren Gesamtkraft gemäß Gleichung (7). Die Versuche sind nach Schraubentypen und Prüfkörperarten durch unterschiedliche Symbole gekennzeichnet. Aus der Darstellung wird deutlich, dass das ermittelte Regressionsmodell gleichermaßen für Versuche mit Prüfkörpern aus Vollholz und aus speziellem, homogenem Brettschichtholz zutrifft. Die standardisierten Residuen sind normal verteilt und liegen mit Ausnahme von drei Beobachtungen zwischen -3 und +3. Der in Bild 3-16 im Diagramm aufgeführte Korrelationskoeffizient gilt für die Grundgesamtheit von 238 Versuchen. Dieser wird nur zu Vergleichszwecken angegeben, da seine Aussagekraft beschränkt ist. Der Regression liegt zwar für die Grundgesamtheit der gleiche Ansatz zu Grunde, jedoch wurden unterschiedliche Parameter für die verschiedenen Schraubentypen ermittelt. Die Gleichung der Regressionsgeraden ist ebenfalls dem Diagramm zu entnehmen. Bild 3-17 bis Bild 3-19 zeigen die experimentell bestimmte mittlere Gesamtkraft in Abhängigkeit von der Rohdichte der Prüfkörper aus Vollholz bzw. Brettschichtholz für die Schraubentypen A, B und C. Der Graph zeigt jeweils die Funktion der Gleichung (7) zur Ermittlung von Vorhersagewerten der mittleren Gesamtkraft. Die Versuchsergebnisse können mit Hilfe des Regressionsmodells für alle Schraubentypen sowohl für Prüfkörper aus Vollholz als auch aus homogenem Brettschichtholz zutreffend abgeschätzt werden.

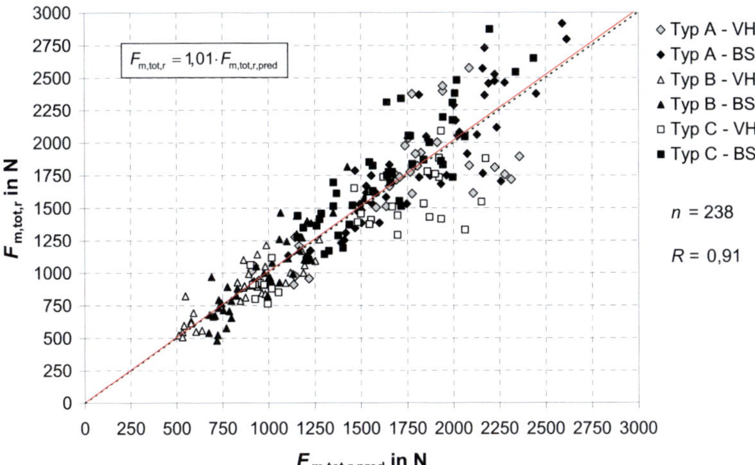

Bild 3-16   Vergleich zwischen den Versuchsergebnissen der mittleren Gesamtkraft für Schrauben 8 x 200 mm der Typen A, B, C und den Erwartungswerten nach Gleichung (7) mit Parametern aus Tabelle 3-3

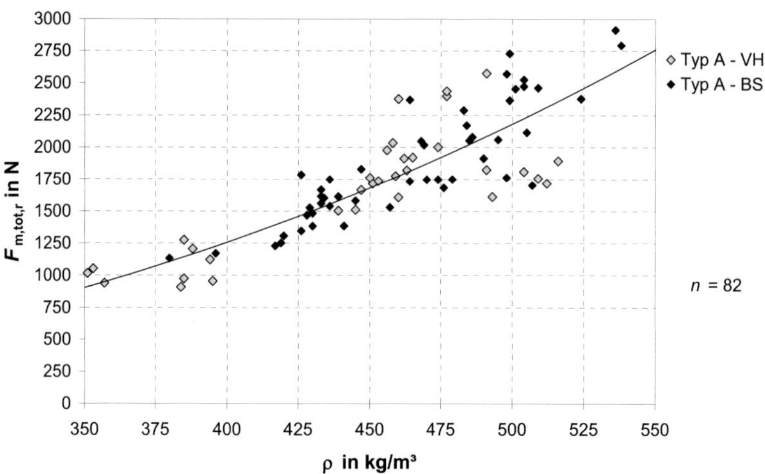

Bild 3-17   Mittlere Gesamtkraft $F_{m,tot,r}$ für Schraubentyp A, 8 x 200 mm, in Abhängigkeit der Rohdichte für Prüfkörper aus Voll- und Brettschichtholz, Reihen 1.1, 1.2, 2.1, 2.4.1-A und 2.5-A

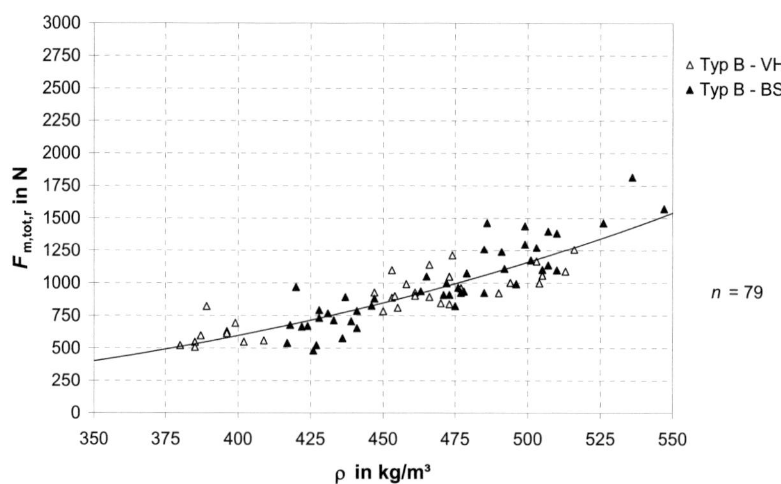

Bild 3-18   Mittlere Gesamtkraft $F_{m,tot,r}$ für Schraubentyp B, 8 x 200 mm, in Abhängigkeit der Rohdichte für Prüfkörper aus Voll- und Brettschichtholz, Reihen 1.1, 1.2 und 2.1

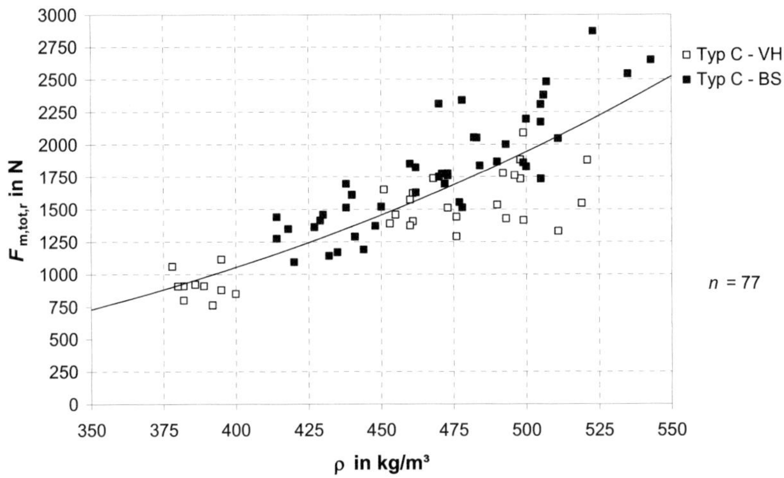

Bild 3-19   Mittlere Gesamtkraft $F_{m,tot,r}$ für Schraubentyp C, 8 x 200 mm, in Abhängigkeit der Rohdichte für Prüfkörper aus Voll- und Brettschichtholz, Reihen 1.1, 1.2 und 2.1

Auf Grundlage der Regressionsanalyse ist es möglich, für die untersuchten Schrauben folgende Gleichung für eine von der Rohdichte abhängige Korrektur der mittleren Gesamtkraft anzugeben:

$$F_{m,tot,r,cor} = k_\rho \cdot F_{m,tot,r} = \left(\frac{\rho_{ref}}{\rho}\right)^c \cdot F_{m,tot,r} \tag{8}$$

mit

$F_{m,tot,r,cor}$ korrigierte mittlere Gesamtkraft für die Bezugsrohdichte ρ_{ref} in N

$F_{m,tot,r}$ mittlere Gesamtkraft für den Prüfkörper mit Rohdichte ρ in N

k_ρ Korrekturbeiwert für die Rohdichte

ρ_{ref} Bezugsrohdichte in kg/m³

ρ Rohdichte des Prüfkörpers in kg/m³

c c = 2,47 für Typ A, c = 2,98 für Typ B, c = 2,74 für Typ C

Gleichung (8) gilt für Prüfkörper aus Brettschichtholz und Vollholz gleichermaßen und ist somit unabhängig vom Winkel zwischen Schraubenachse und Jahrringtangente anwendbar.

Eine einheitliche Korrektur der mittleren Gesamtkraft $F_{m,tot,r}$ kann für die drei Schraubentypen gemäß Gleichung (8) mit $c = 2{,}7$ vorgeschlagen werden, so dass gilt:

$$k_\rho = \left(\frac{\rho_{ref}}{\rho} \right)^{2,7} \qquad (9)$$

Eine Übertragung der Gleichung (9) auf andere Schraubentypen ist als erste Abschätzung möglich. Für genauere Untersuchungen sollte jedoch die Gültigkeit nachgewiesen werden, da der Einfluss der Rohdichte auf die mittlere Gesamtkraft von der Schraubengeometrie und der Ausbildung der Schraubenmerkmale abhängig ist.

Für Prüfkörper aus Vollholz haben Blaß und Uibel (2009) auf der Grundlage erster Untersuchungen eine Rohdichtekorrektur nach Gleichung (8) angegeben, bei der der Exponent $c = 2{,}0$ beträgt. Somit wurde der Rohdichteeinfluss geringer eingeschätzt als in Gleichung (9). Diese Abweichung ist darin begründet, dass lediglich eine Teilmenge von 50 Versuchen der hier aufgeführten Grundgesamtheit von 238 Versuchen zur Verfügung stand. Des Weiteren beruht die erste Auswertung auf Versuchen mit Prüfkörpern aus Vollholz, so dass der Einfluss höherer Rohdichten (> 500 kg/m³) nicht zutreffend erfasst werden konnte. Vollholzprüfkörper mit entsprechend hohen Rohdichten waren aufgrund der benötigten Querschnittsmaße nicht verfügbar.

3.2.3 Einfluss des Winkels zwischen Jahrringtangente und Schraubenachse

Zur Ermittlung des Einflusses des Winkels γ zwischen Schraubenachse und Jahrringtangente wurden wie im Abschnitt 3.2.2 die Reihen 2.1 sowie 2.4.1-A und 2.5-A verwendet. Bei diesen Versuchen mit homogenisierten Prüfkörpern aus Brettschichtholz ist der Winkel γ über die Prüfkörperhöhe nahezu konstant. Alle weiteren Parameter mit Ausnahme der Rohdichte werden innerhalb der angegebenen Versuchsreihen nicht variiert. Dieses ermöglicht eine Regressionsanalyse für die mittlere Gesamtkraft in Abhängigkeit der Parameter Rohdichte und Winkel γ auf Basis von insgesamt 140 verwertbaren Versuchen. Die ermittelten Regressionsmodelle gelten für Schrauben der Typen A, B und C mit einem Durchmesser von $d = 8$ mm und führen auf die Gleichungen (10) bis (12) zur Berechnung von Erwartungswerten $F_{m,tot,r,pred}$ für die mittlere Gesamtkraft.

$$\text{Typ A:} \qquad F_{m,tot,r,pred} = 6{,}358 \cdot 10^{-4} \, \frac{\rho^{2,420}}{\left(0{,}6077 \cdot \sin \gamma + \cos \gamma \right)^{0,2703}} \qquad \text{in N} \qquad (10)$$

$$\text{Typ B:} \qquad F_{m,tot,r,pred} = 0{,}8731 \cdot 10^{-6} \, \frac{\rho^{3,377}}{\left(0{,}2387 \cdot \sin \gamma + \cos \gamma \right)^{0,1302}} \qquad \text{in N} \qquad (11)$$

Typ C: $$F_{m,tot,r,pred} = 0,2960 \cdot 10^{-4} \frac{\rho^{2,916}}{(1,144 \cdot \sin \gamma + \cos \gamma)^{0,1210}} \qquad \text{in N} \qquad (12)$$

mit

ρ Rohdichte in kg/m³

γ Winkel zwischen Schraubenachse und Jahrringtangente

Zur Verifizierung der in Gleichung (10) bis (12) angegebenen Regressionsmodelle ist in Bild 3-20 bis Bild 3-22 ein Vergleich zwischen Versuchsergebnissen und Erwartungswerten der mittleren Gesamtkraft dargestellt. Die Güte der Korrelation wurde nach der Methode der kleinsten Abstandsquadrate berechnet. Es zeigt sich eine gute Übereinstimmung zwischen den Versuchsergebnissen und den Vorhersagewerten. Die Korrelationskoeffizienten betragen R = 0,91 für Schraubentyp A, R = 0,92 für Schraubentyp B und R = 0,87 für Schraubentyp C. Eine Residualanalyse ergab eine Normalverteilung der standardisierten Residuen innerhalb der Grenzen -3 und 3.

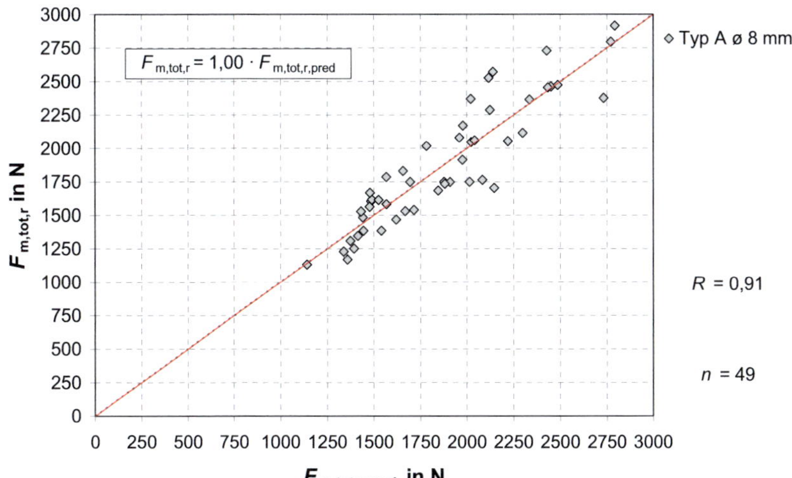

Bild 3-20   Vergleich zwischen Versuchsergebnissen und Vorhersagewerten der mittleren Gesamtkraft für Schrauben 8 x 200 mm des Typs A

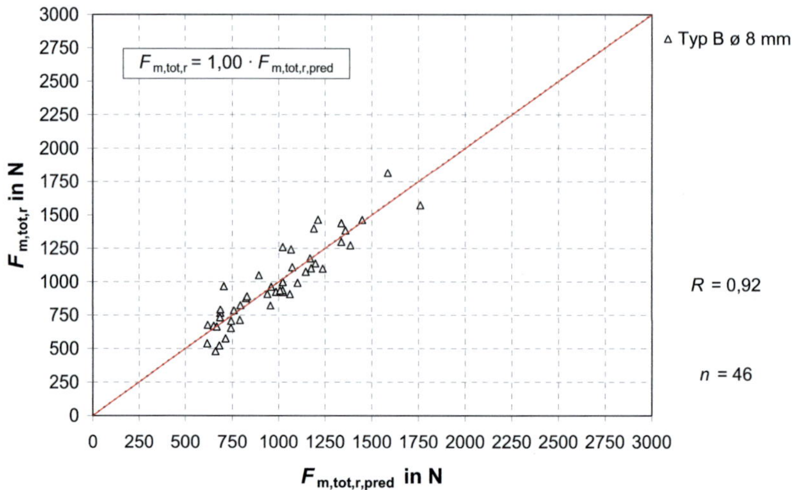

Bild 3-21   Vergleich zwischen Versuchsergebnissen und Vorhersagewerten der mittleren Gesamtkraft für Schrauben 8 x 200 mm des Typs B

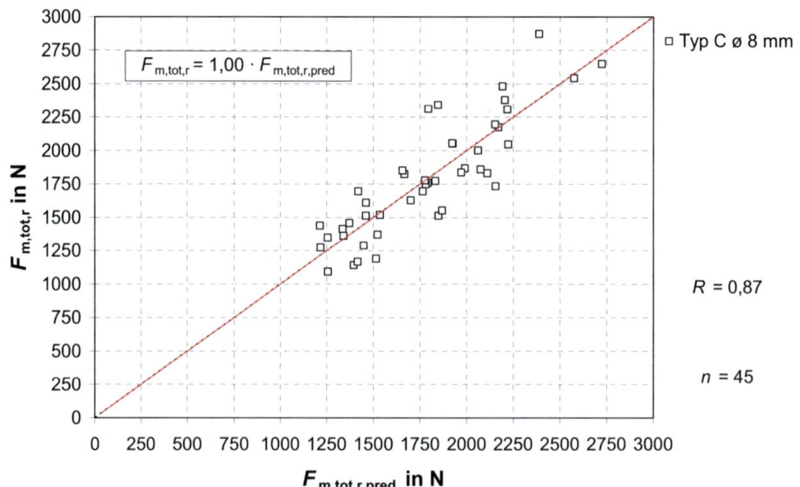

Bild 3-22   Vergleich zwischen Versuchsergebnissen und Vorhersagewerten der mittleren Gesamtkraft für Schrauben 8 x 200 mm des Typs C

Auf der Grundlage der Regressionsmodelle aus den Gleichungen (10) bis (12) können korrigierte Werte der mittleren Gesamtkraft $F_{m,tot,r,cor}$ mit folgender Gleichung berechnet werden:

$$F_{m,tot,r,cor} = k_\rho \cdot k_\gamma \cdot F_{m,tot,r} \tag{13}$$

mit

$F_{m,tot,r}$ mittlere Gesamtkraft in N

k_ρ Korrekturbeiwert für die Rohdichte

k_γ Korrekturbeiwert für den Winkel γ zwischen Schraubenachse und Jahrringtangente

Für den Korrekturbeiwert k_ρ gilt:

$$k_\rho = \left(\frac{\rho_{ref}}{\rho}\right)^{c} \tag{14}$$

mit

ρ_{ref} Bezugsrohdichte in kg/m³

ρ Rohdichte des Prüfkörpers in kg/m³

c $c = 2{,}42$ für Typ A, $c = 3{,}38$ für Typ B, $c = 2{,}92$ für Typ C

Der Korrekturbeiwert k_γ in Gleichung (13) ist je nach Schraubentyp gemäß Gleichung (15), (16) oder (17) zu ermitteln.

Typ A: $$k_\gamma = \frac{\left(0{,}6077 \cdot \sin\gamma + \cos\gamma\right)^{0{,}2703}}{\left(0{,}6077 \cdot \sin\gamma_{ref} + \cos\gamma_{ref}\right)^{0{,}2703}} \tag{15}$$

Typ B: $$k_\gamma = \frac{\left(0{,}2387 \cdot \sin\gamma + \cos\gamma\right)^{0{,}1302}}{\left(0{,}2387 \cdot \sin\gamma_{ref} + \cos\gamma_{ref}\right)^{0{,}1302}} \tag{16}$$

Typ C: $$k_\gamma = \frac{\left(1{,}144 \cdot \sin\gamma + \cos\gamma\right)^{0{,}1210}}{\left(1{,}144 \cdot \sin\gamma_{ref} + \cos\gamma_{ref}\right)^{0{,}1210}} \tag{17}$$

mit

γ_{ref} Bezugswinkel zwischen Schraubenachse und Jahrringtangente

γ vorhandener Winkel zwischen Schraubenachse und Jahrringtangente

Eine Darstellung der Beanspruchung des Holzes beim Einschrauben in Abhängigkeit vom Winkel zwischen Schraubenachse und Jahrringtangente zeigt Bild 3-23. Hierzu sind im Diagramm über die Rohdichte korrigierte Werte der mittleren Gesamtkraft gegenüber dem Winkel γ aufgetragen. Die Rohdichtekorrektur erfolgte nach Gleichung (14) mit einer Bezugsrohdichte von 430 kg/m³. Des Weiteren sind die entsprechenden Funktionen der Erwartungswerte $F_{m,tot,r,pred}$ dargestellt.

Der Einfluss des Winkels γ ist für die drei Schraubentypen unterschiedlich. Bei Schraubentyp A und B liegen die größten Kräfte bei Winkeln zwischen Schraubenachse und Jahrringtangente von $\gamma = 90°$ vor. Für den Schraubentyp C trifft dieses für $\gamma = 0°$ zu. Zur Verdeutlichung ist in Bild 3-24 die Änderung der mittleren Gesamtkraft in Abhängigkeit des Winkels γ bezogen auf den Referenzwert für $\gamma = 0°$ dargestellt. Dieses entspricht dem jeweiligen Kehrwert des Korrekturbeiwertes k_γ gemäß Gleichung (15), (16) bzw. (17) für $\gamma_{ref} = 0°$. Insgesamt können beim Typ A und B die Unterschiede zwischen Minimalwert und Maximalwert von $F_{m,tot,r}$ bei gleicher Rohdichte in Abhängigkeit von γ bis zu rund 20 Prozent betragen. Beim Typ C ist der Einfluss der Jahrringlage auf die Einschraub-Spaltkräfte deutlich geringer. Die Differenz beträgt maximal fünf Prozent.

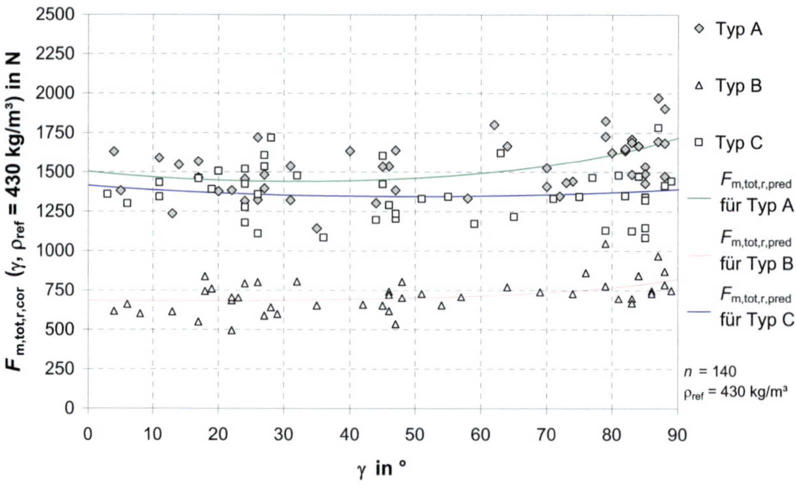

Bild 3-23   Korrigierte Werte der mittleren Gesamtkraft und Vorhersagewerte der mittleren Gesamtkraft für eine Bezugsrohdichte von 430 kg/m³ in Abhängigkeit vom Winkel γ für 8er Schrauben des Typs A, B bzw. C

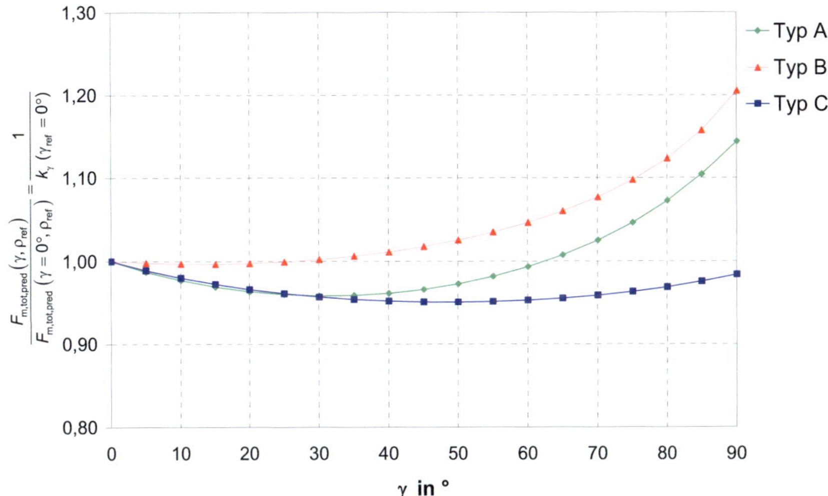

Bild 3-24   Änderung der mittleren Gesamtkraft für Schrauben, 8 x 200 mm, in Abhängigkeit vom Winkel γ, Referenzwinkel $\gamma = 0°$, konstante Rohdichte ρ_{ref}

Die Abweichung bezüglich des Einflusses der Jahrringlage bei den verschiedenen Schraubentypen kann durch die unterschiedliche Ausbildung der Schraubenspitzen erklärt werden. Je nach Vorbohrwirkung dieser Spitze wird die Kraft reduziert, die beim Eindrehen auf das Holz wirkt. Dieses zeigt sich insbesondere beim Typ B in den vergleichsweise geringen Werten der mittleren Gesamtkraft.

Die Typen A und B verfügen über deutlich ausgeformte Bohrspitzen, deren Geometrie so ausgebildet ist, dass sie im Querschnitt eine eher gedrungene rhomboide bzw. ovale Form aufweisen. Bei diesen Spitzen ist der Einfluss des Winkels γ größer. Beim Eindrehen in Hölzer mit liegenden Jahrringen ($\gamma = 90°$) bewirkt das Durchdringen des Spätholzes mit der Bohrspitze höhere Kräfte. Bei Hölzern mit stehenden Jahrringen ist im Vergleich hierzu die mittlere Gesamtkraft geringer. Vermutlich verläuft die Schraube mehr in den Bereich des Frühholzes. Aufgrund der geringeren Rohdichte des Frühholzes verursacht die Schraubenspitze beim Bohrvorgang geringere Kräfte.

Der Typ C hingegen verfügt über eine im Querschnitt runde Spitze, an der Fräsrippen angeordnet sind. Die Bohrwirkung dieser Spitze wird im Vergleich weniger vom Winkel zwischen Schraubenachse und Jahrringtangente beeinflusst. Die eher konventionelle Spitzenform verursacht beim Durchdringen des Spätholzanteils eines Jahrrings

($\gamma = 90°$) geringere Kräfte als beim Eindrehen in Hölzern mit stehenden Jahrringen. Vermutlich wird von dieser Spitze mehr Holz verdrängt als durch die Fräsrippen zerstört bzw. herausgebohrt wird, so dass aufgrund der höheren Steifigkeit des Holzes in Radialrichtung größere Kräfte entstehen.

Die geringsten Kräfte liegen bei allen Schrauben im Bereich $12° < \gamma < 50°$ vor. Neben den Einflüssen aus dem Abtragen und Zerschneiden der Fasern durch die Schraubenspitze und das Gewinde sind die plastischen Verformungen des Holzes infolge des Eindrückens der Schrauben relevant. Das Verdrängen der Fasern durch den Schraubenkern führt aber auch zu elastischen Verformungen des Holzes entlang der Schraubenachse. Für $\gamma = 45°$ ist der Elastizitätsmodul rechtwinklig zur Faserrichtung am kleinsten, vgl. z. B. Görlacher (2002), so dass hieraus geringere Kräfte infolge der elastischen Verformungsanteile resultieren. Für Nägel bei Stahlblech-Holz-Verbindungen konnten bereits Ehlbeck und Görlacher (1982) ein ähnliches Verhalten feststellen. Die geringste Spaltgefahr bestand beim Einschlagen der Nägel unter einem Winkel zu den Jahrringen.

Im Vergleich zum Einfluss der Rohdichte und der verbleibenden Reststreuung ist der durch den Winkel γ erklärbare Einfluss gering. Bei den betrachteten Versuchen betragen die Variationskoeffizienten der mittleren Gesamtkraft nach einer Korrektur mit der Rohdichte und dem Winkel γ je nach Schraubentyp zwischen 9,73 % und 12,9 %.

3.2.4   Einfluss der Messschraubenanzahl

In der ersten Versuchsserie wurden zur Messung der Kräfte beim Eindrehen von Holzschrauben jeweils sechs Messschrauben pro Prüfkörper angeordnet. Im Rahmen der Weiterentwicklung der Prüfmethode wurde die Messschraubenanzahl auf acht erhöht. Hierdurch kann der Kraftverlauf während des Einschraubvorgangs detaillierter erfasst werden. Allerdings ändert sich je nach Messschraubenanzahl das statische System, welches bei der Prüfanordnung vorliegt. Dieses führt zu unterschiedlichen Verformungen des Prüfkörpers beim Eindrehen der Holzschraube. Die Messschrauben werden weiterhin mit der gleichen Kraft ($F_{MSr,p} = 100$ N) vorgespannt. Daher ändert sich mit der Erhöhung der Messschraubenanzahl auch die Größe und die Verteilung der resultierenden Vorspannung, die auf den Prüfkörper wirkt. Dieses kann Auswirkungen auf das Verhalten der Holzschraube beim Eindrehen haben. Insbesondere kann die Wirksamkeit der schraubenspezifischen Merkmale wie zum Beispiel Bohrspitzen, Fräsrippen oder Reibschäfte beeinflusst werden.

In den Versuchsreihen 2.2 und 2.3 der zweiten Versuchsserie (Tabelle 3-2 in Abschnitt 3.2.1) wurde der Einfluss der Messschraubenanzahl auf die gemessenen Kräfte explizit untersucht. In der Reihe 2.2 wurde die Anordnung von sechs und zehn

Messschrauben miteinander verglichen. In der Reihe 2.3 wurde ein Vergleich für die Verwendung von sechs und acht Messschrauben durchgeführt. Für die Einschraub-Spaltkraftversuche wurden je zwei Prüfkörper aus einem Abschnitt des speziellen, homogenisierten Brettschichtholzes hergestellt. Diese wurden innerhalb der Versuchsreihe so zugeordnet, dass sie mit unterschiedlicher Messschraubenanzahl bestückt wurden. Aufgrund der nahezu gleichen Eigenschaften der beiden Prüfkörper ist ein direkter Vergleich der Versuchsergebnisse möglich. Bei den zueinandergehörigen Vergleichsprüfkörpern beträgt die Abweichung bezüglich der Rohdichte maximal ein Prozent. Für den mittleren Winkel γ zwischen Schraubenachse und Jahrringtangente konnten Unterschiede von maximal 3° festgestellt werden. Bei allen Versuchen wurden Schrauben des Typs A in den Dimensionen 8 x 240 mm eingesetzt. Die Prüfkörperhöhe betrug jeweils 200 mm. Insgesamt wurden 30 Versuche in den beiden Versuchsreihen durchgeführt, von denen 25 auswertbar waren. In der Folge stehen für einen direkten Vergleich der Ergebnisse an Prüfkörpern mit gleichen Eigenschaften nur 22 (2 x 11) Wertepaare zur Verfügung. In Bild 3-25 sind die mittleren Gesamtkräfte, die mit acht bzw. zehn Messschrauben ermittelt wurden, den Versuchsergebnissen an den Referenzprüfkörpern mit sechs Messschrauben gegenübergestellt.

Bild 3-26 zeigt zum genaueren Vergleich der Versuchsreihe die korrigierten Werte der mittleren Gesamtkraft in Abhängigkeit von der Messschraubenanzahl. Neben den Einzelwerten der Versuche sind auch die Reihenmittel angegeben. Die Korrektur wurde mit Gleichung (13) aus Abschnitt 3.2.3 für eine Bezugsrohdichte von 430 kg/m³ und einem Referenzwinkel von 45° durchgeführt. Für Versuche mit zehn Messschrauben konnte im Mittel kein Unterschied zur Verwendung von sechs Messschrauben festgestellt werden. Bei den Versuchen mit acht Messschrauben wurden etwas höhere Kräfte festgestellt, die jedoch unter Berücksichtigung der festgestellten Reststreuung nicht als signifikant zu bezeichnen sind.

Außer den Vergleichen der mittleren Gesamtkraft wurde auch die Vergleichbarkeit des Kraftverlaufs über den Einschraubweg in Abhängigkeit der Messschraubenanzahl überprüft. Bild 8-1 bis Bild 8-4 im Anhang 8.2 zeigen für die vier Versuchsreihen den Verlauf der gemessenen Kräfte über den Einschraubweg. Es ergeben sich für jede Messschraubenanordnung signifikante Kraftverläufe. Bei allen Anordnungen ist der Verlauf für das erste Messschraubenpaar (MSr 1/2) sehr ähnlich. Zur Verdeutlichung wurde der Kraftverlauf über die Beziehungen aus Gleichung (13) auf eine Referenzrohdichte und einen Referenzwinkel γ angepasst, siehe Bild 3-27. Es zeigt sich eine sehr gute qualitative und quantitative Übereinstimmung. Neben der mittleren Gesamtkraft $F_{m,tot}$ werden zur Beschreibung des Spaltverhaltens auch die Kenngrößen m_{tip}, $F_{tip,max}$, ΔF_{head} und ΔF_{rsh} verwendet. Diese werden gemäß ihrer Definition in Abschnitt 3.1.3 am Verlauf der Kräfte des ersten Messschraubenpaares bestimmt.

Daher ist eine Vergleichbarkeit der Versuchsergebnisse aus Prüfanordnungen mit unterschiedlicher Messschraubenanzahl auch auf Basis dieser weiteren Kenngrößen möglich. In Bild 3-28 ist der kumulierte Verlauf der korrigierten Kräfte dargestellt. Alle untersuchten Varianten zeigen qualitativ einen weitgehend gleichen Verlauf. Die quantitativen Unterschiede sind gering und bestätigen die vorangegangenen Vergleiche anhand der mittleren Gesamtkraft. Zur Absicherung der Vergleichsbetrachtungen wurden zusätzlich für Prüfanordnungen mit sechs und acht Messschrauben vergleichende numerische Berechnungen durchgeführt. Hierzu wurde das in Abschnitt 3.3 beschriebenen FE-Modell eingesetzt. Die Berechnungen wurden unter Berücksichtigung unterschiedlicher Parameter für die Biegesteifigkeit verschiedener Prüfkörper durchgeführt. Damit wurde der Einfluss von Rohdichte und Jahrringorientierung auf das Verformungsverhalten einbezogen. Als Ergebnis der numerischen Untersuchungen konnte nur ein geringer Einfluss durch die unterschiedliche Messschraubenanzahl festgestellt werden. Die Abweichungen betrugen bezüglich der mittleren Gesamtkraft zwischen 4,56 % und 10,6 %. Der Vergleich der Kraft-Weg-Diagramme aus den Berechnungen ergibt für die kumulierten mittleren Kräfte kaum einen Unterschied. Für die Messschrauben 1/2 waren Abweichungen feststellbar.

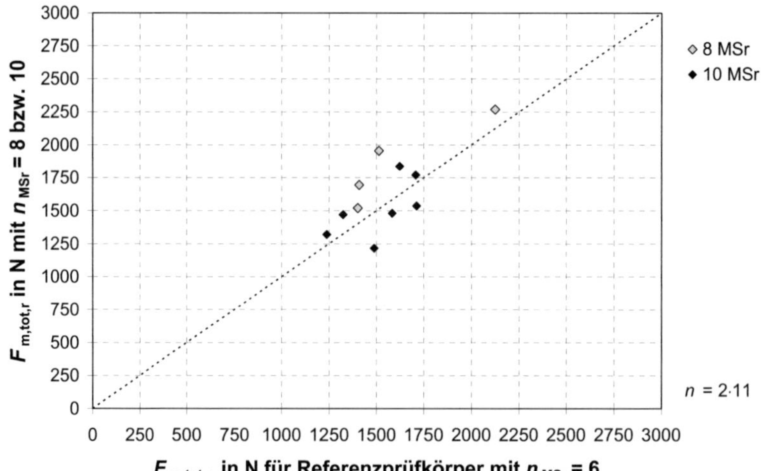

Bild 3-25　　　Mittlere Gesamtkraft ermittelt mit acht bzw. zehn Messschrauben im direkten Vergleich zur Messung mit sechs Messschrauben am Referenzprüfkörper

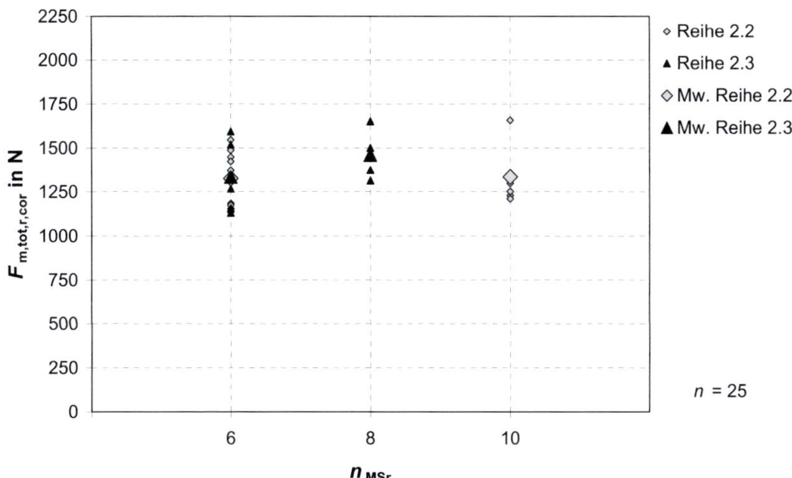

Bild 3-26   Korrigierte Werte der mittleren Gesamtkraft in Abhängigkeit von der Messschraubenanzahl, $\rho_{ref} = 430$ kg/m³, $\gamma_{ref} = 45°$

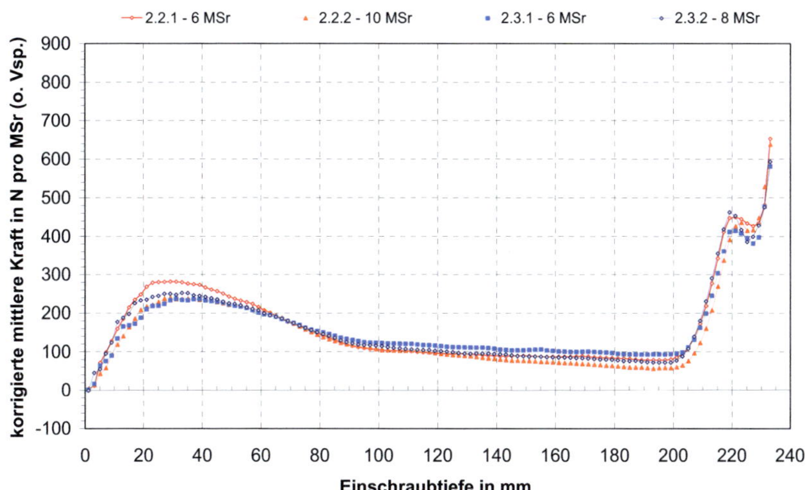

Bild 3-27   Kräfte am ersten Messschraubenpaar (MSr 1/2) für Versuchsanordnungen mit sechs, acht und zehn Messschrauben, korrigierter Verlauf für $\rho_{ref} = 430$ kg/m³ und $\gamma_{ref} = 45°$, $n = 25$

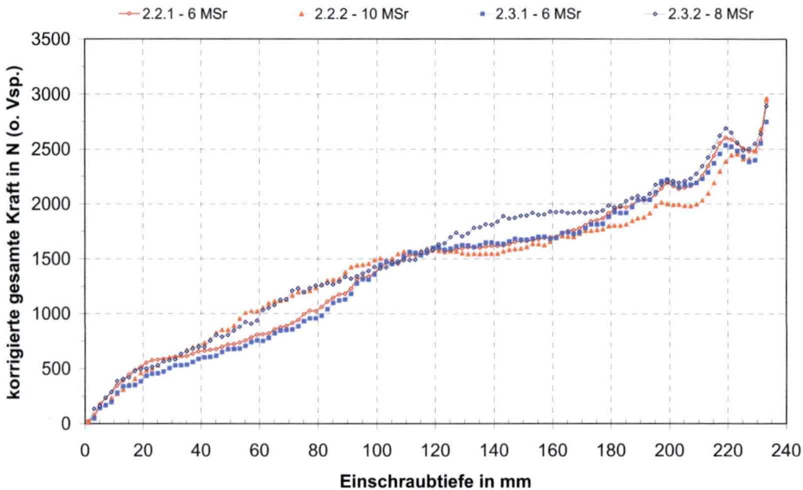

Bild 3-28   Korrigierter Verlauf der Gesamtkräfte für Versuche mit sechs, acht und zehn Messschrauben, ρ_{ref} = 430 kg/m³, γ_{ref} = 45°, n = 25

3.2.5 Einfluss der Messschraubenvorspannung

Im Rahmen der Entwicklung des Prüfverfahrens wurde durch Vorversuche ermittelt, welche Vorspannkraft zur Verbindung der beiden Prüfkörperhälften notwendig ist. Die Messschrauben werden unmittelbar vor der Versuchsdurchführung soweit angezogen, dass jeweils planmäßig eine Vorspannkraft von $F_{MSr,p}$ = 100 N anliegt. Das hierfür benötigte Drehmoment kann mittels einfacher Werkzeuge von Hand aufgebracht werden. Dieses ist für eine effiziente Versuchsdurchführung von Vorteil, da das genaue Einstellen der Vorspannkraft aufwändig ist. Der Grund hierfür liegt in der gegenseitigen Beeinflussung der Vorspannkräfte beim Anziehen der Messschrauben.

Die gewählte Vorspannkraft ist ausreichend, um zu gewährleisten, dass die beiden Prüfkörperhälften vollflächig aneinander gedrückt werden. Insbesondere bei Prüfkörpern aus Vollholz können durch Eigenspannungen (bzw. Schwindspannungen) nach dem Auftrennen in zwei Prüfkörperhälften leichte Imperfektionen bezüglich der Ebenheit entstehen. Des Weiteren muss durch die Vorspannung erreicht werden, dass während des Eindrehens der Holzschraube eine übermäßige Öffnung der beiden Prüfkörperhälften verhindert wird. Eine größere Öffnung oder ein Aufklaffen des Prüfkörpers während des Einschraubens würde das Verhalten der Schraube beim Eindrehen deutlich beeinflussen.

Unter anderem wird die Wirkung schraubenspezifischer Merkmale wie Bohrspitzen und Fräsrippen beeinträchtigt. Die gemessenen Kraftverläufe könnten hierdurch signifikant von den beim Einschrauben in Holzbauteilen vorherrschenden Kräfteverhältnissen abweichen. Damit beim Einschraub-Spaltkraft-Versuch realistische Randbedingungen vorliegen, darf jedoch die Spannung in der Berührungsfläche der Bauteile auch nicht zu groß sein. Diese sollte deutlich weniger als die Querzugfestigkeit des Holzes betragen. Bei acht Messschrauben und Prüfkörpermaßen von $b / h = 80 / 180$ mm beträgt die rechnerische Querdruckspannung aus der Vorspannkraft in der Berührungsfläche der Prüfkörperhälften 0,055 N/mm². Bei Prüfkörpern mit $b / h = 80 / 180$ mm und sechs Messschrauben ergeben sich 0,042 N/mm². Dieses entspricht in etwa einem Achtel bzw. bis zu einem Zwölftel des Rechenwertes der in Bemessungsnormen angegebenen charakteristischen Werte für die Querzugfestigkeit (vgl. z. B. DIN 1052).

Bei der Berechnung der mittleren Gesamtkraft wird gemäß ihrer Definition (Abschnitt 3.1.3) die Größe der Vorspannkraft nicht berücksichtigt. Jedoch können die genannten Effekte sowohl den Verlauf der gemessenen Kräfte als auch den Wert der mittleren Gesamtkraft beeinflussen. Dieses gilt insbesondere bezüglich der Bohrwirkung der Spitze. Bereits durch eine geringfügige Verschlechterung der Bohrwirkung können deutlich größere Kräfte auf das Holz wirken.

Zusätzlich zu den Versuchsreihen mit der üblichen Vorspannung von 100 N pro Messschraube wurden in der Reihe 1.4 Versuche mit Vorspannkräften von 75 N und 150 N pro Messschraube durchgeführt. Ziel der Vergleichsversuche war es, die Beeinflussung des Verlaufs der gemessenen Kräfte und der mittleren Gesamtkraft durch die Größe der Vorspannkraft zu quantifizieren. Bei den Versuchen der Reihe 1.4 aus der ersten Versuchsserie mit Prüfkörpern aus Vollholz betrug die Prüfkörperhöhe 200 mm. Es wurden Holzschrauben der Typen A und B, 8 x 200 mm, verwendet. Für den direkten Vergleich zur Vorspannkraft von $F_{MSr,p} = 100$ N wurden Versuchsreihen der ersten Serie mit ansonsten gleichen Parametern ausgewählt. Dieses trifft auf Versuche der Reihen 1.1 und 1.2 mit den Schraubentypen A und B zu.

Bild 3-29 zeigt korrigierte Einzel- und Mittelwerte der mittleren Gesamtkraft in Abhängigkeit der Vorspannkraft $F_{MSr,p}$ pro Messschraube. Die Korrektur der mittleren Gesamtkraft erfolgte mit Gleichung (8) für einen Referenzwert der Rohdichte von 430 kg/m³. Die mittlere Gesamtkraft $F_{m,tot,r,cor}$ ist für Versuche mit einer Vorspannkraft von 75 N pro Messschraube im Vergleich signifikant größer. Die Querdruckspannung in der Berührungsfläche beträgt ca. 0,028 N/mm². Die beiden Prüfkörperhälften werden mit zu geringen Kräften zusammengedrückt, so dass die Wirksamkeit der Schraubenmerkmale beeinträchtigt wird. Beim Eindrehen einiger Schraubentypen konnte beobachtet werden, dass die Prüfkörperhälften durch die Bohrspitzen auseinander gedrückt werden. Dies gilt für Bohrspitzen mit einer in etwa elliptischen bzw. rhomboiden Querschnittsform und tritt auf, wenn sich die Spitze quer zur Einschraubebene stellt.

Ein Vergleich der mittleren Gesamtkraft für Versuche mit Vorspannkräften von 100 N und 150 N zeigt dagegen kaum Unterschiede. Somit ist davon auszugehen, dass für Prüfkörper von einer maximalen Größe b / h = 80 / 200 mm und bei Anordnung von sechs Messschrauben mit einer Vorspannkraft von $F_{MSr,p}$ = 100 N die Wirkung der Schraubenmerkmale nicht signifikant beeinflusst wird. In diesem Fall beträgt die rechnerische Querdruckspannung im Ausgangszustand 0,038 N/mm². Vorspannkräfte von mehr als 150 N pro Messschraube wurden nicht untersucht. Eine Aussage für die Auswirkung deutlich größerer Vorspannungen auf die Prüfmethode ist somit nicht möglich. Eine Vorspannung der Messschrauben mit größeren Kräften ist nicht erforderlich. Sie führt zudem bezüglich der Spannungsverteilung im Vergleich zum Einschrauben in ein Holzbauteil zu unrealistischen Verhältnissen.

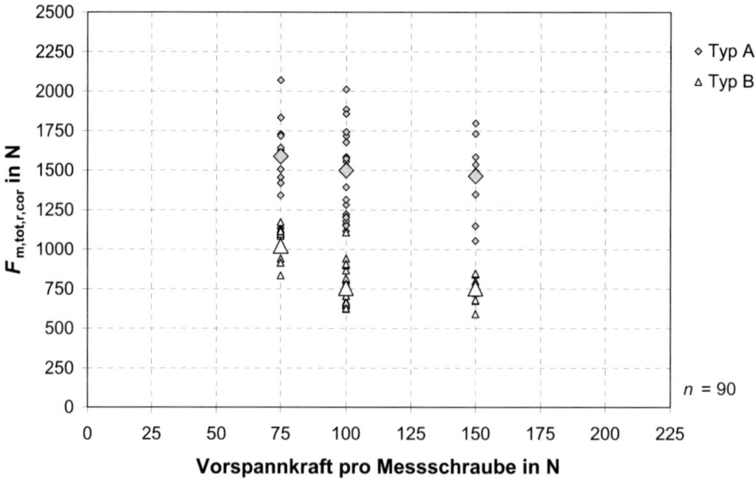

Bild 3-29   Korrigierte mittlere Gesamtkraft $F_{m,tot,r,cor}$ in Abhängigkeit von der Vorspannkraft der Messschrauben, Bezugsrohdichte ρ_{ref} = 430 kg/m³

3.2.6 Einfluss der Einschraubgeschwindigkeit

Bei der Versuchsdurchführung wird zum Eindrehen der Holzschraube in den Prüfkörper eine Schraubenprüfmaschine eingesetzt. Hierdurch wird eine konstante Einschraubgeschwindigkeit gewährleistet. Bei der verwendeten Prüfmaschine kann die Drehzahl zwischen 1 min^{-1} bis 100 min^{-1} gewählt werden. Für die Versuchsdurchführung ist eine Drehzahl von 50 min^{-1} am besten geeignet. Bei dieser Geschwindigkeit ist die Führung der Schraube gut möglich und die Kraftverläufe können messtechnisch mit sehr guter Genauigkeit erfasst werden. Eine weitere Reduzierung der Drehzahl würde zu einem unverhältnismäßig großen Unterschied zur in der Baupraxis üblichen Schraubenmontage führen.

Zur Untersuchung des Einflusses der Einschraubgeschwindigkeit auf die Kräfte, die beim Eindrehen einer Schraube auf das Holz wirken, wurden in der Reihe 1.3 Versuche mit einer Drehzahl von U = 10 min^{-1} und U = 100 min^{-1} durchgeführt. Anschließend wurden die Versuchsergebnisse zusammenfassend mit den Versuchen der Reihen 1.1 und 1.2 ausgewertet, bei denen mit einer Drehzahl von U = 50 min^{-1} eingeschraubt wurde. Unter Berücksichtigung der Rohdichte wurde die mittlere Gesamtkraft mit Hilfe von Gleichung (8) korrigiert und in Abhängigkeit von der Einschraubgeschwindigkeit betrachtet, siehe Bild 3-30 bis Bild 3-32.

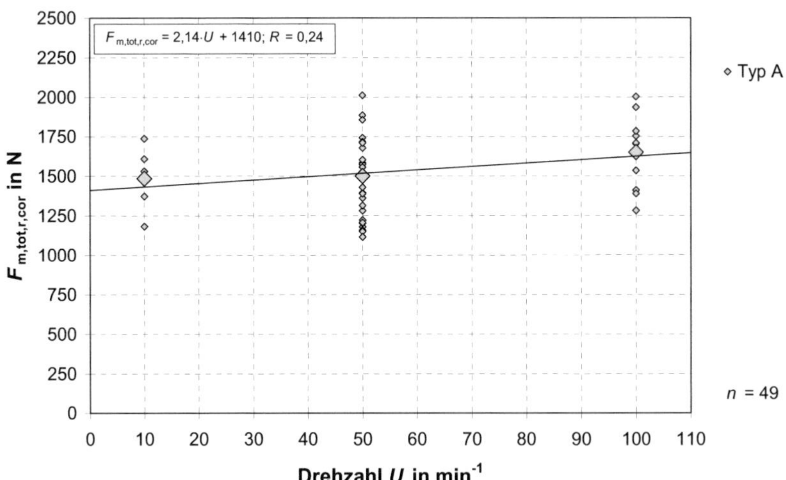

Bild 3-30   Einzel- und Mittelwerte der korrigierten mittleren Gesamtkraft in Abhängigkeit von der Drehzahl für Schraubentyp A, Reihen 1.1 bis 1.3

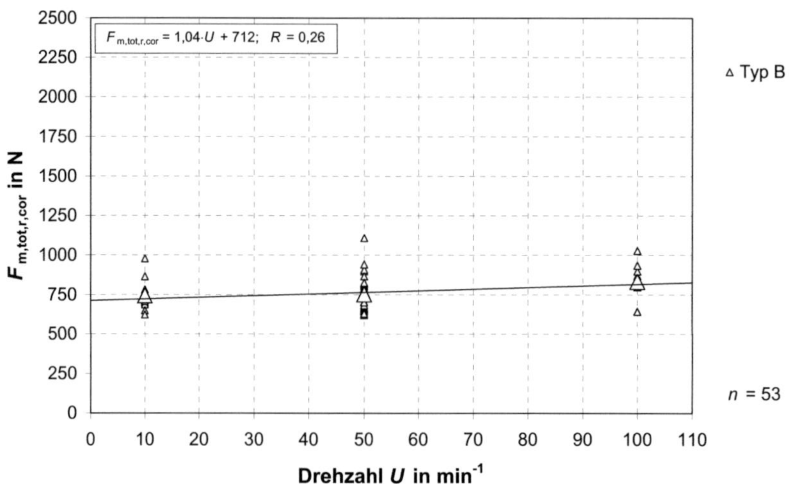

Bild 3-31   Einzel- und Mittelwerte der korrigierten mittleren Gesamtkraft in Abhängigkeit von der Drehzahl beim Einschrauben für Schraubentyp B, Reihen 1.1 bis 1.3

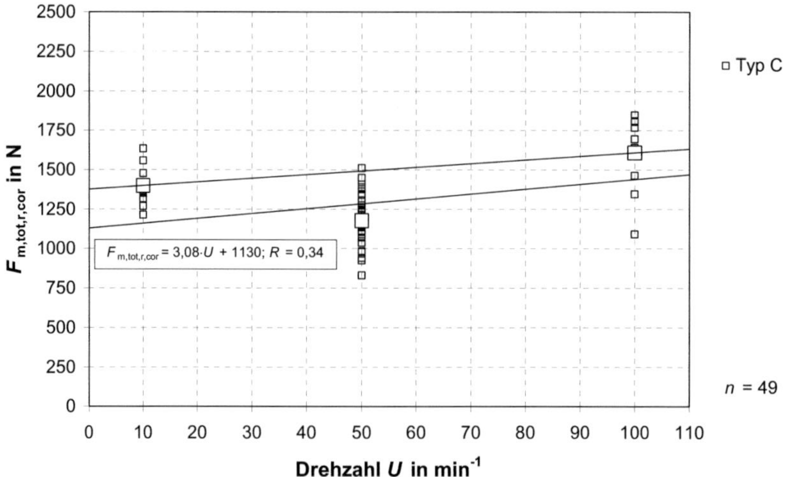

Bild 3-32   Einzel- und Mittelwerte der korrigierten mittleren Gesamtkraft in Abhängigkeit von der Drehzahl beim Einschrauben für Schraubentyp C, Reihen 1.1 bis 1.3

Die Vollholzprüfkörper für die Versuche der Reihe 1.3 (Drehgeschwindigkeiten $U = 10$ min^{-1} bzw. $U = 100$ min^{-1}) wurden aus den gleichen Ausgangshölzern hergestellt. Die hieraus resultierenden nahezu gleichen Holzeigenschaften führen in den betreffenden Reihen zu ähnlichen Streuungen der ermittelten Kräfte und erlauben eine bessere Vergleichbarkeit. Für die Schraubentypen A und B ist mit steigender Drehzahl eine Zunahme der mittleren Gesamtdrehzahl feststellbar. Beim Schraubentyp C bestätigt sich diese Tendenz zwar für $U = 10$ min^{-1} und $U = 100$ min^{-1}, jedoch liegt für eine Drehzahl von 50 min^{-1} eine signifikante Abweichung vor. Diese Abweichung kann nur bedingt durch die abweichenden Prüfkörpereigenschaften erklärt werden. Ein Grund für die Differenzen könnte ggf. darin liegen, dass die verwendeten Schrauben aus zwei unterschiedlichen Produktionschargen stammten. Bei einer Charge wiesen die Fräsrippen der Bohrspitze und des Reibschaftes geringe Unterschiede in ihrer Ausprägung auf. Diese geometrisch geringen Abweichungen sind vermutlich auf unterschiedlich stark abgenutzte Walzbacken bei der Schraubenproduktion zurückzuführen. Allerdings können bereits geringe Abweichungen in der Geometrie der Bohrspitze (z. B. eine Verringerung des Spitzendurchmessers um 1/10 mm) zu signifikant größeren Kräften beim Eindrehen führen. Unter Vernachlässigung der Versuche mit $U = 50$ min^{-1} beim Schraubentyp C (obere Gerade im Bild 3-32) zeigt sich für alle untersuchten Schraubentypen ein nahezu äquivalenter Einfluss des Parameters Einschraubdrehzahl.

Auf der Grundlage einer statistischen Auswertung wurde die Abhängigkeit der mittleren Gesamtkraft $F_{m,tot}$ von der Einschraubgeschwindigkeit bestimmt. Hieraus ergibt sich die drehzahlabhängige Korrektur der mittleren Gesamtkraft $F_{m,tot}$ mit dem Beiwert k_r wie folgt:

$$F_{m,tot,r,cor} = k_r \cdot F_{m,tot,r} = \left(\frac{U_{ref}}{U_{SpK}} \right)^{0,063} \cdot F_{m,tot,r} \tag{18}$$

mit

U_{SpK} Drehzahl beim Einschraub-Spaltkraftversuch

U_{ref} Referenzdrehzahl bzw. Bezugsdrehzahl

k_r Korrekturbeiwert für die Drehzahl beim Einschrauben

Für handelsübliche, elektrisch angetriebene Einschraubgeräte liegt die erreichbare Drehzahl i. d. R. deutlich über 50 min^{-1} bzw. 100 min^{-1}. Bei den Herstellerangaben zu den maximalen Nenndrehzahlen handelt es sich meist jedoch um Werte, die im Leerlauf ohne Last erreicht werden. Die mittels handelsüblicher Einschraubgeräte erreichbare Drehzahl ist nicht nur von der Motorenleistung und der Übersetzung abhängig, sondern auch von der Rohdichte des Holzes bzw. dem erforderlichen Einschraubdrehmoment. Die erreichbare Drehzahl ist somit vom Schraubentyp abhängig, ist nicht konstant und liegt unterhalb der Angabe des Einschraubgerätes. Zur Abschätzung der tatsächlichen Einschraub-Drehzahl eines handelsüblichen Einschraubgerätes mit einer maximalen Leerlauf-Nenndrehzahl von 600 min^{-1} wurden 18 Einschraubversuche durchgeführt. Hierzu wurden Schrauben der Typen A, B und C, 8 x 200 mm, mit höchstmöglicher Eindrehgeschwindigkeit in Hölzern unterschiedlicher Rohdichte eingeschraubt. Die Drehzahl wurde je nach Schraubentyp über eine konstante Messlänge von 60, 110 bzw. 112 mm bestimmt. Die Versuchsergebnisse sind in Bild 3-33 dargestellt. Das arithmetische Mittel der Messwerte beträgt für jeden Schraubentyp in etwa 440 Umdrehungen pro Minute. Mit höherer Rohdichte und somit zunehmendem Einschraubdrehmoment verringert sich die erreichbare Drehzahl. Die Gültigkeit der Gleichung (18) über den untersuchten Wertebereich von $U = \{U \mid 10\ \text{min}^{-1} \leq U \leq 100\ \text{min}^{-1}\}$ hinaus wurde nicht geprüft. Versuche mit größeren Drehzahlen ($U \geq 100\ \text{min}^{-1}$) waren aufgrund der höchstmöglichen Messrate und der Einschraubmethode mittels einer Schraubenprüfmaschine nicht möglich. Eine Durchführung von Einschraub-Spaltkraftversuchen mit handelsüblichen Einschraubgeräten ist problematisch, da die Drehzahl und die Vorschubkraft nicht konstant gehalten werden können. Die gewünschte Vergleichbarkeit der Versuchsergebnisse wäre somit nicht gegeben. Des Weiteren sind eine exakte Führung der Schraube sowie das Einhalten der exakten Einschraubtiefe beim Eindrehen deutlich schwieriger.

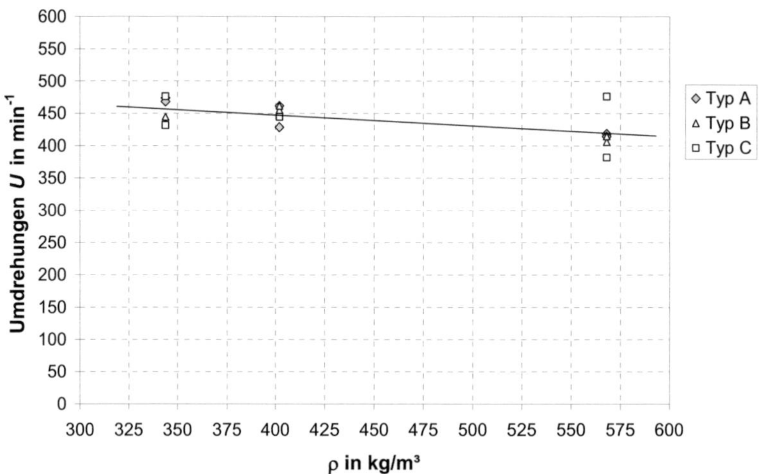

Bild 3-33   Einschraubgeschwindigkeit in Abhängigkeit der Rohdichte für ein handelsübliches Einschraubgerät, Herstellerangaben: 230 V, 710 W, maximale Leerlauf-Nenndrehzahl 600 min^{-1}

3.3 Schraubenspezifische Ersatzlast

Zur numerischen Berechnung der Rissflächen wird die Beanspruchung des Holzes durch den Einschraubvorgang benötigt. Diese kann durch eine Ersatzlastfunktion $q(x_{Sr})$ beschrieben werden, welche für jeden Schraubentyp iterativ bestimmt werden muss. Eine schematische Darstellung des qualitativen Verlaufs der Ersatzlast $q(x_{Sr})$ über die Schraubenlänge ist in Bild 3-34 gezeigt. Für die numerische Simulation wird diese vereinfacht durch konstante Lastabschnitte q_i modelliert. Zur Ermittlung der Ersatzlast wurde ein FE-Modell entwickelt, mit dem die Einschraub-Spaltkraft-Versuche aus Abschnitt 3.2 simuliert werden können. Hierbei wird die quasi-statische Ersatzlast analog zum Eindrehen der Schraube in den Prüfkörper in Form einer wandernden Streckenlast aufgebracht. Eine genauere Beschreibung der Modellierung geben Blaß und Uibel (2009) an. Für die Simulationen der Prüfkörper wurden die durch Schwingungsmessungen ermittelten Elastizitäts- und Schubmoduln verwendet. Die übrigen Elastizitätszahlen wurden in Anlehnung an ihre Verhältniswerte nach Neuhaus (1981), (1983) u. (1994) so berücksichtigt, dass die Anforderungen an den Aufbau der Steifigkeitsmatrix erfüllt waren. Für die Versuche mit acht und zehn Messschrauben musste das FE-Modell adaptiert werden. Eine Prinzipskizze des Modells für acht Messschrauben wird in Bild 3-35 gezeigt. Die Funktion der Ersatzlast wird iterativ durch einen Vergleich der Ergebnisse aus Versuch und Simulation ermittelt.

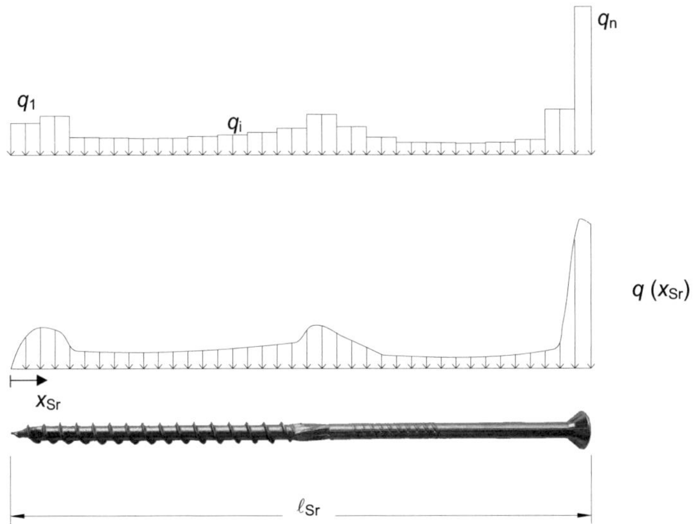

Bild 3-34   Qualitativer Verlauf der Ersatzlast für Rissberechnungen am Beispiel des Schraubentyps C mit Reibschaft (schematische Darstellung)

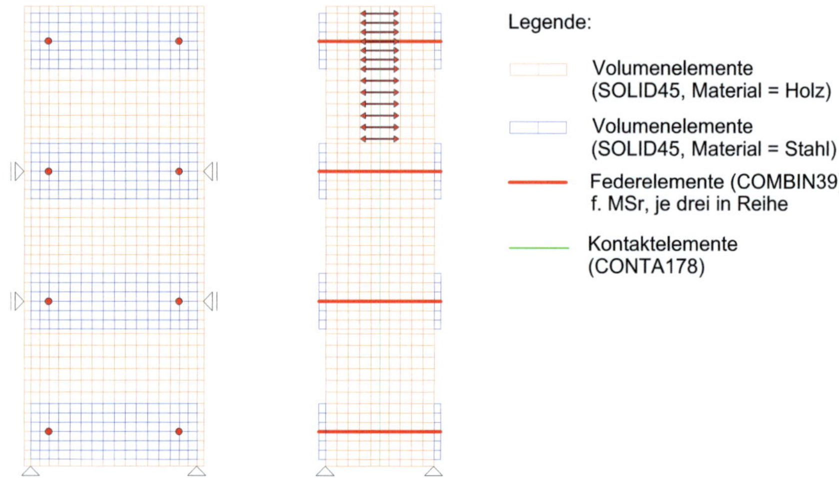

Bild 3-35   Prinzipskizze des FE-Modells zur Berechnung der schraubenspezifi-schen Ersatzlasten

Bei der Rissflächenberechnung sollen möglichst alle Einflussparameter der zu untersuchenden Konfiguration auf das Spaltverhalten berücksichtigt werden. Daher ist es erforderlich, die Funktion der Ersatzlast entsprechend der vorliegenden Randbedingungen insbesondere bezüglich der Materialeigenschaften anzupassen. In Abschnitt 3.2 wurde die Beeinflussung der mittleren Gesamtkraft $F_{m,tot}$ durch die wesentlichen Parameter Rohdichte, Winkel γ zwischen Jahrringtangente und Schraubenachse sowie Einschraubgeschwindigkeit ermittelt. Liegt eine zutreffende Grundfunktion $q\,(x_{Sr})$ vor, kann diese mit den entsprechenden Korrekturbeiwerten angepasst werden:

$$q_{sp}(x_{Sr}) = q(x_{Sr}) \cdot k_{\rho} \cdot k_{r} \cdot k_{\gamma} \tag{19}$$

mit

$q\,(x_{Sr})$ Grundfunktion der Ersatzlast zur Charakterisierung der Spaltkraft eines Schraubentyps, ermittelt aus Einschraub-Spaltkraft-Versuchen

k_{ρ} Korrekturbeiwert zur Berücksichtigung der Rohdichte, in Abhängigkeit vom Schraubentyp, z. B. gemäß Gleichung (14)

k_{r} Korrekturbeiwert zur Berücksichtigung der Einschraubgeschwindigkeit bzw. Drehzahl beim Einschrauben, aus Gleichung (18)

k_{γ} Korrekturbeiwert für den Winkel γ zwischen Schraubenachse und Jahrringtangente, je nach Schraubentyp, z. B. Gleichung (15), (16) oder (17)

Es ist zu beachten, dass bei den Korrekturbeiwerten, z. B. Gleichung (14) bis (18), für die Bezugswerte die Parameter der Konfiguration einzusetzen sind, auf welche die Grundfunktion der Ersatzlast bezogen werden soll.

Für eine Rissflächenberechnung muss die korrigierte Grundfunktion $q\,(x_{Sr})$ zusätzlich kalibriert werden. Durch die Kalibrierung können Abweichungen erfasst werden, die zwischen der mit der Versuchseinrichtung ermittelten und der tatsächlichen Spaltkraft vorliegen. Hierzu werden in Kalibrierungsversuchen Rissflächen ermittelt und mit den numerischen Berechnungen verglichen. Mit dem daraus abgeleiteten Korrekturbeiwert k_{sp} kann die korrigierte Ersatzlast $q_{cor}\,(x_{Sr})$ nach Gleichung (20) berechnet werden. Die Herleitung des Korrekturbeiwerts k_{sp} ist in Abschnitt 4.2.2 beschrieben.

$$q_{cor}(x_{Sr}) = q_{sp}(x_{Sr}) \cdot k_{sp} = q(x_{Sr}) \cdot k_{\rho} \cdot k_{r} \cdot k_{\gamma} \cdot k_{sp} \tag{20}$$

mit

$q_{sp}\,(x_{Sr})$ über die Parameter der Einschraub-Spaltkraft-Versuche korrigierte Grundfunktion der Ersatzlast, gemäß Gleichung (19)

k_{sp} Kalibrierungsfaktor bzw. Korrekturbeiwert zur Berücksichtigung von Abweichungen zwischen durch Einschraub-Spaltkraft-Versuche ermittelter und tatsächlicher Spaltkraft

Eine Ermittlung der Grundfunktion für die Ersatzlast mit einer zutreffenden Berücksichtigung des Winkels γ zwischen Jahrringtangente und Schraubenachse ist nur auf der Basis von Versuchen mit Prüfkörpern aus homogenisiertem Brettschichtholz möglich. Für die Schraubentypen A, B und C, 8 x 200 mm, wurde die iterative Ermittlung anhand der Versuchsreihen 2.1, 2.4.1-A und 2.5-A durchgeführt. Hierzu wurden die insgesamt 140 verwertbaren Versuche in Abhängigkeit von der Prüfkörperrohdichte und vom Winkel γ in sechs Kollektive pro Schraubentyp aufgeteilt. Die Kriterien zur Bildung der Kollektive sind in Tabelle 3-4 definiert. In Tabelle 3-5 sind die Eigenschaften der insgesamt 18 Kollektive zusammengefasst.

Tabelle 3-4   Kriterien zur Bildung der Kollektive 1.1 bis 3.2

	$0° \leq \gamma \leq 30°$	$30° < \gamma \leq 60°$	$60° < \gamma \leq 90°$
$\rho \geq 450$ kg/m³	1.1	2.1	3.1
$\rho < 450$ kg/m³	1.2	2.2	3.2

Tabelle 3-5   Eigenschaften der Kollektive der Einschraub-Spaltkraft-Versuche aus Reihe 2.1 für die iterative Ersatzlastermittlung

Kollektiv	Typ A			Typ B			Typ C		
	n	ρ_{mean} kg/m³	γ_{mean} °	n	ρ_{mean} kg/m³	γ_{mean} °	n	ρ_{mean} kg/m³	γ_{mean} °
1.1	8	488	12	10	489	19	11	486	20
1.2	7	431	21	7	428	19	6	427	20
2.1	3	478	35	6	490	43	7	482	45
2.2	7	431	45	7	433	48	4	432	48
3.1	17	496	80	12	499	82	12	496	81
3.2	7	421	78	4	434	77	5	435	78

Zunächst wurde für das Kollektiv 1.2 jedes Schraubentyps die Ersatzlast iterativ ermittelt. Hierzu wurde die Belastungsfunktion q (x_{Sr}) so variiert, dass sich möglichst geringe Abweichungen zwischen Versuchsergebnissen und berechneten Kräften an den Messstellen ergaben. In Bereichen von $\Delta x_{Sr} = 5$ mm wurde die Belastung als konstant angenommen. Als Ergebnis sind die einzelnen Lasten q_i für die drei Schraubentypen in Tabelle 8-66 bis Tabelle 8-68 des Anhangs 8.3 aufgeführt.

Bild 3-36 bis Bild 3-38 zeigen einen Vergleich zwischen den in den Versuchen gemessenen Kräften und den unter Verwendung der ermittelten Belastungsfunktion berechneten Werten. Die Positionen der Messschraubenpaare bei 15, 65, 115 und 165 mm sind in den Diagrammen gekennzeichnet. Übersichtlichere graphische Darstellungen der Vergleiche für die einzelnen Messstellen (MSr 1/2, MSr 2/3, MSr 5/6 und MSr 7/8) sowie für die Mittelwerte der acht Messstellen können Bild 8-5 bis Bild 8-19 in Anhang 8.3 entnommen werden. Für alle drei Schraubentypen ergeben sich zufriedenstellende bis gute Übereinstimmungen zwischen gemessenen und simulierten Kraftverläufen. Insbesondere die Kraftverläufe der mittleren Messschraubenpaare (MSr 3/4 und MSr 5/6) lassen sich recht zutreffend durch die FE-Berechnungen ermitteln.

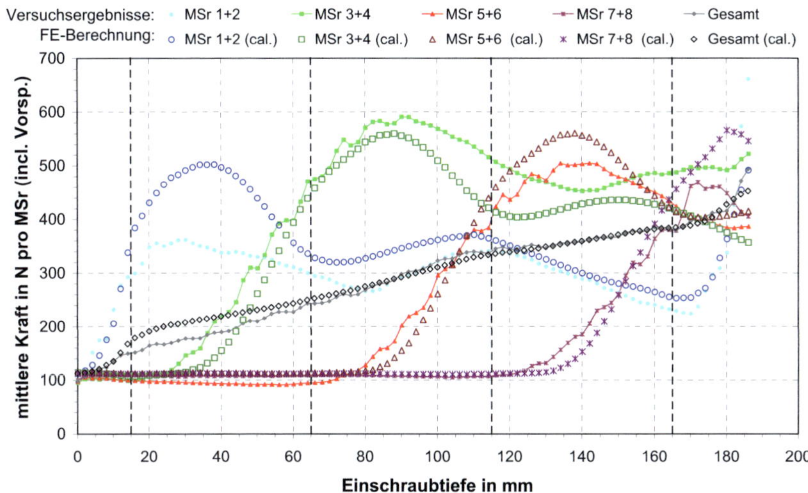

Bild 3-36   Vergleich zwischen Versuchsergebnissen und berechneten Kräften an den Messstellen für Schraubentyp A, 8 x 200 mm, Kollektiv 1.2

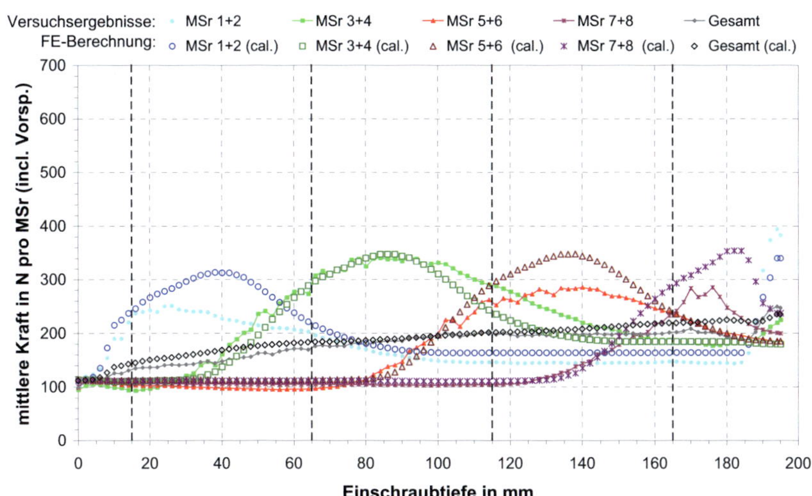

Bild 3-37   Vergleich zwischen Versuchsergebnissen und berechneten Kräften an den Messstellen für Schraubentyp B, 8 x 200 mm, Kollektiv 1.2

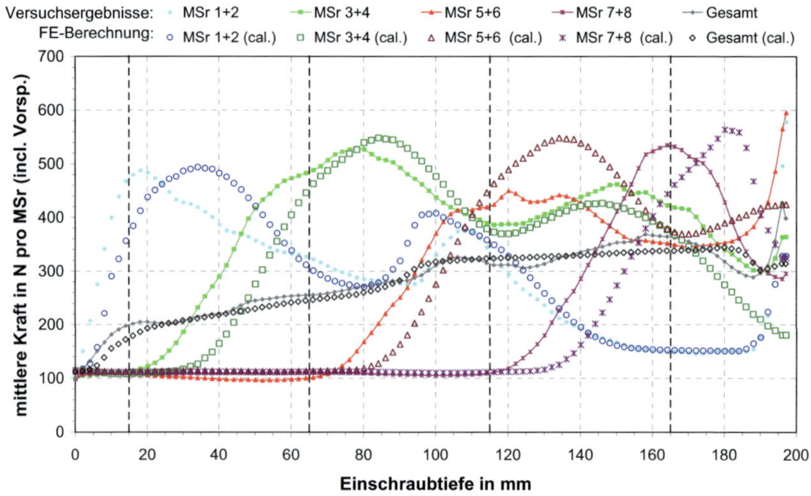

Bild 3-38   Vergleich zwischen Versuchsergebnissen und berechneten Kräften an den Messstellen für Schraubentyp C, 8 x 200 mm, Kollektiv 1.2

Die Güte der Übereinstimmung zwischen Simulation und Versuchsergebnissen zeigt, dass die ermittelten Grundfunktionen deutlich besser geeignet sind als die Ersatzlastfunktionen aus dem ersten Teil des Forschungsvorhabens. Letztere wurden auf der Grundlage von Einschraub-Spaltkraft-Versuchen mit Prüfkörpern aus Vollholz abgeleitet. Hieraus folgend lässt sich konstatieren, dass Prüfkörper mit homogenen Eigenschaften für die iterative Ermittlung von Ersatzlastfunktionen besser geeignet sind. Des Weiteren erleichtert die höhere Auflösung der Messungen durch Anordnung von acht Messstellen die Anpassung der Ersatzlast.

Die jeweils für das Kollektiv 1.2 ermittelte Ersatzlast wird als Grundfunktion $q\,(x_{Sr})$ verwendet, so dass mit der Gleichung (19) die Ersatzlastfunktionen für die verbleibenden Kollektive berechnet werden können. Zur Berechnung der Korrekturbeiwerte k_ρ und k_γ werden die in Tabelle 3-5 aufgeführten Parameter benötigt. Der Beiwert zur Berücksichtigung der Einschraubgeschwindigkeit ergibt sich zu $k_r = 1{,}0$, da alle Versuche mit einer konstanten Drehzahl von 50 min^{-1} durchgeführt wurden. Mit den Ersatzlastfunktionen als Beanspruchung werden mit Hilfe des FE-Modells (Bild 3-35) die Einschraub-Spaltkraft-Versuche simuliert. Resultierend können für jedes Kollektiv die Kraft-Einschraubweg-Diagramme dargestellt werden, siehe Bild 8-20 bis Bild 8-34 in Anhang 8.3. Ein visueller Vergleich der experimentell ermittelten Kraft-Einschraubweg-Beziehungen an den Messstellen zeigt eine gute Übereinstimmung mit denjenigen aus dem Rechenmodell.

Für einen weiteren Vergleich wird aus den numerisch berechneten Kraftverläufen mit Gleichung (5) die mittlere Gesamtlast $F_{m,tot,r,sim}$ für jedes Kollektiv ermittelt. Bild 3-39 zeigt, dass diese Werte sehr gut mit den Versuchsergebnissen korrelieren (Korrelationskoeffizient $R = 0,98$).

Insgesamt konnte gezeigt werden, dass mit Hilfe der vorgestellten FE-Berechnungen eine zutreffende Iteration der Grundfunktion für die Ersatzlast q (x_{Sr}) möglich ist. Außerdem kann diese mit der Beziehung aus Gleichung (19) über die abhängigen Parameter spezifisch angepasst werden. Die Qualität der ermittelten Ersatzlasten kann auch dadurch belegt werden, dass für die numerische Rissflächenermittlung (siehe Abschnitt 4.2) keine bzw. nur geringe Anpassungen der Grundfunktion notwendig sind. Für die Schraubentypen A und C genügt die globale Kalibrierung mit dem Beiwert k_{sp} nach Gleichung (20). Für den Schraubentyp B muss die Grundlastfunktion im Bereich der Schraubenspitze (q_i (x_{Sr}) für $0 \leq x_{Sr} < 20$ mm) geringfügig verändert werden. Die geänderte Ersatzlast ist in Tabelle 8-67 angegeben. Bild 8-35 bis Bild 8-40 zeigen die Kraft-Einschraubweg-Diagramme aus Versuch und Simulation für die sechs Kollektive. Die jeweils aus den Berechnungen folgende mittlere Gesamtkraft ist im Vergleich zu den Versuchsergebnissen ebenfalls in Bild 3-39 dargestellt (Symbol: rotes Dreieck). Unter Verwendung der für die Rissflächenbestimmung kalibrierten Ersatzlast ergeben sich Simulationsergebnisse, die eine größere Abweichung zu den Versuchsergebnissen aufweisen.

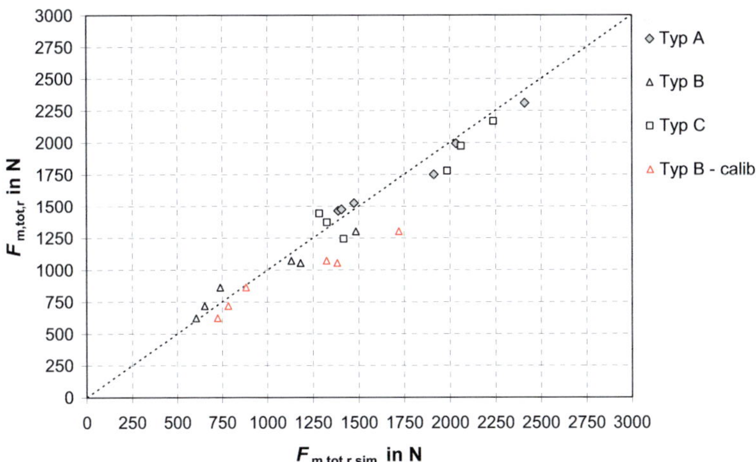

Bild 3-39   Mittlere Gesamtkraft $F_{m,tot,r}$ für alle Kollektive aus Versuch und Simulation

4 Rissflächen für unterschiedliche Schraubenanordnungen

4.1 Experimentelle Rissflächenermittlung

4.1.1 Prüfverfahren

Bei konventionellen Einschraubversuchen stehen als Beurteilungskriterium für das Spaltverhalten nur die äußerlich sichtbaren Risserscheinungen zur Verfügung. Eine sichere Aussage zum quantitativen und qualitativen Spaltverhalten ist bei derartigen Versuchen im Grunde nur möglich, wenn ein Versagen des Prüfkörpers durch völliges Aufspalten oder Rissbildung bis zum Hirnholz vorliegt. In anderen Fällen ist die Beurteilung deutlich schwieriger. Über die Größe der gerissenen Fläche und ihre Verteilung kann auf der Grundlage an der Oberfläche beobachteter Risserscheinungen keine Aussage getroffen werden. Eine sinnvolle Überprüfung der Rissausbreitung muss demnach in der Rissebene über die gesamte Querschnittshöhe des Versuchsholzes erfolgen. Daher wurde im ersten Teil dieses Forschungsvorhabens ein Prüfverfahren verwendet, das eine Visualisierung der resultierenden Risserscheinungen ermöglicht. Das Verfahren wurde auf ähnliche Weise bereits von Lau et al. (1987) angewendet. Die zu prüfende Holzschraube wird wie üblich in ein Versuchsholz eingedreht. Hierbei wird ein Verlaufen der Schraube innerhalb des Holzes verhindert und Reibung sowie Zwängungen werden durch die Lagerung des Prüfkörpers ausgeschlossen. Dies gewährleistet eine weitgehend unbeeinflusste Rissausbreitung. Die Schraube wird so weit eingedreht, dass der Kopf bündig mit der Holzoberfläche abschließt. Nach einer Wartezeit wird die Schraube wieder hinausgedreht. Die durch das Durchschrauben entstandene Austrittsöffnung im Holz wird an der Oberfläche abgedichtet und eine dünnflüssige Farbe (z. B. farbige Beize) in das durch das Einschrauben entstandene Loch eingefüllt. Aufgrund der Kapillarwirkung breitet sich die Farbe entlang der entstandenen Risse im Holz aus, so dass der gerissene Bereich eingefärbt wird. Blaß und Uibel (2009) konnten nachweisen, dass eine signifikante Einfärbung über die relevante Rissfläche hinaus im Bereich der maßgebenden Rissspitzen und Rissflanken ausgeschlossen werden kann. Nach dem Trocknen der Farbe wird das Holz in der Rissebene mit einem Stemmeisen entlang der Faserrichtung geöffnet, so dass die eingefärbten Rissflächen sichtbar werden. Gegebenenfalls werden weitere Fasern abgelöst, um die größte Rissausbreitung feststellen zu können. In Bild 4-1 bis Bild 4-4 sind einzelne Schritte des Prüfverfahrens dargestellt.

Das Prüfverfahren kann auch für Anschlussbilder mit mehreren faserparallel hinter einander angeordneten Schrauben verwendet werden. Zur besseren Unterscheidung und Zuordnung sich ggf. überschneidender Rissflächen bietet es sich an, diese alternierend mit zwei unterschiedlichen Farben zu visualisieren. Bild 4-5 zeigt einen entsprechenden Prüfkörper.

Bild 4-1   Einschrauben unter Verwendung einer Schablone, zwängungsfreie Lagerung des Prüfkörpers

Bild 4-2   Versenken des Kopfes, nach einer Wartezeit wird die Schraube wieder hinausgedreht

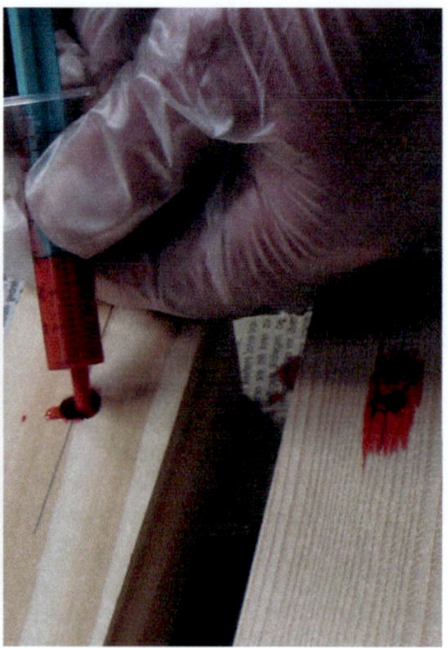

Bild 4-3   Abdichten der Prüfkörper und Einbringen der Farbe

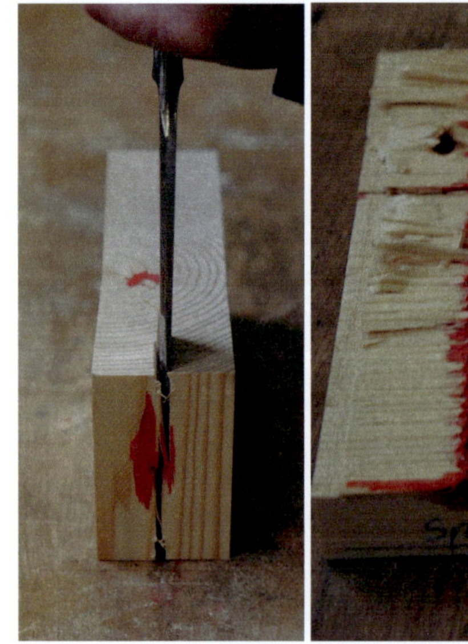

Bild 4-4   Auftrennen der Prüfkörper und geöffneter Prüfkörper

Beim Prüfkörper in Bild 4-5 übergreifen sich die Rissflächen teilweise. Dieses Auftreten von Rissflächen mit parallel versetzten Rissebenen kann häufiger im Bereich zwischen zwei Schrauben beobachtet werden. Die wesentlichen Ursachen hierfür sind Faserabweichungen und die Lage der Initialrisse beim Einschrauben. Letztere wird durch die Torsionsbewegung der Schraube beeinflusst. Durch die Form der Schraubenspitze, durch Fräsrippen an der Spitze, am Schaft oder unter dem Kopf sowie durch Reibung an den Gewindeflanken und am Schraubenkern können Holzfasern in Richtung der Drehbewegung mitgeführt werden. Eine daraus folgende versetzte Rissbildung zeigt Bild 4-6.

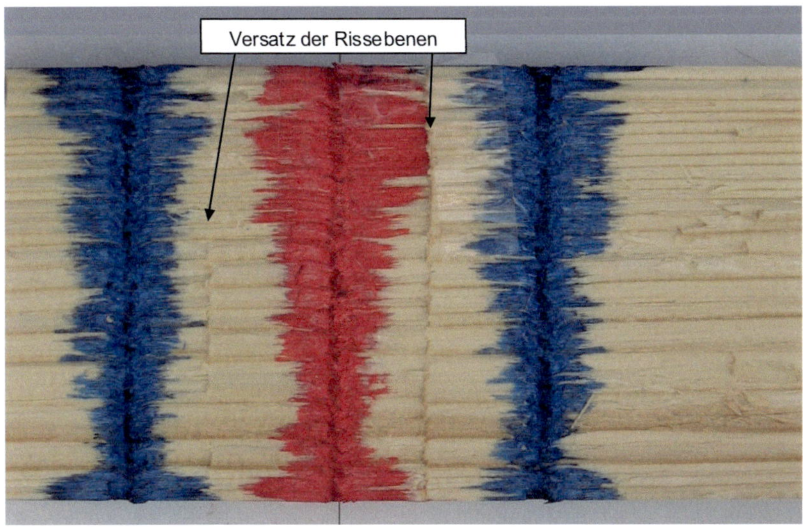

Bild 4-5   Aufgetrennter Prüfkörper mit mehreren Schrauben in einer Reihe, Rissflächen eingefärbt und freigelegt

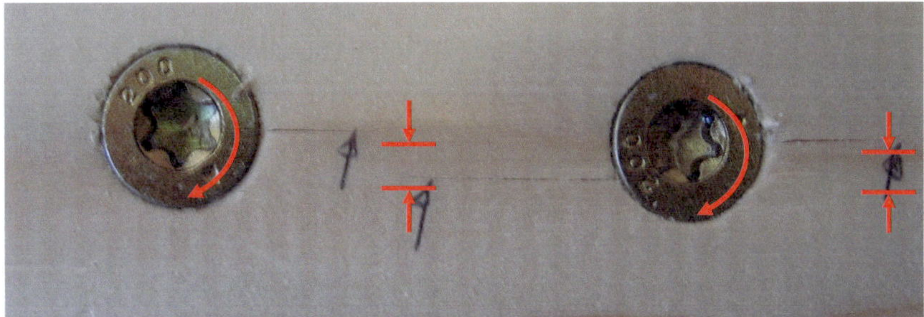

Bild 4-6   Versetzte Rissbildung beim Eindrehen

Der Versatz zwischen den Rissebenen beträgt meist ungefähr die Hälfte des Außendurchmessers der Schraube. Demnach kann eine um $d/2$ rechtwinklig zu Faserrichtung versetzte Schraubenanordnung dazu führen, dass die Rissflächen zwischen den Schrauben in einer Ebene liegen. Die Frage einer ggf. günstigen Auswirkung durch das Versetzen der Schraube, welche gelegentlich diskutiert wird, ist unter dem oben genannten Aspekt eher kritisch zu sehen. Für Nägel und Stabdübel wurde die versetzte Anordnung bereits vielfach untersucht, vgl. u. a. Egner (1953), Marten (1953), Ehlbeck und Görlacher (1982), Ehlbeck und Siebert (1988), Ehlbeck und Werner (1989). In fast allen Untersuchungen konnte keine günstige Auswirkung verifiziert werden, so dass die entsprechenden Regelungen nicht mehr in den Bemessungsnormen (z. B. DIN 1052: 2008) zu finden sind.

4.1.2 Erfassung und Beschreibung von Rissflächen

Zur Ermittlung der quantitativen Rissausdehnung werden an den geöffneten Prüfkörpern die eingefärbten Rissflächen mit einem Messprojektor erfasst. Die Begrenzung der Rissfläche wird hierzu in Messpunkte aufgelöst, die anschließend durch einen Polygonzug verbunden werden. Die Anzahl der Messpunkte wurde so gewählt, dass der resultierende Graph das charakteristische Rissbild des Prüfkörpers wiedergibt und eine ausreichend genaue Berechnung der Rissfläche ermöglicht. Bild 4-7 zeigt das typische Rissbild eines Prüfkörpers mit einer Schraube. In der Darstellung sind die Graphen eingetragen, die die Begrenzungen der Rissflächen bilden. Diese Graphen wurden mit Hilfe der Koordinaten der Messpunkte aus der Rissflächenmessung generiert.

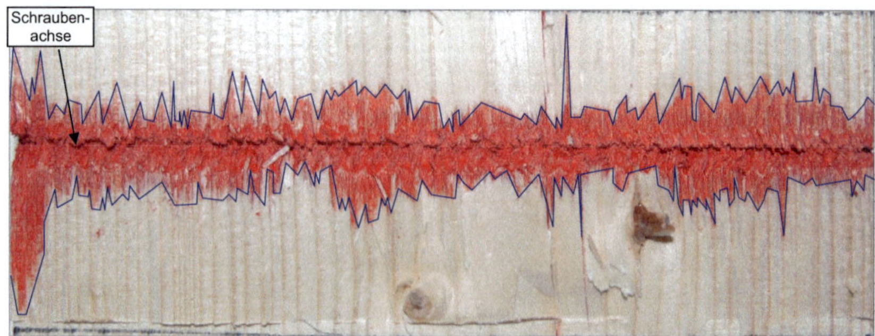

Bild 4-7   Aufgetrennter Prüfkörper zur Ermittlung der Rissausdehnung, Rissfläche mit Graphen der Rissflächenbegrenzung aus der Messung am Messprojektor

Bei Anschlussbildern mit mehreren Schrauben in einer Reihe wird das Rissbild für jede Schraube separat ausgewertet. Im Bereich zwischen zwei Schrauben können sich Rissflächen so überschneiden, dass eine eindeutige Zuordnung nicht möglich ist. In diesem Fall wird der gemeinsame Flächenanteil aufgeteilt. Als Begrenzung der jeweiligen Flächen wird eine Gerade parallel zur Schraubenachse im Abstand von $a_1/2$ festgelegt, siehe Bild 4-8. Für die weiteren Auswertungen wurden die in Bild 4-9 angegebenen Risslängen- und Rissflächenbezeichnungen definiert. Diese werden entsprechend auf Anordnungen mit mehreren Schrauben übertragen, siehe Bild 4-10. Zur Charakterisierung und zum Vergleich von Rissbildern wurde bereits der Abstand e_{085} definiert. Dieser erweist sich als geeignet, die Rissfläche signifikant zu beschreiben. Die Ermittlung eines funktionalen Zusammenhangs für eine exakte Beschreibung der Rissflächen erweist sich aufgrund der großen Streuungen innerhalb ihrer Geometrie und Ausdehnung nicht als zweckmäßig. Innerhalb des Abstandes $e_{085,i}$ von der Schraubenachse liegen 85 Prozent der jeweiligen Rissfläche $A_{Ri,i}$. Die Bezeichnungen der Abstände ergeben sich jeweils analog zu den Rissflächenbezeichnungen. Bild 4-11 zeigt die Definition von $e_{085,1}$ und $e_{085,3}$ für Anordnungen mit einer Schraube. Für die Auswertung von Rissbildern mit mehreren Schrauben wurde diese Definition erweitert und ist in Bild 4-12 erläutert. Eine visuelle Überprüfung von Rissflächenbildern zeigt bereits, dass durch den Abstand e_{085} die Rissflächen auch bei Anordnung mehrerer Schrauben zutreffend beschrieben werden, siehe z. B. Bild 4-8 (rote Linien). Des Weiteren wird in Abschnitt 4.1.3 anhand von Auswertungen von Versuchsergebnissen die Eignung der Abstände e_{085} nachgewiesen. Zusätzlich werden Grenzwerte für die Abstände e_{085} als Kriterium für eine zulässige Rissausdehnung vorgeschlagen.

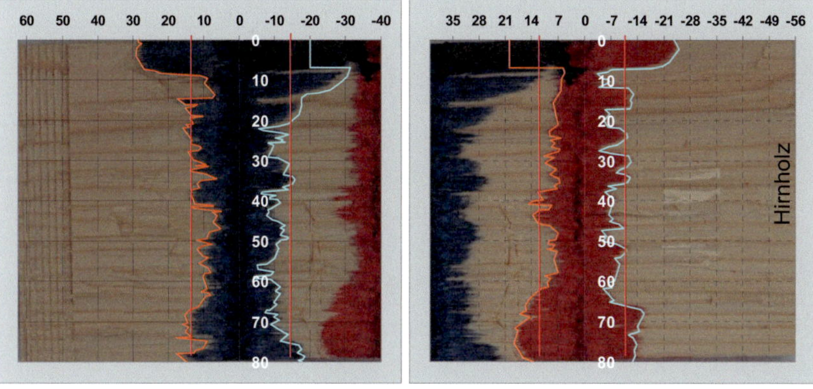

Bild 4-8   Aufgetrennter Prüfkörper (2.2-A-1-03, $m = 1$) mit zwei Schrauben pro Reihe, Rissfläche mit Rissflächenbegrenzung und Abstände e_{085}

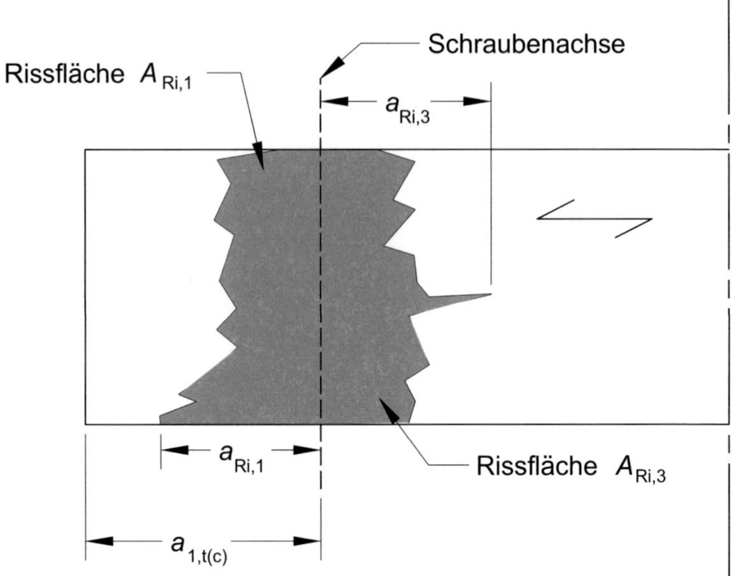

Bild 4-9   Definition der Rissflächen und Risslängen am Beispiel einer Konfiguration mit einer Schraube

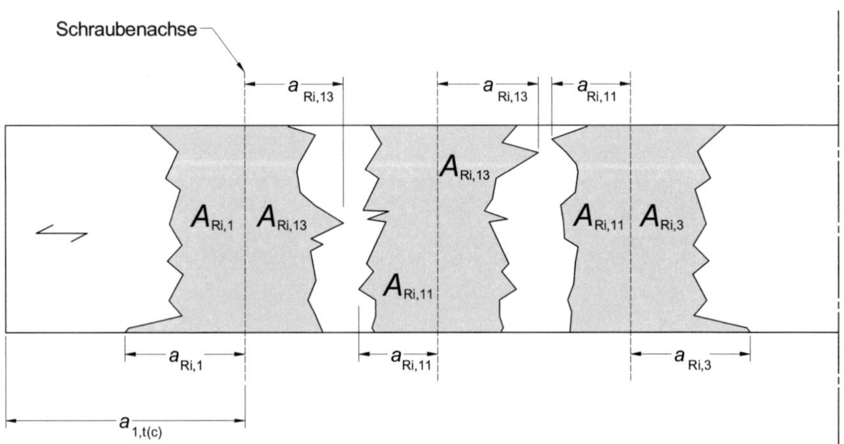

Bild 4-10   Definition der Rissflächen und Risslängen für Einschraubbilder mit mehreren Schrauben

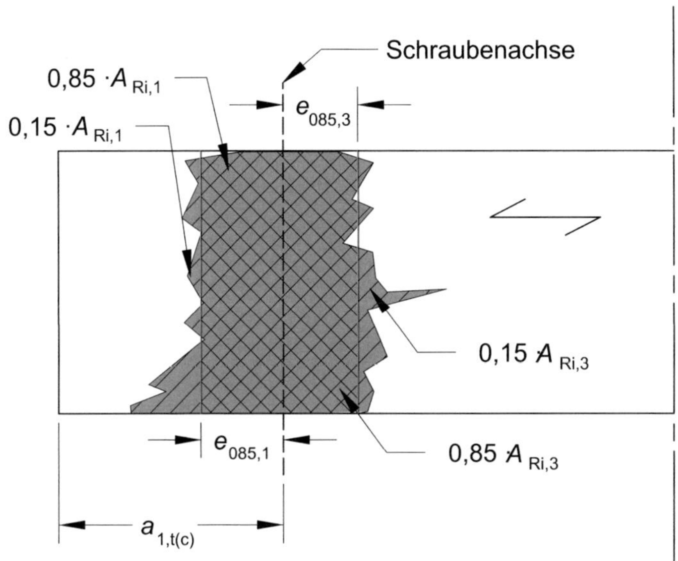

Bild 4-11   Definition der Abstände e_{085} am Beispiel einer Konfiguration mit einer Schraube

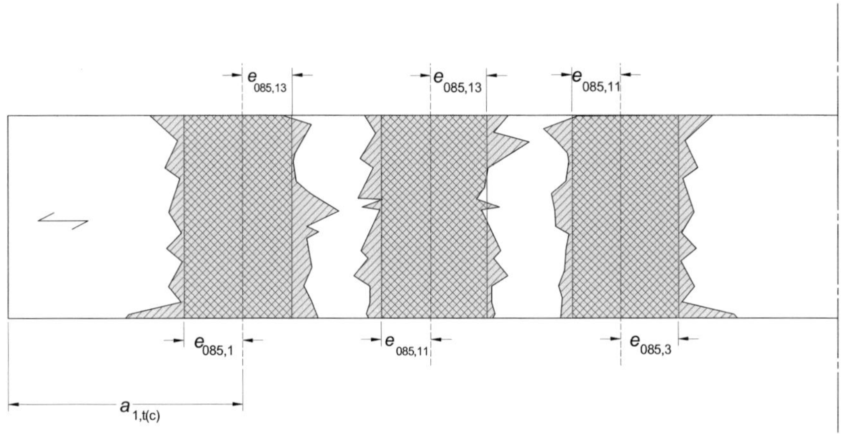

Bild 4-12   Definition der Abstände e_{085} für Einschraubbilder mit mehreren Schrauben pro Reihe

4.1.3 Auswertung experimentell ermittelter Rissflächen

Zur Kalibrierung und Verifizierung des Rechenmodells wurden mit dem in Abschnitt 4.1.1 beschriebenen Prüfverfahren mehrere Versuchsreihen zur Ermittlung von Rissflächen durchgeführt. Bereits im ersten Teil des Forschungsvorhabens waren 16 Versuchsreihen vorgesehen, bei denen jeweils eine Holzschraube pro Prüfkörper angeordnet wurde. Die Konfigurationen dieser Versuche mit 8er Schrauben der Typen A, B und C sind in Tabelle 4-1 aufgestellt. Die Untersuchung konzentrierte sich auf die Parameter Schraubentyp, Holzdicke und Hirnholzabstand $a_{1,c}$.

Insgesamt wurden 83 Einzelversuche durchgeführt, von denen 71 ausgewertet werden konnten. Bei den übrigen Versuchen war es nicht möglich, die Rissflächen für eine fehlerfreie Erfassung freizulegen bzw. die Prüfkörper wurden beim Öffnen zerstört. Die Versuchsreihen wurden gegenüber der Aufstellung bei Blaß und Uibel (2009) in ihrer Bezeichnung angepasst und bilden in diesem Bericht die Reihe 1.1.

Tabelle 4-1   Einschraubversuche der Reihe 1.1 zur Rissflächenermittlung bei Anordnung einer Schraube, aus Blaß und Uibel (2009)

| Reihe | Schraubenparameter | | | | Holz-dicke | Abstände | | | | Anzahl | |
	Hersteller/ Typ	d mm	m	n	t mm	$a_{1,c}$ mm	a_1 mm	$a_{2,c}$ mm	a_2 mm	gesamt	nicht geeignet
1.1-A-1	A	8	1	1	185	40	-	24	-	12	4
1.1-B-1	B	8	1	1	194	40	-	24	-	12	3
1.1-C-1	C	8	1	1	195	40	-	24	-	12	2
1.1-A-2	A	8	1	1	80	56	-	24	-	5	-
1.1-B-2	B	8	1	1	40	56	-	24	-	5	-
1.1-C-2	C	8	1	1	64	56	-	24	-	5	-
1.1-A-3	A	8	1	1	100	56	-	24	-	3	-
1.1-B-3	B	8	1	1	100	56	-	24	-	3	1
1.1-C-3	C	8	1	1	100	56	-	24	-	3	-
1.1-A-4	A	8	1	1	40	40	-	24	-	4	1
1.1-A-5	A	8	1	1	40	56	-	24	-	4	-
1.1-A-6	A	8	1	1	80	40	-	24	-	3	1
1.1-B-4	B	8	1	1	24	40	-	24	-	4	-
1.1-B-5	B	8	1	1	24	32	-	24	-	4	-
1.1-B-6	B	8	1	1	40	32	-	24	-	2	-
1.1-B-7	B	8	1	1	40	40	-	24	-	2	-

Diese Untersuchungen wurden um 10 Versuchsreihen ergänzt, welche in Tabelle 4-2 aufgeführt sind. In den Versuchsreihen 2.1, 2.2 und 2.3 wurden unterschiedliche Anschlussbilder mit mehreren Schraubenreihen und mehreren Schrauben in einer Reihe untersucht. Hierbei wurden neben der Anzahl der Schrauben pro Reihe n und der Anzahl der Schraubenreihen m auch die Abstände der Schrauben untereinander a_1 bzw. a_2 variiert. Die Definition der Schraubenpositionen n_p und m_p ist in Bild 4-13 dargestellt. Insgesamt wurden bei diesen Versuchen 147 Schrauben eingedreht. Die Anzahl der auswertbaren Rissbilder betrug 143.

Weitere Untersuchungsparameter waren der Schraubentyp und der maßgebende Hirnholzabstand. Die Holzdicke der Prüfkörper entsprach den erforderlichen Mindestwerten, welche für die betreffenden Schrauben durch konventionelle Einschraubversuche bestimmt worden waren (siehe Tabelle 8-1 in Kapitel 8.1). Der Abstand zum Rand rechtwinklig zur Faserrichtung wurde jeweils zu $a_{2,c} = 3 \cdot d$ bzw. $a_{2,c} = 2{,}75 \cdot d$ gewählt.

In allen Versuchsreihen bestanden die Prüfkörper aus Nadelholz der Holzart Fichte/ Tanne. Innerhalb jeder Versuchsreihe wurden Hölzer unterschiedlicher Rohdichte verwendet, um deren Einfluss auf die Rissbildung zu erfassen. Soweit es möglich war, wurden die Hölzer so ausgewählt, dass bei den Einschraubversuchen einer Reihe unterschiedliche Winkel zwischen Schraubenachse und Jahrringtangente berücksichtigt werden konnten.

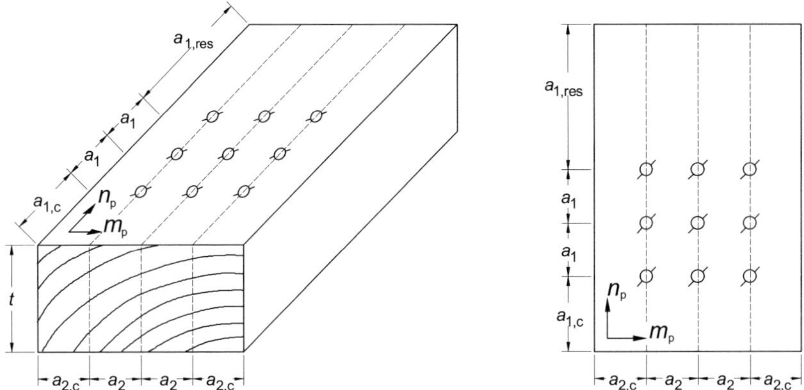

Bild 4-13   Definition der Schraubenpositionen über die Parameter n_p und m_p

Tabelle 4-2   Einschraubversuche der Reihe 2.1 bis 2.3 zur Rissflächenermittlung bei Anordnung mehrerer Schrauben

Reihe	Schraubenparameter				Holz-dicke	Abstände				Anzahl	
	Hersteller/ Typ	d mm	m	n	t mm	$a_{1,c}$ mm	a_1 mm	$a_{2,c}$ mm	a_2 mm	gesamt	nicht geeignet
2.1-A-1	A	8	1	2	80	56	40	24	-	3	-
2.1-A-2	A	8	1	5	80	56	40	24	-	6	-
2.2-A-1	A	8	2	2	80	56	40	24	24	4	1
2.2-A-2	A	8	2	2	80	40	40	22	40	3	-
2.2-A-3	A	8	2	2	80	40	40	24	24	3	-
2.2-A-4	A	8	2	2	80	40	24	22	40	3	-
2.3-A-1	A	8	3	3	80	56	40	24	24	3	-
2.2-B-1	B	8	2	2	40	40	40	22	40	3	-
2.2-B-2	B	8	2	2	40	40	40	24	24	3	-
2.2-B-3	B	8	2	2	40	40	24	22	40	3	-

Die Prüfkörpereigenschaften sowie die Ergebnisse der Rissflächenerfassung sind für die Reihe 1.1 in Tabelle 8-70 bis Tabelle 8-85 und für die Reihen 2.1 bis 2.3 in Tabelle 8-86 bis Tabelle 8-95 des Anhangs 8.2 zusammengefasst. Die Angaben sind für den jeweiligen Einzelversuch nach Schraubenpositionen gegliedert aufgeführt. Ebenfalls dokumentiert ist die zugehörige Reihenfolge beim Einschrauben.

Zum Eindrehen der Schrauben wurden in der Versuchsreihe 1.1 zwei unterschiedliche, handelsübliche Einschraubgeräte verwendet. Die maximale Leerlaufdrehzahl dieser Geräte betrug nach Herstellerangaben 600 min^{-1} beziehungsweise 300 min^{-1}. Auf der Grundlage der Untersuchungen im Abschnitt 3.2.6 (vgl. Bild 3-33), welche mit dem erstgenannten Einschraubgerät durchgeführt wurden, kann die tatsächliche Drehzahl ca. 400 min^{-1} bis 500 min^{-1} betragen haben. In den Versuchsreihen 2.1 bis 2.3 wurden die Schrauben mit der in Bild 3-3 gezeigten Prüfmaschine eingedreht. Die Drehzahl wurde hierbei konstant zu $U = 100\ min^{-1}$ gewählt.

Zur Beschreibung der Größe und der Form der Rissausdehnung wurden der Abstand e_{085} definiert. Bild 4-14 zeigt einen Vergleich zwischen den tatsächlichen, experimentell ermittelten und den mit e_{085} berechneten Rissflächen. Hierzu wurde der Abstand e_{085} mit der Holzdicke t multipliziert. Die Berechnung bezieht sich auf die Teilrissflächen $A_{Ri,1}$ und $A_{Ri,3}$ bzw. $A_{Ri,11}$ und $A_{Ri,13}$. Es ergeben sich in der Regel konservative oder zutreffende Rissflächen. Eine Unterschätzung der tatsächlichen Rissfläche bei einer Berechnung mit e_{085} tritt nur bei größeren Risserscheinungen auf, die sich über die gesamte Holzdicke t erstrecken. Das heißt, dass die gesamte Rissfront mehr als e_{085} von der Schraubenachse entfernt liegt.

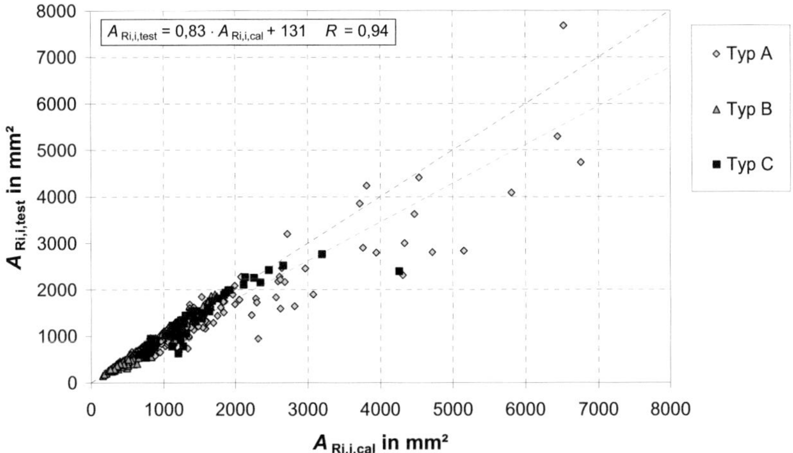

Bild 4-14   Vergleich zwischen experimentell ermittelten Rissflächen und mit e_{085} berechneten Rissflächen

Eine Berechnung der Rissfläche über eine bezogene Länge e_{bez} nach Gleichung (21) würde zwar die genaue Rissfläche liefern, aber deren ungleichmäßige Ausdehnung nicht erfassen.

$$e_{bez} = \frac{A_{Ri,i}}{t} \tag{21}$$

Wie der Vergleich zwischen e_{050}, e_{085} und e_{bez} in Bild 4-15 zeigt, ergibt sich somit eine Unterschätzung des größeren Risswachstums am oberen sowie unteren Bauteilrand, welches insbesondere von der Schraubenspitze und vom Schraubenkopf beeinflusst wird. Der Betrag von e_{085} ist überwiegend größer als e_{bez} nach Gleichung (21).

Bild 4-14 zeigt das Verhältnis von $e_{085,1}$ zum Hirnholzabstand $a_{1,c}$ für alle 71 Versuche der Reihe 1.1 in Abhängigkeit von der Rohdichte. Bei den Versuchen 1.1-A-2 bis 1.1.-C-3 lag kein Versagen durch Aufspalten vor. Die Mindestholzdicken und Mindestabstände aus konventionellen Einschraubversuchen waren eingehalten. Bei den anderen Reihen konnte teilweise ein Aufspalten beobachtet werden. Hieraus folgend können folgende Grenzwerte für Maximalwerte und Mittelwerte von $e_{085,1}$ vorgeschlagen werden:

$$e_{085,1,max} \leq 0,4 \cdot a_{1,c} \tag{22}$$

$$e_{085,1,mean} \leq 0,25 \cdot a_{1,c} \tag{23}$$

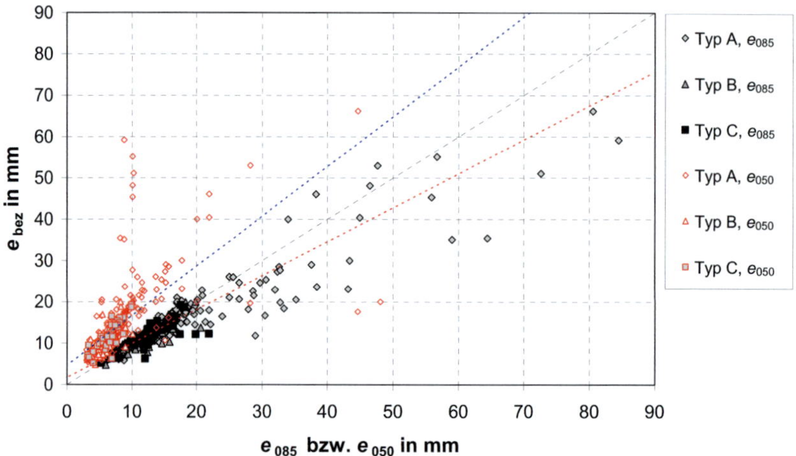

Bild 4-15   Vergleich zwischen e_{050}, e_{085} und e_{bez}

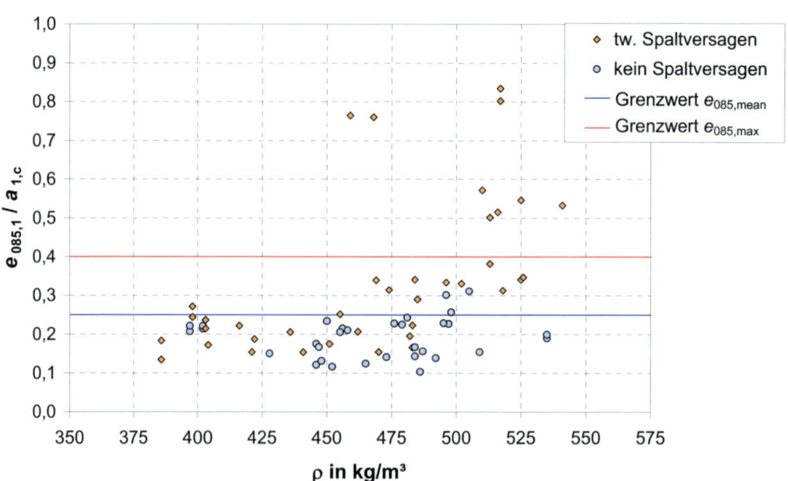

Bild 4-16   Versuchsreihen 1.1, Grenzwerte für das Verhältnis $e_{085,1}$ / $a_{1,c}$ gemäß Gleichung (22) und (23)

4.2 Numerische Rissflächenermittlung

4.2.1 Erweiterung des Rechenmodells

Im Holzbau sind zur Herstellung von Anschlüssen i. d. R. mehrere Verbindungsmittel anzuordnen. Ihre Anzahl und Positionierung ergeben sich in Abhängigkeit von den zu übertragenden Schnittgrößen sowie aus der Größe der Anschlussfläche. Häufig werden nicht nur mehrere Verbindungsmittel in Faserrichtung hintereinander angeordnet, sondern auch mehrere Verbindungsmittelreihen vorgesehen.

Mit dem Modell von Blaß und Uibel (2009) können zur Beurteilung der Spaltgefahr Rissflächen berechnet werden, die beim Eindrehen von selbstbohrenden Holzschrauben in einem Bauteil entstehen. Bisher war dieses numerische Modell jedoch auf Anordnungen mit einer Schraube beschränkt und muss entsprechend für die praxisrelevanten Anschlussbilder erweitert werden. Für Konfigurationen mit mehreren in einer Reihe hintereinander liegenden Schrauben kann die bestehende Modellierung des Holzbauteils durch Volumenelemente übernommen werden. Hierbei können die Symmetrieeigenschaften ausgenutzt werden, wie in Bild 4-17 dargestellt ist.

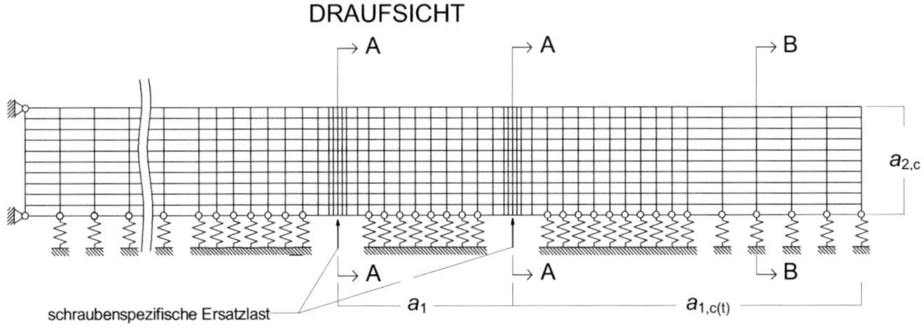

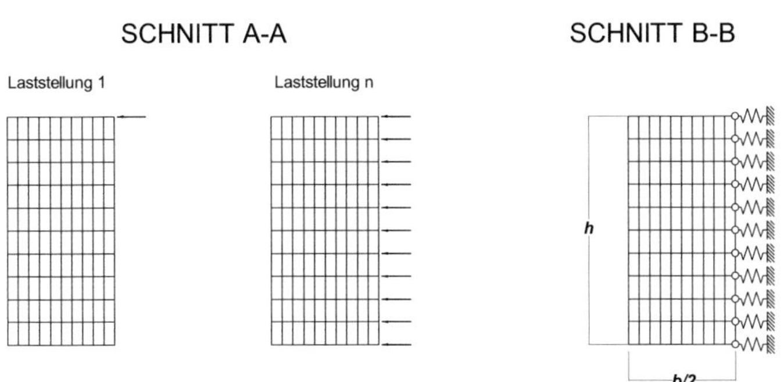

Bild 4-17   Schematische Darstellung des FE-Modells zur Risslängenermittlung

Die Symmetrieebene liegt hierbei in der Ebene, in der die Schraube eingedreht wird. Es ist davon auszugehen, dass die Risse in dieser Ebene entstehen. Ein Risswachstum ist dabei in Faserrichtung (Längsrichtung) sowie in Einschraubrichtung über die Holzdicke t möglich. In dieser Ebene liegt beim Einschrauben überwiegend eine Querzugbeanspruchung des Holzes vor. Ein Abweichen der Risse aus dieser Ebene in Richtung der Holzbreite wird durch das Modell ausgeschlossen. Dieses ist durch Versuchsbeobachtungen bei Einschraubversuchen gerechtfertigt. Innerhalb der Rissflächen $A_{Ri,i}$ (siehe Bild 4-10) sind derartige Abweichungen von der angenommenen Rissebene i. d. R. nur bei größeren Faserabweichungen zu beobachten, da das Risswachstum entlang der Faserrichtung stattfindet. Die Rissflächen $A_{Ri,i}$ können jedoch in sich übergreifenden Ebenen liegen, vgl. Bild 4-6 in Abschnitt 4.1.1. Für die Modellierung wird daher vereinfachend die konservative Annahme getroffen, dass alle Rissflächen in derselben Ebene entstehen. Somit kann ein kompletter Durchriss entstehen, wenn die Rissfronten benachbarter Schrauben aufeinander treffen.

Bild 4-17 zeigt das FE-Modell und die Netzverfeinerung lediglich schematisch. Im Bereich der Lasteinleitung und im Bereich der zu erwartenden Rissfläche ist ein vergleichsweise feines FE-Netz vorgesehen, um die Rissflächen genauer erfassen zu können. Die Netzfeinheit nimmt mit zunehmendem Abstand von der jeweiligen Schraubenachse ab. Für die FE-Berechnungen mit dem Programm ANSYS 11.0 bzw. 12.1 wurde eine deutlich größere Elementanzahl verwendet als in Bild 4-17 dargestellt. Zur Modellierung der Querzugtragfähigkeit werden in der Rissebene nichtlineare Federelemente angeordnet. Zur Kalibrierung der Federelemente lagen Ergebnisse von Versuchen an CT-Proben vor, die Schmid (2002) durchgeführt hatte. Das ermittelte Federgesetz sowie die zugehörige Herleitung sind im ersten Teil des Forschungsberichts ausführlich dokumentiert. Die Lagerung der Volumenelemente erfolgt in ausreichendem Abstand zum Rissbereich, so dass eine Beeinflussung der Risszone ausgeschlossen werden kann.

Bei der Schraubenreihe wird das Eindrehen der ersten Schraube wie beim bestehenden Modell simuliert. Der Einschraubvorgang wird durch eine wandernde Streckenlast in Form der Funktion der quasi-statischen Ersatzlast des jeweiligen Schraubentyps abgebildet. Um die Einflussparameter der zu berechnenden Konfiguration auf die Ersatzlast zu berücksichtigen, wird diese mit Gleichung (20) angepasst. Die Belastung wird in mehreren Belastungsschritten (Lastschritt 1 bis n) in Einschraubrichtung aufgebracht. Nach jedem Belastungsschritt werden die Verschiebungen und Kräfte in den Federelementen berechnet. Ab einer Grenzverschiebung u_{gr} wird das Federgesetz angepasst. Die Grenzverschiebung u_{gr} kennzeichnet den Übergang zwischen elastischem und plastischem Verhalten der Federn bzw. der Holzfasern bei Querzugbeanspruchung. Das genaue Vorgehen bei der Berechnung des Rissfortschritts ist im Abschnitt 5.1.3 des ersten Forschungsberichts beschrieben. Die anschließende Simulation des Einschraubvorgangs für weitere Schrauben der Verbindungsmittelreihe hat unter Berücksichtigung der jeweils bereits gerissenen oder plastisch verformten Fasern zu erfolgen. Dieses geschieht direkt durch die angepassten Kennlinien der Querzugfedern.

Zur Berechnung von Rissflächen für Anschlüsse mit mehreren Schraubenreihen kann das bestehende Modell so erweitert werden, dass der Gesamtquerschnitt mit allen Rissebenen abgebildet wird. Eine schematische Darstellung des entsprechenden FE-Modells wird in Bild 4-18 (links) gezeigt. Wie im ersten Teil des Forschungsvorhabens werden für die Modellierung des Holzbauteils Volumenelemente vom Typ SOLID 45 des Programms ANSYS 11.0 bzw. 12.1 verwendet. Diesen werden Elastizitätszahlen entsprechend der Holzeigenschaften zugewiesen. Nicht explizit ermittelte Elastizitätsmoduln rechtwinklig zur Faserrichtung bzw. Schubmoduln werden über die Verhältniszahlen nach Neuhaus (1983) bzw. Schmid (2002) berücksichtigt. Der Holzquerschnitt wird in Abhängigkeit der potentiellen Rissebenen in mehrere Quader aufgeteilt, die nicht direkt miteinander verbunden sind. Stattdessen werden zu ihrer Verbindung Federelemente im Bereich der Rissebene angeordnet. Diese Federelemente vom Typ COMBIN 39 dienen zur Modellierung der Querzugtragfähigkeit zwischen den benachbarten Volumenelementen. Ebenfalls können sie Druckkräfte rechtwinklig zur Faserrichtung weiterleiten, so dass keine zusätzlichen Kontaktelemente benötigt werden. Die zu verbindenden Knoten der Volumenelemente werden koinzident angeordnet, so dass die Federn im unverformten Zustand keine Längenausdehnung besitzen. Das bedeutet, der Abstand der Holz-Volumenelemente beträgt $a = 0$. Es wird das bereits bekannte Federgesetz verwendet. Bei Blaß und Uibel (2009) wurde das Federgesetz ursprünglich unter Ausnutzung der Symmetrie für das halbe System ermittelt. Daher sind die in Abhängigkeit von der Rohdichte aus einem funktionalen Zusammenhang berechneten Zahlenwerte für die Parameter u_{gr}, Δu_{pl} und u_e zu verdoppeln. Die schraubenspezifische Ersatzlast zur Charakterisierung des Einschraubvorgangs ist auf beide Holzvolumen als Beanspruchung anzusetzen. Die Auswertung und Modifizierung des Federgesetzes nach jedem Belastungsschritt erfolgt analog zum ursprünglichen Modell. Die Ersatzlasten für die Schrauben werden gemäß der Einschraubfolge nacheinander angesetzt. Die Simulation eines gesamten Bauteils mit mehreren Schraubenreihen ist aufgrund der im Bereich der Rissflächen notwendigen Netzfeinheit sehr rechenzeitintensiv. Dieses ist insbesondere unter dem Aspekt zu betrachten, dass der Einschraubvorgang schrittweise simuliert werden muss. Jeder Lastschritt erfordert eine Berechnung am Gesamtsystem. Daher wird eine Berechnung an einem vereinfachten Modell vorgeschlagen, welches aus mehreren Teilmodellen besteht. Die Anzahl der Teilmodelle ist abhängig von der Anzahl der Verbindungsmittelreihen. Bild 4-18 zeigt die Teilmodelle für ein Anschlussbild mit drei Schraubenreihen.

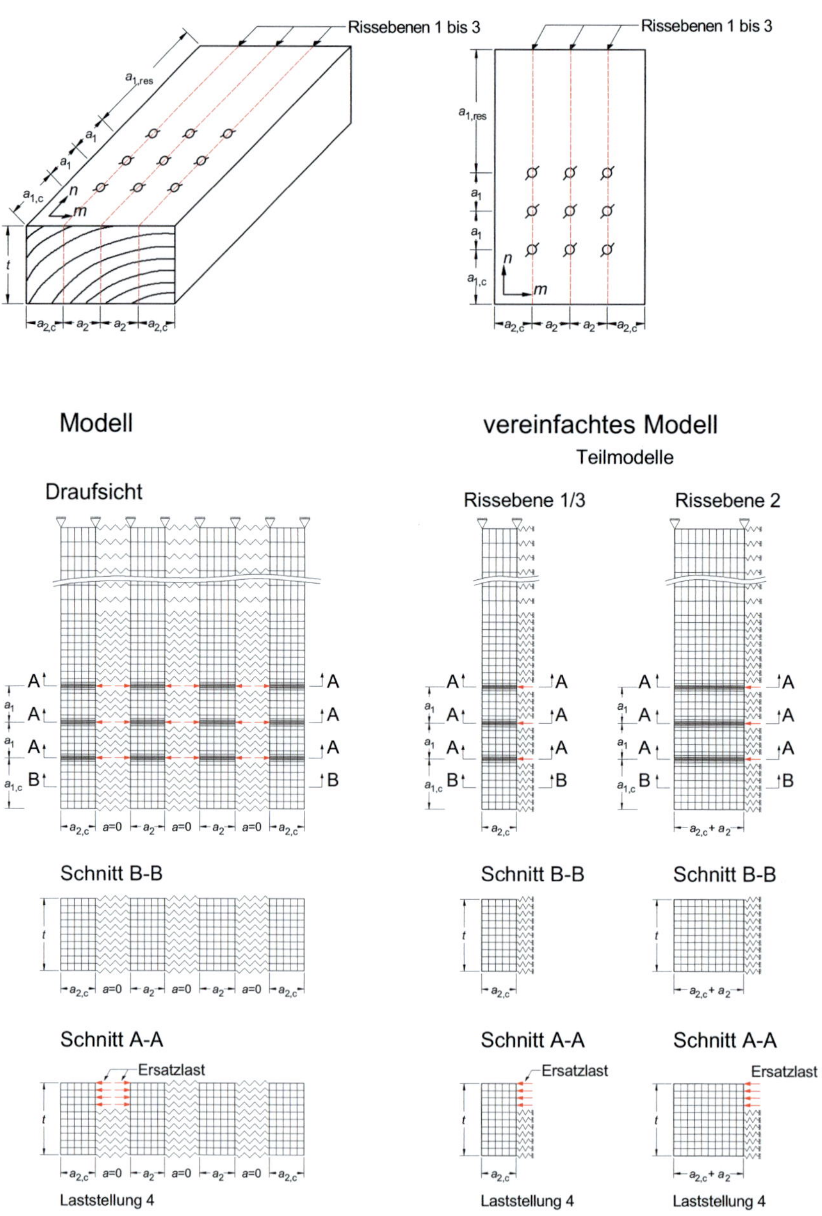

Bild 4-18　　Modelle für Schraubenbilder mit mehreren Schraubenreihen

Beim vereinfachten Modell wird das Gesamtsystem aufgeteilt und die Rissflächen für jede Schraubenreihe an einem Ersatzsystem berechnet, welches dem Modell aus Bild 4-17 entspricht. Für äußere Schraubenreihen ergibt sich die Breite des zu modellierenden Holzvolumens aus dem Abstand $a_{2,c}$ zum Bauteilrand. Bei inneren Schraubenreihen sind zur Ermittlung der Breite des Ersatzmodells zusätzlich zu $a_{2,c}$ die Abstände a_2 zu berücksichtigen. Bei Verbindungsmittelreihen mit unterschiedlichen Abständen zu den Bauteilrändern ist der geringere Abstand maßgebend. In der Regel ist der mittlere Winkel γ zwischen Schraubenachse und Jahrringtangente für jede Rissebene unterschiedlich, so dass abweichende Ersatzlastfunktionen zu verwenden sind. Daher sind auch bei symmetrischen Schraubenbildern die Rissflächenberechnungen für alle Rissebenen an entsprechenden Ersatzsystemen durchzuführen.

Die beschriebene Vereinfachung durch Ersatzmodelle setzt die Annahme voraus, dass sich beim Einschrauben die Rissbildung in unterschiedlichen Schraubenreihen bzw. Rissebenen nicht gegenseitig beeinflusst. Hiervon kann ausgegangen werden, solange das Risswachstum in den benachbarten Rissebenen begrenzt ist und nicht zu einem Aufspalten des Holzes führt. Eine Verhinderung des Aufspaltens des Holzes durch bereits eingedrehte Schrauben in parallelen Schraubenreihen, die als nachgiebige Auflagerung wirken, kann vernachlässigt werden. Es kann davon ausgegangen werden, dass aufgrund der geringen und lediglich lokalen Verformungen in der Rissebene die Auflagerwirkung nicht aktiviert werden kann, bevor sich größere Verformungen und Spalterscheinungen einstellen.

4.2.2 Kalibrierung des Rechenmodells

Zur Kalibrierung und Verifizierung der Rechenmodelle zur Ermittlung von Rissflächen werden die in Abschnitt 4.1 aufgeführten Einschraubversuche herangezogen. Bei diesen Versuchen wurden die Rissflächen durch Einfärben visualisiert und der Flächeninhalt bestimmt, so dass Vergleiche zu den berechneten Rissbildern möglich sind. Bei der Rissflächenberechnung mittels des FE-Modells werden die Eigenschaften der verwendeten Prüfkörper sowie die Randbedingungen der Einschraubversuche berücksichtigt.

Des Weiteren ist es für eine zutreffende Berechnung der Rissflächen erforderlich, die korrigierte Ersatzlast q_{cor} (x_{Sr}) des zu untersuchenden Schraubentyps zu bestimmen. Ausgehend von der Grundfunktion q (x_{Sr}) der Ersatzlast erfolgt die Korrektur gemäß Gleichung (20) in Abschnitt 3.3. Die Korrekturbeiwerte k_ρ und k_γ ergeben sich aus den Prüfkörpereigenschaften. Die notwendige Korrektur in Abhängigkeit der Einschraubgeschwindigkeit wird mit dem Beiwert k_r nach Gleichung (18) abgeschätzt. Für die Versuche der Reihe 1.1 wird die Drehzahl zu 450 min^{-1} angenommen. In den Reihen 2.1 bis 2.3 betrug die Drehzahl 100 min^{-1}.

Das Rechenmodell wird anhand der Versuchsergebnisse für die Reihen 1.1-A-2, 1.1-B-2 und 1.1-C-2 kalibriert. Die Konfiguration dieser Versuche entspricht den in Tabelle 8-1 aufgeführten Randbedingungen, die das Ergebnis von konventionellen Einschraubversuchen zur Ermittlung der erforderlichen Mindestholzdicke darstellen. Es ist somit gewährleistet, dass die Kalibrierung auf Basis von Risserscheinungen erfolgt, die für den jeweiligen Schraubentyp signifikant sind. Eine Kalibrierung z. B. anhand von Versuchen, die für jeden Schraubentyp ein völliges Aufspalten als Ergebnis liefern, wäre dagegen nicht sinnvoll.

Im Rahmen der Kalibrierung wird der verbleibende Beiwert k_{sp} durch Vergleiche zwischen experimentell und numerisch berechneten Rissflächen iterativ ermittelt. Der Korrekturbeiwert erfasst Abweichungen zwischen der mit der Versuchseinrichtung ermittelten und der tatsächlichen Spaltkraft beim Eindrehen im Bauteil. Für alle Simulationen wird unabhängig vom Schraubentyp derselbe Beiwert verwendet. Bei der Kalibrierung des Modells wurde der Korrekturfaktor auch in Abhängigkeit von der Rohdichte untersucht. Eine gute Übereinstimmung zwischen den Rissflächen aus Versuchen und Berechnung ergab sich für die in Gleichung (24) aufgeführte Korrektur.

$$k_{sp} = 1{,}08 \cdot \left(\frac{\rho_{ref}}{\rho} \right)^{2,3} \tag{24}$$

mit

ρ_{ref} Referenz- bzw. Bezugsrohdichte: 430 kg/m³ für die Holzart Fichte/Tanne

Bild 4-19 zeigt einen Vergleich zwischen den Einzelrissflächen ($A_{Ri,1}$ bzw. $A_{Ri,3}$) aus Versuchen und Simulationsrechnung für die Reihen 1.1-A-2, 1.1-B-2 und 1.1-C-2. In Bild 4-20 sind die Abstände e_{085} aus den Versuchen gegenüber den Ergebnissen der FE-Berechnung aufgetragen. In den Darstellungen wurde auf eine Differenzierung zwischen $A_{Ri,1}$ und $A_{Ri,3}$ bzw. $e_{085,1}$ und $e_{085,3}$ verzichtet. Die maximalen Risslängen $a_{Ri,max,1}$ und $a_{Ri,max,3}$ aus Versuch und Berechnung sind in Bild 4-21 dargestellt. Für alle drei Größen konnte eine akzeptable Übereinstimmung erreicht werden.

Es bestehen jedoch bereits bei der Ermittlung der Funktion für den Korrekturbeiwert k_{sp} gewisse Abweichungen. Dieses ist darauf zurückzuführen, dass Einschraubversuche in der Regel eine große Varianz aufweisen, die durch das Modell zur Vorhersage der Risserscheinungen nicht abgedeckt wird. Außerdem erfolgt die Ermittlung des Korrekturfaktors im Rahmen der Kalibrierung des Modells ohne eine differenzierte Betrachtung der drei Schraubentypen. Der Korrekturbeiwert sollte allgemeingültig ermittelt werden, um ihn auch auf andere als die untersuchten Schraubentypen anwenden zu können. Eine Vorabkalibrierung durch eine Anpassung der Ersatzlast, durch die bereits Modellungenauigkeiten korrigiert werden, wurde in geringem Umfang nur für Typ B durchgeführt. Im ersten Teil des Forschungsvorhabens musste bei allen Schraubentypen bereits bei der Ermittlung der Ersatzlastfunktion eine deutliche Anpassung vorgenommen werden.

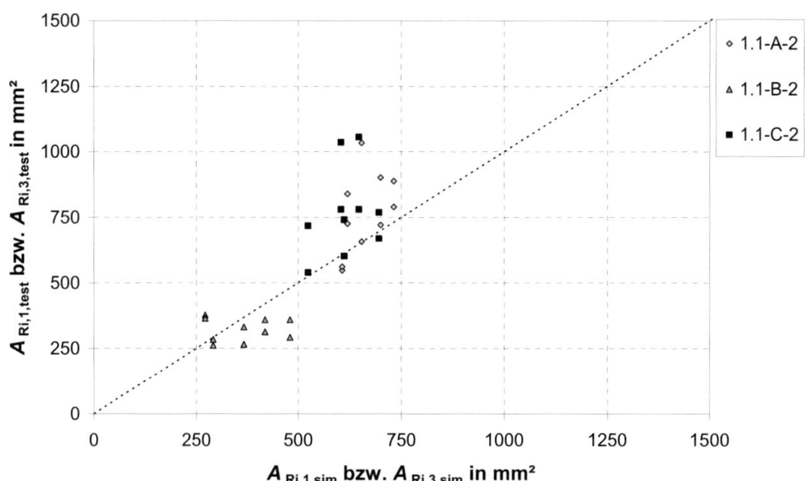

Bild 4-19　　　Rissflächen aus Versuch und Simulation für die Kalibrierungsversuche der Reihen 1.1-A-2, 1.1-B-2 und 1.1-C-2

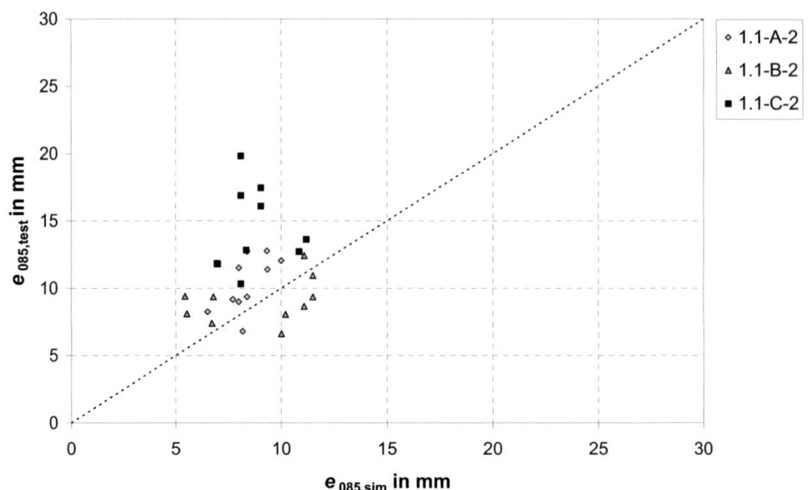

Bild 4-20   Abstände $e_{085,1}$ und $e_{085,3}$ aus Versuch und Simulation für die Reihen 1.1-A-2, 1.1-B-2 und 1.1-C-2

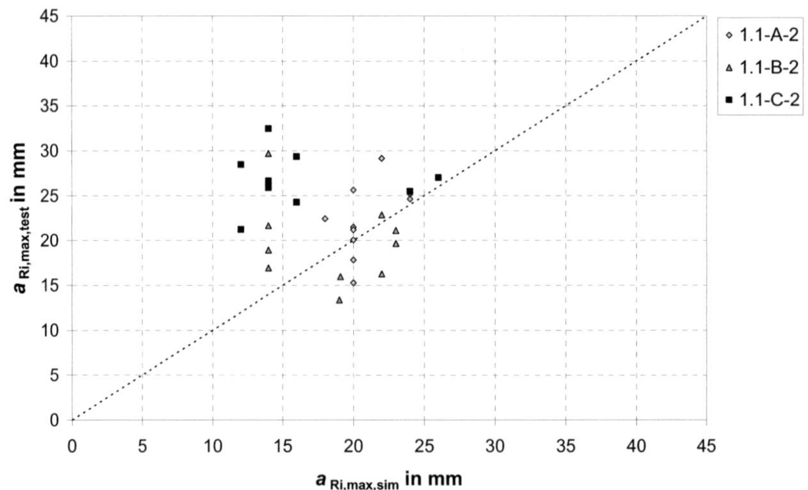

Bild 4-21   Maximale Risslängen aus Versuch und Simulation für die Reihen 1.1-A-2, 1.1-B-2 und 1.1-C-2

4.2.3 Validierung für unterschiedliche Schraubenanordnungen

Zur Verifikation des Rechenmodells wurden die in Tabelle 4-1 aufgeführten Versuche der Reihe 1.1 und 2.2 mit dem FE-Modell berechnet. Die Ergebnisse sind in Bild 4-22 bis Bild 4-27 dokumentiert.

Bild 4-22 zeigt die Gesamtrissfläche aus den Versuchen ($A_{Ri,tot} = A_{Ri,1} + A_{Ri,3}$) über den simulierten Werten für die Reihen 1.1-A-1 bis 1.1-C-3. Insgesamt ist eine recht gute Übereinstimmung feststellbar. Lediglich bei einigen Versuchen der Reihen 1.1-A-1, 1.1.-B-1 und 1.1-C-1 ergeben sich größere Abweichungen. Bei diesen Versuchen betrug der Abstand zum Hirnholz lediglich $5 \cdot d$, so dass die Gefahr des Aufspaltens bestand. Mit dem Rechenmodell wurden daher teilweise größere Rissflächen berechnet, als beobachtet werden konnten, da ein Rissarrest nicht simuliert werden kann. Teilweise wurden die Rissflächen auch unterschätzt. Die Ursache hierfür liegt in einem instabilen Risswachstum, das bei diesen Versuchen i. d. R. durch das Versenken des Schraubenkopfes ausgelöst wurde. Des Weiteren wird bei einigen Versuchen dieser Reihen die Rissfläche für Prüfkörper geringerer Rohdichte unterschätzt. In dieser Reihe traten die größten Streuungen auf. Zum Teil wiesen Prüfkörper geringerer Rohdichte deutlich größere Rissflächen als Prüfkörper mit höherer Rohdichte auf. In Bild 4-23 ist eine Gegenüberstellung von experimentell ermittelten und simulierten Rissflächen der Versuche der Reihen 1.1-A-1 bis 1.1.-C-3 unter Angabe der jeweiligen Rohdichte bzw. Rohdichteklasse visualisiert.

Zwischen den experimentell und rechnerisch ermittelten Abständen e_{085} zeigt sich teilweise eine Divergenz. Das Bild 4-24 zeigt die Abstände $e_{085,1,test}$ in Abhängigkeit von den Simulationsergebnissen.

Die Ergebnisse der übrigen Versuche der Reihe 1.1 sind im Vergleich mit den Simulationen in Bild 4-25 aufgeführt. Mit diesen Versuchsreihen wurde gezielt der Grenzbereich des Modells bezüglich des Aufspaltens von Prüfkörpern untersucht. Die Mindestabstände und Mindestholzdicken waren so gewählt, dass Prüfkörper versagen bzw. größere Risserscheinungen aufweisen sollten. Insbesondere wurden hierzu auch Hölzer mit höheren Rohdichten ausgewählt. Das Rechenmodell liefert für diese Versuche entweder die zutreffenden Rissflächen oder überschätzt diese deutlich. Wird durch das Modell eine große Rissausdehnung bis nahe an das Hirnholz ermittelt, kann ein kettenreaktionsartiges Versagen der Federelemente ausgelöst werden. Dieses bedeutet in praxi das Aufspalten des Holzbauteils. Mit dem FE-Modell werden für diese Fälle deutlich größere Rissflächen $A_{Ri,1}$ und $A_{Ri,3}$ als im Versuch ermittelt, da ein Rissarrest nicht möglich ist. Mit dem verbesserten Modell ist es im Gegensatz zu den Berechnungen im ersten Teil des Forschungsvorhabens jedoch möglich, zumeist auch diese Konfigurationen zu berechnen. Es resultieren i. d. R. konservative Werte für die Rissflächen.

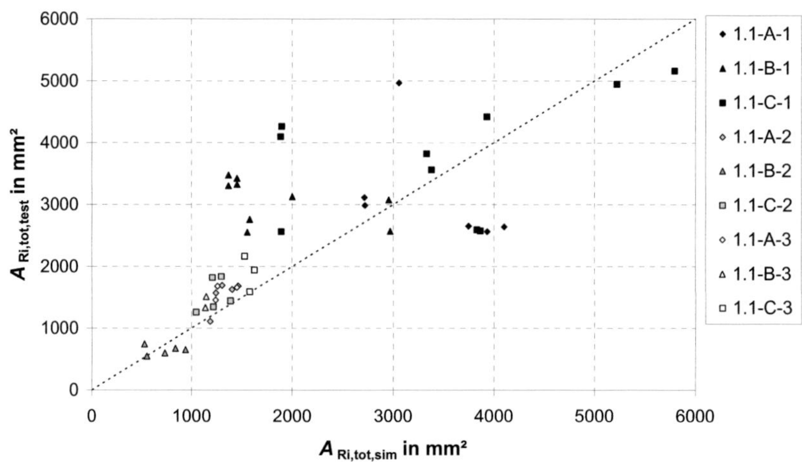

Bild 4-22   Vergleich der Gesamtrissflächen aus Versuch und Simulation, Reihe 1.1-A1 bis 1.1-C3

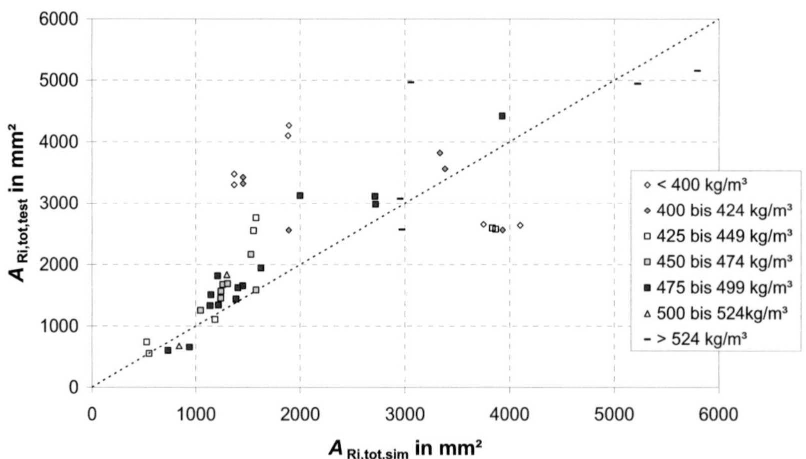

Bild 4-23   Vergleich der Gesamtrissflächen aus Versuch und Simulation für unterschiedliche Rohdichteklassen

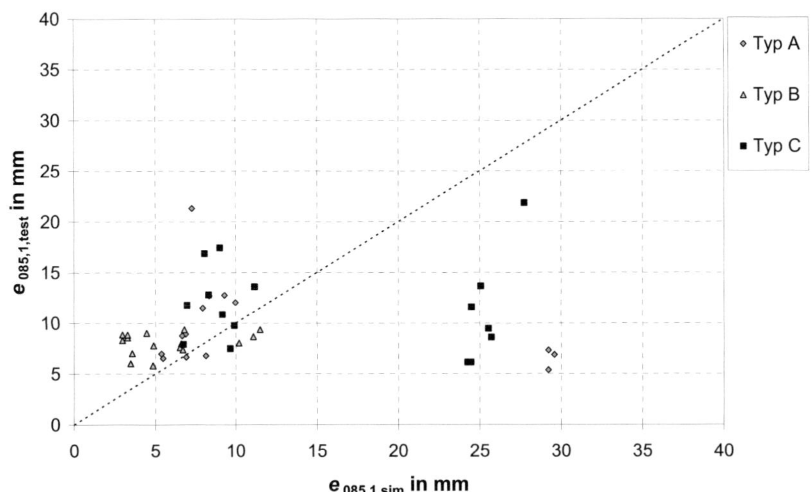

Bild 4-24 Vergleich zwischen den Abständen $e_{085,1}$ aus Versuch und Simulationsrechnung

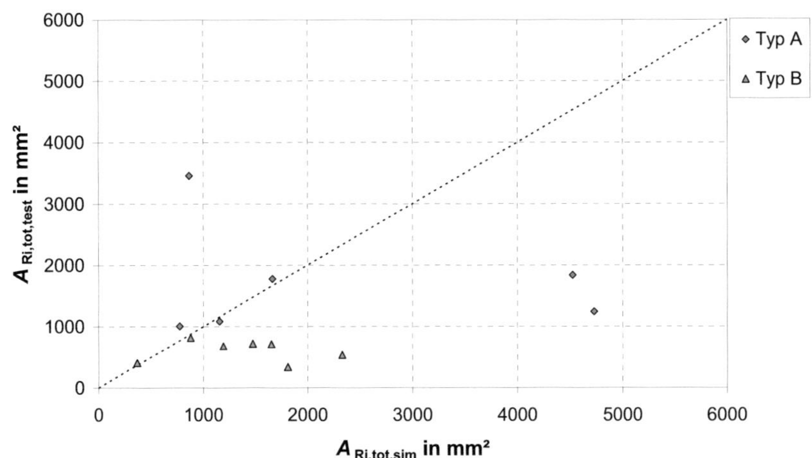

Bild 4-25 Vergleich der Gesamtrissflächen aus Versuch und Simulation, restliche Versuche der Reihe 1.1

In den Versuchsreihen 2.2-A-1 bis 2.2-A4 und 2.2-B-1 bis 2.2-B-3 wurden Anschlüsse mit mehreren Schraubenreihen geprüft. Bild 4-26 zeigt die Rissflächen aus den Versuchen über den numerisch berechneten Werten. Die Übereinstimmung zwischen den Versuchen und den Simulationen ist je nach Schraubentyp unterschiedlich. Für den Typ B liegt eine akzeptable Übereinstimmung vor. Bei diesem Typ wurden nur in wenigen Fällen größere Risse oder Spalterscheinungen beobachtet. Hingegen konnten größere Rissflächen oder sogar ein Versagen durch Aufspalten bei Versuchen mit dem Schraubentyp A häufiger festgestellt werden. In diesen Fällen unterschätzt das Rechenmodell teilweise die Größe der resultierenden Rissflächen. Aus den Berechnungsergebnissen lässt sich jedoch bereits die Spaltgefahr abschätzen. Aus dem Diagramm geht auch die deutlich größere Streuung der Versuchsergebnisse gegenüber den Simulationsrechnungen hervor. Diese kann u. a. auf den unbekannten Eigenspannungszustand der Prüfkörper zurückgeführt werden. Erste Vorversuche haben deutliche Einflüsse der Holzfeuchte und der klimatischen Vorbeanspruchung des Holzes (Holzfeuchteänderungen) auf das Risswachstum beim Eindrehen von selbstbohrenden Holzschrauben gezeigt.

Die mit dem Rechenmodell ermittelten Rissflächen für Anordnungen mit mehreren Schrauben in einer Reihe zeigen des Weiteren größtenteils eine akzeptable bis gute qualitative Übereinstimmung mit den experimentell ermittelten Rissflächen. In Bild 4-27 ist ein Vergleich der Rissflächen gezeigt. Die im Bereich von Holzoberseite und Holzunterseite auftretenden größeren Rissausdehnungen sind auf das Versenken des Schraubenkopfes bzw. das Durchschrauben der Schraubenspitze zurückzuführen. Es ist erkennbar, dass auch diese Phänomene durch die Simulationsrechnung qualitativ gut erfasst werden.

Es kann festgestellt werden, dass mit dem Rechenmodell Risserscheinungen, die beim Eindrehen von Schrauben entstehen, in ausreichender Genauigkeit qualitativ und quantitativ abgeschätzt werden können. Das Modell erlaubt auch Aussagen zur Gefahr des Versagens durch Aufspalten. Durch die verbesserte Ermittlung der Ersatzlastfunktion und der benötigten Korrekturbeiwerte können auch für Konfigurationen mit geringerer Rohdichte und großen Holzdicken die Rissflächen größtenteils zutreffend ermittelt werden. Zumeist können auch besonders spaltgefährdete Konfigurationen mit hohen Rohdichten und geringen Abständen berechnet werden. Hierbei kann jedoch nur noch eine Aussage über die Spaltgefahr getroffen werden. Das tatsächliche Ausmaß des sich einstellenden Risswachstums wird nicht mehr korrekt abgeschätzt. Eine Beurteilung der vorliegenden Mindestabstände und Holzdicken ist aber auch in diesen Fällen möglich.

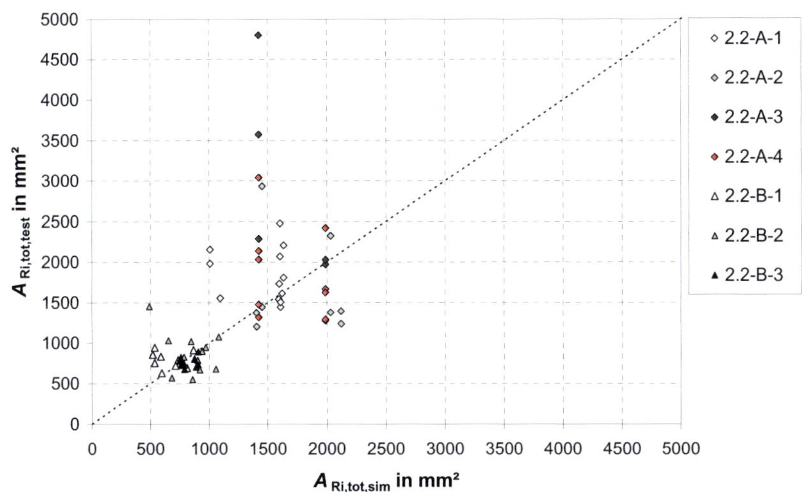

Bild 4-26   Vergleich der Gesamtrissflächen aus Versuch und Simulation, Reihe 2.2-A-1 bis 2.2-A-4 und 2.2-B-1 bis 2.2-B-3

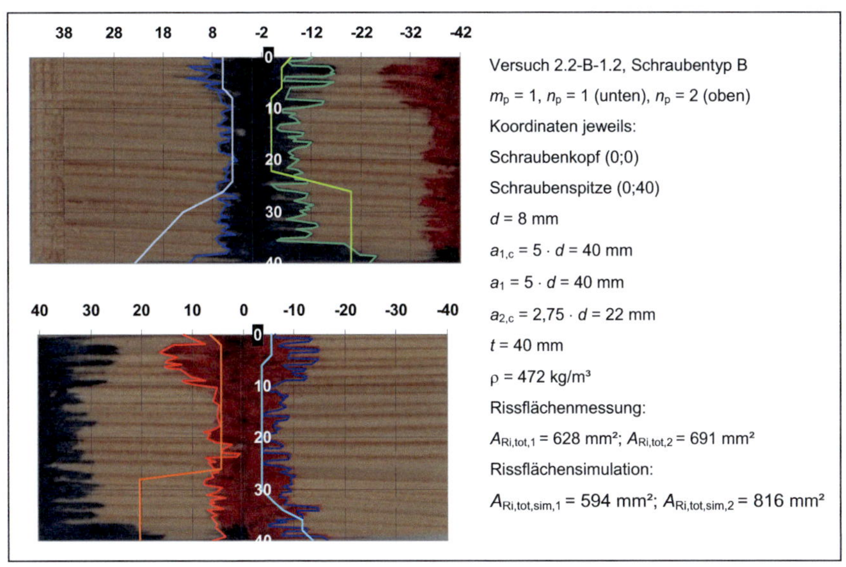

Bild 4-27   Rissflächen aus Versuch und Simulation, Versuch 2.2-B-1.2

5 Zusammenfassung

Selbstbohrende Holzschrauben haben sich in den letzten Jahren als wirtschaftliche Möglichkeit zur Herstellung von Anschlüssen oder Verstärkungsmaßnahmen im Holzbau etabliert. Sie eignen sich insbesondere auch zur Befestigung von Haupt-Nebenträger-Verbindern. Bei den meisten Anwendungen sind geringe Abstände der Verbindungsmittel untereinander und zu den Bauteilrändern aus statischer Sicht sinnvoll oder aus ökonomischen Gründen gewünscht. Selbstbohrende Holzschrauben werden häufig mit Merkmalen produziert, die sich günstig auf das Spaltverhalten des Holzes beim Einschrauben auswirken. Zu diesen zählen unter anderem besondere Bohrspitzen, Reibschäfte, Fräsrippen an der Spitze, an den Gewindeflanken oder unter dem Schraubenkopf sowie spezielle Kopfformen. Hierdurch sind geringe Abstände bei diesen Schrauben realisierbar, ohne dass ein Versagen des Holzes durch Aufspalten auftritt. Die erforderlichen Mindestabstände und Mindestholzdicken müssen allerdings für jeden Schraubentyp durch aufwändige Einschraubversuche bestimmt werden. Eine Übertragung der Ergebnisse von Einschraubversuchen auf andere Schraubentypen oder Schraubendurchmesser ist aufgrund abweichender Geometrien der Schrauben bzw. ihrer Merkmale nicht möglich.

Im Rahmen des ersten Teils dieses Forschungsvorhabens wurde ein Rechenmodell auf Grundlage der Methode der finiten Elemente entwickelt, das es erlaubt, das Spaltverhalten von Holz beim Eindrehen von Schrauben abzuschätzen. Mit dem Modell können die Rissflächen berechnet werden, die durch den Einschraubvorgang im Holz entstehen. Dieses Modell wurde so erweitert, dass das Spaltverhalten für unterschiedliche Schraubenbilder ermittelt werden kann. Die resultierenden Rissflächen können nun für mehrere, faserparallel hintereinander angeordnete Schrauben in Abhängigkeit unterschiedlicher Abstände und Holzdicken berechnet werden. Des Weiteren ist eine Übertragung des Modells auf Anschlüsse mit mehreren Schraubenreihen möglich.

Die Prüfmethode zur Erfassung verbindungsmittelspezifischer Einflüsse auf das Spaltverhalten wurde verbessert und durch eine Vielzahl von experimentellen und numerischen Untersuchungen abgesichert. Weitere Einflüsse auf das Spaltverhalten wurden mit dieser Prüfmethode ermittelt und konnten somit zutreffend bei der numerischen Berechnung der Rissflächen erfasst werden. Dies trifft insbesondere auf die Einflussparameter Einschraubgeschwindigkeit und Winkel zwischen Schraubenachse und Jahrringtangente zu.

Zur Kalibrierung und Verifizierung des Rechenmodells wurden Vergleiche zwischen simulierten und experimentell ermittelten Rissflächen durchgeführt. Hierzu wurde die experimentelle Methode zur Rissflächenermittlung auch auf Schraubenbilder mit mehreren Schraubenreihen angewendet. Es konnte gezeigt werden, dass das Rechenmodell auch für diese Konfigurationen eine zutreffende Abschätzung der Rissausdehnung liefert. Jedoch zeigte sich auch die Abhängigkeit der Güte der Abschätzung von einer zutreffenden Kalibrierung des Modells. Die Auswirkungen eines instabilen Risswachstums, welches zu größeren Rissflächen führt, können nicht mit dem Modell erfasst werden. Dieses ist jedoch nicht relevant, da die bei derartigen Konfigurationen noch berechenbaren Rissflächen bereits eine unzulässige Größe aufweisen.

Für eine vereinfachte und zutreffende Beschreibung der beobachteten bzw. berechneten Risserscheinungen wurden Größen abgeleitet, auf deren Grundlage Kriterien zur Beurteilung der Spaltgefahr angegeben werden können.

In der Fortführung des Forschungsvorhabens ist eine Verifizierung der Berechnungsmethode durch Anwendung auf weitere Schraubentypen vorgesehen. Außerdem soll überprüft werden, ob die mit dem Rechenverfahren ermittelten Randbedingungen genügen, ein frühzeitiges Spaltversagen der Holzbauteile unter Belastung zu verhindern. Hierzu sind Tragfähigkeitsversuche mit Verbindungen vorgesehen. Weitere wichtige Aspekte sind außerdem die Quantifizierung des Einflusses der Holzfeuchte auf die Rissbildung beim Einschrauben sowie die Auswirkungen von Feuchteänderungen auf beim Einschrauben entstehende Rissflächen.

Mit dem erweiterten Berechnungsmodell können für Anschlüsse mit mehreren Schraubenreihen die für die Montage erforderlichen Mindestholzdicken und Mindestabstände berechnet bzw. die zu erwartenden Spalterscheinungen abgeschätzt werden. Dieses ist die Voraussetzung für die realitätsgetreue rechnerische Ermittlung der Tragfähigkeit von Haupt-Nebenträger-Verbindungen bei Versagen durch Aufspalten.

6 Literatur

Blaß, H. J.; Bejtka, I.; Uibel, T. (2006): Tragfähigkeit von Verbindungen mit selbstbohrenden Holzschrauben mit Vollgewinde, Karlsruher Berichte zum Ingenieurholzbau, Band 4, Lehrstuhl für Ingenieurholzbau und Baukonstruktionen (Hrsg.), Universitätsverlag Karlsruhe, ISSN 1860-093X, ISBN 3-86644-034-0

Blaß, H. J.; Schmid, M. (2002): Spaltgefahr von Nadelhölzern. Forschungsbericht, Versuchsanstalt für Stahl, Holz und Steine, Abteilung Ingenieurholzbau, Universität Karlsruhe (TH)

Blaß, H. J.; Uibel, T. (2009): Spaltversagen von Holz in Verbindungen – Ein Rechenmodell für die Rissbildung beim Eindrehen von Holzschrauben, Karlsruher Berichte zum Ingenieurholzbau, Band 12, Lehrstuhl für Ingenieurholzbau und Baukonstruktionen (Hrsg.), Universitätsverlag Karlsruhe, ISSN 1860-093X, ISBN 978-3-86644-312-9

Egner, K. (1953): Verhalten von Nagelverbindungen mit dicken Drahtstiften, Fortschritte und Forschung im Bauwesen, Reihe D, Berichte des Beirats für Bauforschung beim Bundesminister für Wohnungsbau, Heft 9, Versuche für den Holzbau, S. 73 -89

Ehlbeck, J.; Görlacher, R. (1982): Mindestabstände bei Stahlblech-Holz-Nagelverbindungen. Forschungsbericht, Versuchsanstalt für Stahl, Holz und Steine, Abteilung Ingenieurholzbau, Universität Karlsruhe (TH)

Ehlbeck, J.; Siebert, W. (1988): Ermittlung von Mindestholzabmessungen und Mindestnagelabständen bei Nagelverbindungen mit europäischem Douglasienholz. Forschungsbericht, Versuchsanstalt für Stahl, Holz und Steine, Abteilung Ingenieurholzbau, Universität Karlsruhe (TH)

Ehlbeck, J.; Werner, H. (1989): Tragverhalten von Stabdübeln in Brettschichtholz und Vollholz verschiedener Holzarten bei unterschiedlichen Risslinienanordnungen. Forschungsbericht, Versuchsanstalt für Stahl, Holz und Steine, Abteilung Ingenieurholzbau, Universität Karlsruhe (TH)

Görlacher, R. (1984): Ein neues Messverfahren zur Bestimmung des Elastizitätsmoduls von Holz. In: Holz als Roh- und Werkstoff 42 (1984), S. 219 – 222 Springer Verlag, Berlin

Görlacher, R. (2002): Ein Verfahren zur Bestimmung des Rollschubmoduls von Holz. In: Holz als Roh- und Werkstoff 60 (2002), S. 317 – 322 Springer Verlag, Berlin

Kollmann, F. (1951): Technologie des Holzes und der Holzwerkstoffe, 1. Auflage, Springer Verlag, Heidelberg

Lau, P.W.C.; Tardiff, Y.; (1987): Progress report: Cracks produced by driving nails into wood – effects of wood and nail variables. Forintek Canada Corp.

Marten, G. (1953): Spalten und Tragfähigkeit von Nagelverbindungen, Fortschritte und Forschung im Bauwesen, Reihe D, Berichte des Beirats für Bauforschung beim Bundesminister für Wohnungsbau, Heft 9, Versuche für den Holzbau, S. 55 - 72

Neuhaus, H. (1981): Elastizitätszahlen von Fichtenholz in Abhängigkeit von der Holzfeuchtigkeit. Dissertation. In: Technisch-wissenschaftliche Mitteilungen, Nr. 81-8, Institut für konstruktiven Ingenieurbau, Ruhr-Universität Bochum

Neuhaus, H. (1983): Über das elastische Verhalten von Fichtenholz in Abhängigkeit von der Holzfeuchtigkeit. In: Holz als Roh- und Werkstoff 41 (1983), S. 21 - 25

Neuhaus, H. (1994): Lehrbuch des Ingenieurholzbaus. B. G. Teubner, Stuttgart

Schmid, M. (2002): Anwendung der Bruchmechanik auf Verbindungen mit Holz. 5. Folge - Heft 7. Berichte der Versuchsanstalt für Stahl, Holz und Steine der Universität Fridericiana in Karlsruhe (TH)

7   Zitierte Normen

DIN 1052, Ausgabe Dezember 2008. Entwurf, Berechnung und Bemessung von Holzbauwerken - Allgemeine Bemessungsregeln und Bemessungsregeln für den Hochbau

DIN 7998, Ausgabe Februar 1975. Gewinde und Schraubenenden für Holzschrauben

DIN 50014, Ausgabe Juli 1985. Klimate und ihre technische Anwendung – Normalklimate

DIN EN 1995-1-1: 2008. Eurocode 5: Bemessung und Konstruktion von Holzbauten - Teil 1-1: Allgemeines - Allgemeine Regeln und Regeln für den Hochbau; Deutsche Fassung EN 1995-1-1: 2004 + A1: 2008

8 Anhang

8.1 Anhang zu Abschnitt 2

Tabelle 8-1   Ergebnisse konventioneller Einschraubversuche für unterschiedliche selbstbohrende Holzschrauben mit Vollgewinde bei Mindestabständen nach Tabelle 10 der DIN 1052 wie für vorgebohrte Nägel

Hersteller	Typ	d in mm	ρ_m in kg/m³	Anzahl Versuche	Mindestholzdicke t in mm		Einschränkungen
A	1	5	487	51	24	$4{,}8 \cdot d$	$a_{1,c} \geq 12 \cdot d,$ $a_1 \geq 5 \cdot d$
A	2	5	483	56	30	$6 \cdot d$	$a_{1,c} \geq 12 \cdot d,$ $a_1 \geq 5 \cdot d$
A	1	8	477	35	80	$10 \cdot d$	-
A	1	10	497	12	100	$10 \cdot d$	$a_{1,c} \geq 12 \cdot d,$ $a_1 \geq 5 \cdot d$
A	1	12	449	42	96	$8 \cdot d$	$a_{1,c} \geq 12 \cdot d,$ $a_1 \geq 5 \cdot d$
B	1	8	497	13	40	$5 \cdot d$	$a_{1,c} \geq 12 \cdot d,$ $a_1 \geq 5 \cdot d$
C	1	6	504	51	42	$7 \cdot d$	-
C	1	8	484	44	64	$8 \cdot d$	-
D	1	8,9	494	22	127	$14{,}3 \cdot d$	$a_{1,c} \geq 12 \cdot d,$ $a_1 \geq 5 \cdot d$

8.2 Anhang zu Abschnitt 3.1 und 3.2

Tabelle 8-2 Ergebnisse der Einschraub-Spaltkraft-Versuche mit Prüfkörpern aus Vollholz, Zusammenfassung erste Versuchsserie

Reihe	Anzahl		Holzschraube			Versuchskonfiguration				Prüfkörper						$F_{m,tot,n}$	$F_{m,tot,r}$	CoV
	ges.	verw.	Typ	d mm	ℓ mm	ε °	U min^{-1}	n_{MSr}	$F_{Msr,p}$ N	Mat.	a mm	b mm	h mm	ρ_{mean} kg/m³	u_{mean} %	N	N	%
1.1-A	10	9	A	8	200	90	50	6	100	VH	24	80	180	454	13,3	1646	1724	9,69
1.1-B	10	8	B	8	200	90	50	6	100	VH	24	80	180	460	13,5	886	900	10,0
1.1-C	10	7	C	8	200	90	50	6	100	VH	24	80	180	461	13,7	1466	1473	10,9
1.2.1-A	14	9	A	8	200	90	50	6	100	VH	24	80	200	377	13,2	1003	1051	12,1
1.2.1-B	10	10	B	8	200	90	50	6	100	VH	24	80	200	393	13,0	595	604	15,7
1.2.1-C	10	10	C	8	200	90	50	6	100	VH	24	80	200	388	12,9	908	912	11,7
1.2.2-A	12	9	A	8	200	90	50	6	100	VH	24	80	200	467	13,1	2040	2136	14,8
1.2.2-B	12	8	B	8	200	90	50	6	100	VH	24	80	200	468	13,3	1018	1034	15,7
1.2.2-C	10	7	C	8	200	90	50	6	100	VH	24	80	200	481	13,5	1685	1694	13,5
1.2.3-A	13	6	A	8	200	90	50	6	100	VH	24	80	200	504	13,4	1689	1769	5,49
1.2.3-B	10	7	B	8	200	90	50	6	100	VH	24	80	200	498	13,7	1013	1029	8,06
1.2.3-C	10	8	C	8	200	90	50	6	100	VH	24	80	200	503	13,3	1576	1584	12,6
1.3.1-A	15	6	A	8	200	90	10	6	100	VH	24	80	200	446	13,3	1546	1619	11,8
1.3.1-B	16	10	B	8	200	90	10	6	100	VH	24	80	200	452	13,3	846	859	12,9
1.3.1-C	11	8	C	8	200	90	10	6	100	VH	24	80	200	442	13,0	1498	1506	12,0
1.3.2-A	15	10	A	8	200	90	100	6	100	VH	24	80	200	442	13,2	1678	1757	11,2
1.3.2-B	16	10	B	8	200	90	100	6	100	VH	24	80	200	453	13,0	967	982	18,5
1.3.2-C	11	9	C	8	200	90	100	6	100	VH	24	80	200	447	13,1	1768	1777	12,0
1.4.1-A	12	11	A	8	200	90	50	6	75	VH	24	80	200	417	13,3	1408	1474	18,3
1.4.1-B	12	10	B	8	200	90	50	6	75	VH	24	80	200	412	12,9	915	929	12,3
1.4.2-A	12	10	A	8	200	90	50	6	150	VH	24	80	200	413	13,5	1263	1323	15,8
1.4.2-B	12	10	B	8	200	90	50	6	150	VH	24	80	200	413	13,4	652	662	12,3
1.5.1-A	12	9	A	8	240	90	50	6	100	VH	24	80	240	471	13,5	1650	1664	9,19
1.5.1-B	11	9	B	8	240	90	50	6	100	VH	24	80	240	473	13,8	892	903	12,4
1.5.2-A	10	8	A	8	300	90	50	6	100	VH	24	80	300	460	11,9	2167	2174	12,0
1.5.2-B	10	7	B	8	300	90	50	6	100	VH	24	80	300	467	11,7	1409	1428	6,72
1.5.3-C	10	8	C	8	280	90	50	6	100	VH	24	80	240	475	14,0	1665	1671	13,4
1.5.4-C	10	8	C	8	320	90	50	6	100	VH	24	80	320	457	11,9	1766	1766	11,2
1.6.1-B	6	3	B	6	200	90	50	6	100	VH	24	80	200	453	13,8	758	773	11,7
1.6.1-C	6	5	C	6	180	90	50	6	100	VH	24	80	180	434	13,6	739	739	13,2
1.6.2-B	6	3	B	6	200	90	50	6	100	VH	18	60	200	434	13,7	766	782	8,30
1.6.2-C	6	5	C	6	180	90	50	6	100	VH	18	60	180	459	13,9	923	923	23,1
1.6.3-A	6	5	A	12	200	90	50	6	100	VH	24	80	200	449	13,6	2279	2303	25,9
1.6.3-C	6	5	C	10	180	90	50	6	100	VH	24	80	180	452	13,7	1897	1908	38,2
1.6.4-A	6	4	A	12	200	90	50	6	100	VH	36	120	200	490	13,3	2456	2481	6,85
1.6.4-C	6	6	C	10	180	90	50	6	100	VH	30	100	180	476	13,4	1902	1913	8,10
1.7-D	10	7	D-2	8,2	190	90	50	6	100	VH	24	80	190	416	13,5	3130	3130	7,41
Summe	384	284																

Tabelle 8-3 Ergebnisse der Einschraub-Spaltkraft-Versuche mit Prüfkörpern aus speziellem, homogenem Brettschichtholz, zweite Versuchsserie

Reihe	Anzahl		Holzschraube			Versuchskonfiguration					Prüfkörper						$F_{m,tot,n}$	$F_{m,tot,r}$	CoV
	ges.	verw.	Typ	d	ℓ	ε	U	n_{MSr}	$F_{Msr,p}$	γ_{mean}	Mat.	a	b	h	ρ_{mean}	u_{mean}	N	N	%
				mm	mm	°	min^{-1}		N	°		mm	mm	mm	kg/m³	%			
2.1.1-A	13	8	A	8	200	90	50	8	100	19	BSH	24	80	180	490	12,4	1861	1948	15,1
2.1.1-B	13	11	B	8	200	90	50	8	100	20	BSH	24	80	180	490	12,5	1062	1079	16,2
2.1.1-C	13	11	C	8	200	90	50	8	100	21	BSH	24	80	180	490	12,5	1954	1964	14,4
2.1.2-A	10	8	A	8	200	90	50	8	100	82	BSH	24	80	180	503	12,3	2321	2431	16,2
2.1.2-B	10	10	B	8	200	90	50	8	100	82	BSH	24	80	180	506	12,3	1358	1378	17,1
2.1.2-C	10	10	C	8	200	90	50	8	100	81	BSH	24	80	180	501	12,3	2251	2263	17,6
2.1.3-A	10	7	A	8	200	90	50	8	100	22	BSH	24	80	180	432	12,3	1390	1456	9,82
2.1.3-B	10	8	B	8	200	90	50	8	100	22	BSH	24	80	180	432	12,4	666	677	26,0
2.1.3-C	10	8	C	8	200	90	50	8	100	24	BSH	24	80	180	436	12,4	1534	1542	13,4
2.1.4-A	10	10	A	8	200	90	50	8	100	70	BSH	24	80	180	443	12,0	1698	1778	17,5
2.1.4-B	10	9	B	8	200	90	50	8	100	68	BSH	24	80	180	445	12,1	848	861	10,7
2.1.4-C	10	8	C	8	200	90	50	8	100	75	BSH	24	80	180	448	12,1	1405	1412	17,5
2.1.5-A	8	4	A	8	200	90	50	8	100	49	BSH	24	80	180	433	12,4	1388	1453	11,4
2.1.5-B	8	8	B	8	200	90	50	8	100	49	BSH	24	80	180	458	12,4	827	839	26,3
2.1.5-C	8	8	C	8	200	90	50	8	100	49	BSH	24	80	180	458	12,4	1579	1587	19,9
2.2.1-A	10	9	A	8	240	90	50	6	100	-	BSH	24	80	200	439	10,9	1511	1524	11,4
2.2.2-A	10	7	A	8	240	90	50	10	100	-	BSH	24	80	200	435	10,9	1506	1519	14,7
2.3.1-A	5	5	A	8	240	90	50	6	100	83	BSH	24	80	200	453	10,9	1717	1731	23,2
2.3.2-A	5	4	A	8	240	90	50	8	100	83	BSH	24	80	200	451	10,9	1845	1860	17,5
2.4.1-A	8	6	A	8	200	90	50	8	100	-	BSH	24	80	180	466	12,5	1701	1782	24,2
2.4.2-A	8	5	A	10	200	90	50	8	100	-	BSH	24	80	180	458	12,5	3015	3076	26,2
2.4.3-A	8	8	A	12	200	90	50	8	100	-	BSH	24	80	180	455	12,4	2528	2554	27,3
2.5-A	6	6	A	8	200	90	50	8	100	-	BSH	24	80	180	470	12,6	1937	2028	27,9
2.5-E	6	6	E	8	220	90	50	8	100	-	BSH	24	80	180	470	12,6	4031	4068	17,5
2.5-F	6	6	F	8	200	90	50	8	100	-	BSH	24	80	180	471	12,6	2289	2301	33,5
Summe	225	190																	

Tabelle 8-4 Einschraub-Spaltkraft-Versuche, Ergebnisse der Reihe 1.1-A

| Versuch | Holzschraube | | | Versuchskonfiguration | | | | Mat. | Prüfkörper | | | | | ι für Messstelle | | | $F_{m,tot,n}$ | $F_{m,tot,r}$ | verw. |
| | Typ | d | ℓ | ε | U | n_{MSr} | $F_{Msr,p}$ | | a | b | h | ρ | u | 1/2 | 3/4 | 5/6 | N | N | |
		mm	mm	°	min⁻¹		N		mm	mm	mm	kg/m³	%						
1.1-A-01	1	8	200	90	50	6	100	VH	24	80	180	460	13,0	0,60	0,86	0,70	1535	1608	x
1.1-A-02	1	8	200	90	50	6	100	VH	24	80	180	463	13,2	0,86	0,45	0,28	1570	1644	-
1.1-A-03	1	8	200	90	50	6	100	VH	24	80	180	453	13,2	0,74	0,95	0,50	1658	1736	x
1.1-A-04	1	8	200	90	50	6	100	VH	24	80	180	456	13,4	0,67	0,74	0,31	1888	1977	x
1.1-A-05	1	8	200	90	50	6	100	VH	24	80	180	462	13,5	0,90	0,67	0,56	1828	1914	x
1.1-A-06	1	8	200	90	50	6	100	VH	24	80	180	463	13,5	0,95	0,78	0,67	1739	1821	x
1.1-A-07	1	8	200	90	50	6	100	VH	24	80	180	459	13,5	0,95	0,86	0,95	1695	1775	x
1.1-A-08	1	8	200	90	50	6	100	VH	24	80	180	445	13,5	0,95	0,75	0,63	1444	1512	x
1.1-A-09	1	8	200	90	50	6	100	VH	24	80	180	447	13,3	0,50	1,00	0,70	1591	1666	x
1.1-A-10	1	8	200	90	50	6	100	VH	24	80	180	439	13,2	0,81	0,54	0,73	1436	1504	x
Mittelwert												454	13,3				1646	1724	
Standard-abweichung												8,41	0,18				159	167	
CoV in %												1,85	1,35				9,66	9,69	

Tabelle 8-5 Einschraub-Spaltkraft-Versuche, Ergebnisse der Reihe 1.1-B

| Versuch | Holzschraube | | | Versuchskonfiguration | | | | Mat. | Prüfkörper | | | | | ι für Messstelle | | | $F_{m,tot,n}$ | $F_{m,tot,r}$ | verw. |
| | Typ | d | ℓ | ε | U | n_{MSr} | $F_{Msr,p}$ | | a | b | h | ρ | u | 1/2 | 3/4 | 5/6 | N | N | |
		mm	mm	°	min⁻¹		N		mm	mm	mm	kg/m³	%						
1.1-B-01	2	8	200	90	50	6	100	VH	24	80	180	450	13,3	0,92	0,72	0,67	773	784	x
1.1-B-02	2	8	200	90	50	6	100	VH	24	80	180	458	13,4	0,60	1,00	0,85	978	992	x
1.1-B-03	2	8	200	90	50	6	100	VH	24	80	180	456	13,6	0,96	0,67	0,58	742	754	-
1.1-B-04	2	8	200	90	50	6	100	VH	24	80	180	455	13,6	0,96	0,96	0,96	798	810	x
1.1-B-05	2	8	200	90	50	6	100	VH	24	80	180	466	13,6	0,88	0,66	0,60	879	893	x
1.1-B-06	2	8	200	90	50	6	100	VH	24	80	180	473	13,7	0,75	0,92	0,88	1033	1049	x
1.1-B-07	2	8	200	90	50	6	100	VH	24	80	180	461	13,7	1,00	0,81	0,78	889	903	x
1.1-B-08	2	8	200	90	50	6	100	VH	24	80	180	447	13,4	0,88	0,88	0,81	914	927	x
1.1-B-09	2	8	200	90	50	6	100	VH	24	80	180	473	13,4	0,92	0,96	0,96	825	838	x
1.1-B-10	2	8	200	90	50	6	100	VH	24	80	180	447	13,3	0,96	0,85	0,92	753	764	-
Mittelwert												460	13,5				886	900	
Standard-abweichung												9,80	0,16				88,8	90,1	
CoV in %												2,13	1,19				10,0	10,0	

Tabelle 8-6 Einschraub-Spaltkraft-Versuche, Ergebnisse der Reihe 1.1-C

| Versuch | Holzschraube | | | Versuchskonfiguration | | | | Prüfkörper | | | | | | t für Messstelle | | | $F_{m,tot,n}$ | $F_{m,tot,r}$ | verw. |
| | Typ | d | ℓ | ε | U | n_{MSr} | $F_{Msr,p}$ | Mat. | a | b | h | ρ | u | 1/2 | 3/4 | 5/6 | N | N | |
		mm	mm	°	min^{-1}		N		mm	mm	mm	kg/m³	%						
1.1-C-01	3	8	200	90	50	6	100	VH	24	80	180	451	13,3	0,93	1,00	0,87	1643	1651	x
1.1-C-02	3	8	200	90	50	6	100	VH	24	80	180	453	13,6	0,93	0,86	0,95	1384	1391	x
1.1-C-03	3	8	200	90	50	6	100	VH	24	80	180	455	13,7	0,93	0,93	1,00	1450	1457	x
1.1-C-04	3	8	200	90	50	6	100	VH	24	80	180	476	13,7	0,96	0,75	0,88	1285	1292	x
1.1-C-05	3	8	200	90	50	6	100	VH	24	80	180	468	13,8	0,89	0,90	1,00	1728	1737	x
1.1-C-06	3	8	200	90	50	6	100	VH	24	80	180	461	13,8	0,96	0,93	0,92	1401	1408	x
1.1-C-07	3	8	200	90	50	6	100	VH	24	80	180	460	13,7	0,97	0,97	0,96	1368	1375	x
1.1-C-08	3	8	200	90	50	6	100	VH	24	80	180	465	13,4	1,00	1,00	0,96	1290	1296	-
1.1-C-09	3	8	200	90	50	6	100	VH	24	80	180	462	13,6	1,00	0,97	1,00	1159	1165	-
1.1-C-10	3	8	200	90	50	6	100	VH	24	80	180	426	12,8	-	-	-	1286	1293	-
Mittelwert												461	13,7				1466	1473	
Standard-abweichung												8,89	0,17				160	161	
CoV in %												1,93	1,24				10,9	10,9	

Tabelle 8-7 — Einschraub-Spaltkraft-Versuche, Ergebnisse der Reihe 1.2.1-A

| Versuch | Holzschraube | | | Versuchskonfiguration | | | | Prüfkörper | | | | | | ι für Messstelle | | | $F_{m,tot,n}$ | $F_{m,tot,r}$ | verw. |
| | Typ | d | ℓ | ε | U | n_{MSr} | $F_{Msr,p}$ | Mat. | a | b | h | ρ | u | 1/2 | 3/4 | 5/6 | N | N | |
		mm	mm	°	min^{-1}		N		mm	mm	mm	kg/m³	%						
1.2.1-A-01	1	8	200	90	50	6	100	VH	24	80	200	391	13,2	0,33	0,12	-	1113	1166	-
1.2.1-A-02	1	8	200	90	50	6	100	VH	24	80	200	395	13,4	0,52	0,20	0,19	913	956	x
1.2.1-A-03	1	8	200	90	50	6	100	VH	24	80	200	392	13,6	0,45	0,12	-	1042	1091	-
1.2.1-A-04	1	8	200	90	50	6	100	VH	24	80	200	388	12,4	0,86	0,39	0,10	1153	1207	x
1.2.1-A-05	1	8	200	90	50	6	100	VH	24	80	200	385	13,2	0,54	0,40	0,30	931	975	x
1.2.1-A-06	1	8	200	90	50	6	100	VH	24	80	200	385	13,8	0,86	0,95	0,86	1219	1276	x
1.2.1-A-07	1	8	200	90	50	6	100	VH	24	80	200	384	13,2	0,50	0,91	0,90	868	909	x
1.2.1-A-08	1	8	200	90	50	6	100	VH	24	80	200	409	13,1	0,82	0,19	-	1250	1309	-
1.2.1-A-09	1	8	200	90	50	6	100	VH	24	80	200	394	13,2	0,83	0,14	-	1010	1058	-
1.2.1-A-10	1	8	200	90	50	6	100	VH	24	80	200	394	13,0	0,76	0,59	0,48	1073	1123	x
1.2.1-A-11	1	8	200	90	50	6	100	VH	24	80	200	357	13,4	0,52	0,52	0,60	897	940	x
1.2.1-A-12	1	8	200	90	50	6	100	VH	24	80	200	353	13,4	0,69	0,92	0,95	1007	1054	x
1.2.1-A-13	1	8	200	90	50	6	100	VH	24	80	200	351	13,4	0,78	0,39	0,32	970	1016	x
1.2.1-A-14	1	8	200	90	50	6	100	VH	24	80	200	364	13,2	1,00	0,95	0,78	816	854	-
Mittelwert												377	13,2				1003	1051	
Standardabweichung												17,9	0,38				121	127	
CoV in %												4,75	2,88				12,1	12,1	

Tabelle 8-8 — Einschraub-Spaltkraft-Versuche, Ergebnisse der Reihe 1.2.1-B

| Versuch | Holzschraube | | | Versuchskonfiguration | | | | Prüfkörper | | | | | | ι für Messstelle | | | $F_{m,tot,n}$ | $F_{m,tot,r}$ | verw. |
| | Typ | d | ℓ | ε | U | n_{MSr} | $F_{Msr,p}$ | Mat. | a | b | h | ρ | u | 1/2 | 3/4 | 5/6 | N | N | |
		mm	mm	°	min^{-1}		N		mm	mm	mm	kg/m³	%						
1.2.1-B-01	2	8	200	90	50	6	100	VH	24	80	200	389	13,1	0,86	0,86	0,89	810	822	x
1.2.1-B-02	2	8	200	90	50	6	100	VH	24	80	200	385	13,2	0,71	0,85	0,71	538	546	x
1.2.1-B-03	2	8	200	90	50	6	100	VH	24	80	200	399	13,1	0,50	0,80	0,90	683	693	x
1.2.1-B-04	2	8	200	90	50	6	100	VH	24	80	200	380	11,8	0,56	0,33	0,29	513	521	x
1.2.1-B-05	2	8	200	90	50	6	100	VH	24	80	200	385	13,1	0,89	0,96	0,82	499	507	x
1.2.1-B-06	2	8	200	90	50	6	100	VH	24	80	200	387	13,1	0,90	1,00	0,80	587	596	x
1.2.1-B-07	2	8	200	90	50	6	100	VH	24	80	200	402	13,4	0,43	0,51	0,83	541	549	x
1.2.1-B-08	2	8	200	90	50	6	100	VH	24	80	200	409	13,0	0,72	0,77	0,36	549	558	x
1.2.1-B-09	2	8	200	90	50	6	100	VH	24	80	200	396	13,2	1,00	0,67	0,61	620	629	x
1.2.1-B-10	2	8	200	90	50	6	100	VH	24	80	200	396	13,1	0,56	0,51	0,38	605	614	x
Mittelwert												393	13,0				595	604	
Standardabweichung												9,07	0,44				93,7	94,9	
CoV in %												2,31	3,38				15,7	15,7	

Tabelle 8-9   Einschraub-Spaltkraft-Versuche, Ergebnisse der Reihe 1.2.1-C

Versuch	Holzschraube			Versuchskonfiguration				Prüfkörper						ι für Messstelle			$F_{m,tot,n}$	$F_{m,tot,r}$	verw.
	Typ	d	ℓ	ε	U	n_{MSr}	$F_{MSr,p}$	Mat.	a	b	h	ρ	u	1/2	3/4	5/6	N	N	
		mm	mm	°	min⁻¹		N		mm	mm	mm	kg/m³	%						
1.2.1-C-01	3	8	200	90	50	6	100	VH	24	80	200	395	12,7	0,97	0,82	0,96	1109	1115	x
1.2.1-C-02	3	8	200	90	50	6	100	VH	24	80	200	386	12,9	0,97	0,94	0,82	918	923	x
1.2.1-C-03	3	8	200	90	50	6	100	VH	24	80	200	382	12,8	1,00	0,97	0,90	906	910	x
1.2.1-C-04	3	8	200	90	50	6	100	VH	24	80	200	378	12,9	0,97	0,84	0,92	1056	1061	x
1.2.1-C-05	3	8	200	90	50	6	100	VH	24	80	200	382	13,0	0,97	0,76	0,96	796	800	x
1.2.1-C-06	3	8	200	90	50	6	100	VH	24	80	200	400	12,9	0,71	0,61	0,71	846	850	x
1.2.1-C-07	3	8	200	90	50	6	100	VH	24	80	200	380	12,9	1,00	0,78	0,92	904	909	x
1.2.1-C-08	3	8	200	90	50	6	100	VH	24	80	200	389	13,0	0,93	0,59	0,45	905	910	x
1.2.1-C-09	3	8	200	90	50	6	100	VH	24	80	200	395	13,0	0,93	0,58	0,79	876	880	x
1.2.1-C-10	3	8	200	90	50	6	100	VH	24	80	200	392	12,7	0,93	0,83	0,96	759	763	x
Mittelwert												388	12,9				908	912	
Standard-abweichung												7,45	0,11				106	107	
CoV in %												1,92	0,85				11,7	11,7	

Tabelle 8-10   Einschraub-Spaltkraft-Versuche, Ergebnisse der Reihe 1.2.2-A

Versuch	Holzschraube			Versuchskonfiguration				Prüfkörper						ι für Messstelle			$F_{m,tot,n}$	$F_{m,tot,r}$	verw.
	Typ	d	ℓ	ε	U	n_{MSr}	$F_{MSr,p}$	Mat.	a	b	h	ρ	u	1/2	3/4	5/6	N	N	
		mm	mm	°	min⁻¹		N		mm	mm	mm	kg/m³	%						
1.2.2-A-01	1	8	200	90	50	6	100	VH	24	80	200	465	13,0	0,54	0,87	0,95	1834	1921	x
1.2.2-A-02	1	8	200	90	50	6	100	VH	24	80	200	460	13,3	0,86	0,54	0,46	2269	2376	x
1.2.2-A-03	1	8	200	90	50	6	100	VH	24	80	200	458	13,2	0,64	0,62	0,32	1943	2035	x
1.2.2-A-04	1	8	200	90	50	6	100	VH	24	80	200	451	13,1	0,86	0,88	0,63	1639	1716	x
1.2.2-A-05	1	8	200	90	50	6	100	VH	24	80	200	474	13,3	0,59	0,87	0,70	1912	2002	x
1.2.2-A-06	1	8	200	90	50	6	100	VH	24	80	200	477	13,4	0,86	0,75	0,52	2290	2398	x
1.2.2-A-07	1	8	200	90	50	6	100	VH	24	80	200	498	12,9	0,16	-	-	1736	1818	-
1.2.2-A-08	1	8	200	90	50	6	100	VH	24	80	200	494	13,1	0,67	0,24	0,95	2129	2229	x
1.2.2-A-09	1	8	200	90	50	6	100	VH	24	80	200	477	13,0	0,34	0,52	0,95	2327	2437	x
1.2.2-A-10	1	8	200	90	50	6	100	VH	24	80	200	491	12,8	0,52	0,65	0,70	2459	2575	x
1.2.2-A-11	1	8	200	90	50	6	100	VH	24	80	200	454	13,1	0,58	0,79	0,76	1173	1229	-
1.2.2-A-12	1	8	200	90	50	6	100	VH	24	80	200	450	13,2	0,86	0,69	0,42	1683	1762	x
Mittelwert												467	13,1				2040	2136	
Standard-abweichung												13,7	0,19				302	316	
CoV in %												2,93	1,45				14,8	14,8	

Tabelle 8-11 Einschraub-Spaltkraft-Versuche, Ergebnisse der Reihe 1.2.2-B

Versuch	Holzschraube			Versuchskonfiguration				Prüfkörper						ι für Messstelle			$F_{m,tot,n}$	$F_{m,tot,r}$	verw.
	Typ	d	ℓ	ε	U	n_{MSr}	$F_{Msr,p}$	Mat.	a	b	h	ρ	u	1/2	3/4	5/6	N	N	
		mm	mm	°	min⁻¹		N		mm	mm	mm	kg/m³	%						
1.2.2-B-01	2	8	200	90	50	6	100	VH	24	80	200	466	12,8	0,68	0,45	0,21	1124	1141	x
1.2.2-B-02	2	8	200	90	50	6	100	VH	24	80	200	453	13,1	1,00	0,96	0,92	874	887	x
1.2.2-B-03	2	8	200	90	50	6	100	VH	24	80	200	461	13,4	0,73	0,38	0,10	913	927	x
1.2.2-B-04	2	8	200	90	50	6	100	VH	24	80	200	454	13,4	0,80	0,53	0,37	887	900	x
1.2.2-B-05	2	8	200	90	50	6	100	VH	24	80	200	474	13,5	0,96	0,47	0,46	1194	1213	x
1.2.2-B-06	2	8	200	90	50	6	100	VH	24	80	200	477	13,5	0,59	0,13	0,04	944	958	-
1.2.2-B-07	2	8	200	90	50	6	100	VH	24	80	200	492	13,1	0,56	0,19	0,19	1134	1152	-
1.2.2-B-08	2	8	200	90	50	6	100	VH	24	80	200	486	13,3	0,39	0,06	-	847	860	-
1.2.2-B-09	2	8	200	90	50	6	100	VH	24	80	200	516	13,4	0,67	0,56	0,53	1239	1258	x
1.2.2-B-10	2	8	200	90	50	6	100	VH	24	80	200	516	13,3	0,58	0,13	0,08	949	963	-
1.2.2-B-11	2	8	200	90	50	6	100	VH	24	80	200	470	13,3	0,86	0,47	0,28	833	845	x
1.2.2-B-12	2	8	200	90	50	6	100	VH	24	80	200	453	13,2	0,70	0,96	0,93	1082	1099	x
Mittelwert												468	13,3				1018	1034	
Standardabweichung												20,8	0,23				160	162	
CoV in %												4,44	1,73				15,7	15,7	

Tabelle 8-12 Einschraub-Spaltkraft-Versuche, Ergebnisse der Reihe 1.2.2-C

Versuch	Holzschraube			Versuchskonfiguration				Prüfkörper						ι für Messstelle			$F_{m,tot,n}$	$F_{m,tot,r}$	verw.
	Typ	d	ℓ	ε	U	n_{MSr}	$F_{Msr,p}$	Mat.	a	b	h	ρ	u	1/2	3/4	5/6	N	N	
		mm	mm	°	min⁻¹		N		mm	mm	mm	kg/m³	%						
1.2.2-C-01	3	8	200	90	50	6	100	VH	24	80	200	461	13,4	0,88	0,69	0,92	1615	1623	x
1.2.2-C-02	3	8	200	90	50	6	100	VH	24	80	200	460	13,5	0,96	0,82	0,76	1565	1573	x
1.2.2-C-03	3	8	200	90	50	6	100	VH	24	80	200	476	13,6	0,93	1,00	0,88	1435	1442	x
1.2.2-C-04	3	8	200	90	50	6	100	VH	24	80	200	463	13,6	0,89	0,82	0,83	-	-	-
1.2.2-C-05	3	8	200	90	50	6	100	VH	24	80	200	473	13,7	0,96	0,85	0,88	1503	1510	x
1.2.2-C-06	3	8	200	90	50	6	100	VH	24	80	200	474	13,7	0,56	0,70	0,79	1404	1411	-
1.2.2-C-07	3	8	200	90	50	6	100	VH	24	80	200	498	13,4	0,79	0,71	0,76	1873	1883	x
1.2.2-C-08	3	8	200	90	50	6	100	VH	24	80	200	498	13,4	0,64	0,81	1,00	1725	1734	x
1.2.2-C-09	3	8	200	90	50	6	100	VH	24	80	200	484	13,5	0,96	0,86	0,91	2094	2104	-
1.2.2-C-10	3	8	200	90	50	6	100	VH	24	80	200	499	13,4	0,92	0,73	0,95	2079	2090	x
Mittelwert												481	13,5				1685	1694	
Standardabweichung												17,5	0,12				226	228	
CoV in %												3,64	0,89				13,4	13,5	

Tabelle 8-13   Einschraub-Spaltkraft-Versuche, Ergebnisse der Reihe 1.2.3-A

Versuch	Holzschraube			Versuchskonfiguration				Prüfkörper						ι für Messstelle			$F_{m,tot,n}$	$F_{m,tot,r}$	verw.
	Typ	d mm	ℓ mm	ε °	U min^{-1}	n_{MSr}	$F_{Msr,p}$ N	Mat.	a mm	b mm	h mm	ρ kg/m³	u %	1/2	3/4	5/6	N	N	
1.2.3-A-01	1	8	200	90	50	6	100	VH	24	80	200	509	12,9	0,87	0,36	0,16	1677	1756	x
1.2.3-A-02	1	8	200	90	50	6	100	VH	24	80	200	504	13,4	0,54	0,75	0,42	1727	1809	x
1.2.3-A-03	1	8	200	90	50	6	100	VH	24	80	200	492	13,4	0,26	-	-	1431	1498	-
1.2.3-A-04	1	8	200	90	50	6	100	VH	24	80	200	498	13,5	0,61	-	-	1480	1549	-
1.2.3-A-05	1	8	200	90	50	6	100	VH	24	80	200	493	13,3	0,95	0,67	0,35	1540	1613	x
1.2.3-A-06	1	8	200	90	50	6	100	VH	24	80	200	502	13,4	0,79	0,52	0,17	1503	1574	-
1.2.3-A-07	1	8	200	90	50	6	100	VH	24	80	200	512	13,6	0,83	0,21	-	1641	1718	x
1.2.3-A-08	1	8	200	90	50	6	100	VH	24	80	200	516	13,4	0,95	0,96	0,89	1808	1893	x
1.2.3-A-09	1	8	200	90	50	6	100	VH	24	80	200	488	13,6	0,86	0,35	0,31	1433	1501	-
1.2.3-A-10	1	8	200	90	50	6	100	VH	24	80	200	491	13,7	1,00	0,26	0,95	1742	1824	x
1.2.3-A-11	1	8	200	90	50	6	100	VH	24	80	200	480	13,3	0,91	0,67	0,24	1407	1473	-
1.2.3-A-12	1	8	200	90	50	6	100	VH	24	80	200	-	-	-	-	-	-	-	-
1.2.3-A-13	1	8	200	90	50	6	100	VH	24	80	200	430	12,6	0,38	0,21	0,18	1354	1418	-
Mittelwert												504	13,4				1689	1769	
Standard-abweichung												10,2	0,28				92,8	97,1	
CoV in %												2,02	2,09				5,49	5,49	

Tabelle 8-14   Einschraub-Spaltkraft-Versuche, Ergebnisse der Reihe 1.2.3-B

Versuch	Holzschraube			Versuchskonfiguration				Prüfkörper						ι für Messstelle			$F_{m,tot,n}$	$F_{m,tot,r}$	verw.
	Typ	d mm	ℓ mm	ε °	U min^{-1}	n_{MSr}	$F_{Msr,p}$ N	Mat.	a mm	b mm	h mm	ρ kg/m³	u %	1/2	3/4	5/6	N	N	
1.2.3-B-01	2	8	200	90	50	6	100	VH	24	80	200	520	12,5	1,00	0,89	0,64	1305	1325	-
1.2.3-B-02	2	8	200	90	50	6	100	VH	24	80	200	504	13,8	0,93	0,86	0,73	984	999	x
1.2.3-B-03	2	8	200	90	50	6	100	VH	24	80	200	503	13,8	0,63	0,39	0,15	1150	1167	x
1.2.3-B-04	2	8	200	90	50	6	100	VH	24	80	200	507	13,7	0,89	0,11	-	982	997	-
1.2.3-B-05	2	8	200	90	50	6	100	VH	24	80	200	494	13,7	0,96	0,77	0,74	987	1002	x
1.2.3-B-06	2	8	200	90	50	6	100	VH	24	80	200	523	13,6	0,81	0,59	0,32	840	852	-
1.2.3-B-07	2	8	200	90	50	6	100	VH	24	80	200	505	13,8	0,88	0,88	0,92	1042	1058	x
1.2.3-B-08	2	8	200	90	50	6	100	VH	24	80	200	513	13,5	0,96	0,77	0,80	1075	1091	x
1.2.3-B-09	2	8	200	90	50	6	100	VH	24	80	200	477	13,9	0,82	0,68	0,52	947	961	x
1.2.3-B-10	2	8	200	90	50	6	100	VH	24	80	200	490	13,7	0,59	0,92	0,68	909	923	x
Mittelwert												498	13,7				1013	1029	
Standard-abweichung												11,9	0,13				81,8	82,9	
CoV in %												2,39	0,95				8,08	8,06	

Tabelle 8-15 Einschraub-Spaltkraft-Versuche, Ergebnisse der Reihe 1.2.3-C

Versuch	Holzschraube			Versuchskonfiguration				Prüfkörper						ι für Messstelle			$F_{m,tot,n}$	$F_{m,tot,r}$	verw.
	Typ	d mm	ℓ mm	ε °	U min^{-1}	n_{MSr}	$F_{Msr,p}$ N	Mat.	a mm	b mm	h mm	ρ kg/m³	u %	1/2	3/4	5/6	N	N	
1.2.3-C-01	3	8	200	90	50	6	100	VH	24	80	200	501	13,1	0,86	0,79	0,91	1829	1838	-
1.2.3-C-02	3	8	200	90	50	6	100	VH	24	80	200	493	13,3	0,76	0,53	1,00	1422	1429	x
1.2.3-C-03	3	8	200	90	50	6	100	VH	24	80	200	492	13,4	0,83	0,56	0,88	1770	1779	x
1.2.3-C-04	3	8	200	90	50	6	100	VH	24	80	200	487	13,3	0,66	0,38	0,24	1785	1794	-
1.2.3-C-05	3	8	200	90	50	6	100	VH	24	80	200	496	13,2	0,96	0,83	1,00	1751	1760	x
1.2.3-C-06	3	8	200	90	50	6	100	VH	24	80	200	511	13,5	0,93	0,88	0,91	1325	1332	x
1.2.3-C-07	3	8	200	90	50	6	100	VH	24	80	200	521	13,4	0,96	0,46	0,33	1869	1879	x
1.2.3-C-08	3	8	200	90	50	6	100	VH	24	80	200	519	13,2	0,86	1,00	0,95	1539	1547	x
1.2.3-C-09	3	8	200	90	50	6	100	VH	24	80	200	490	13,5	1,00	0,93	0,83	1526	1533	x
1.2.3-C-10	3	8	200	90	50	6	100	VH	24	80	200	499	13,2	0,96	0,93	0,84	1407	1415	x
Mittelwert												503	13,3				1576	1584	
Standard-abweichung												12,5	0,13				198	199	
CoV in %												2,49	0,98				12,6	12,6	

Tabelle 8-16 Einschraub-Spaltkraft-Versuche, Ergebnisse der Reihe 1.3.1-A

Versuch	Holzschraube			Versuchskonfiguration				Prüfkörper						ι für Messstelle			$F_{m,tot,n}$	$F_{m,tot,r}$	verw.
	Typ	d	ℓ	ε	U	n_{MSr}	$F_{Msr,p}$	Mat.	a	b	h	ρ	u	1/2	3/4	5/6	N	N	
		mm	mm	°	min^{-1}		N		mm	mm	mm	kg/m³	%						
1.3.1-A-01	1	8	200	90	10	6	100	VH	24	80	200	447	13,2	0,61	0,22	-	1443	1511	x
1.3.1-A-02	1	8	200	90	10	6	100	VH	24	80	200	479	13,1	0,45	0,04	-	1421	1488	-
1.3.1-A-03	1	8	200	90	10	6	100	VH	24	80	200	438	13,3	0,43	0,15	-	1510	1581	-
1.3.1-A-04	1	8	200	90	10	6	100	VH	24	80	200	440	13,4	0,50	0,15	-	1531	1603	-
1.3.1-A-05	1	8	200	90	10	6	100	VH	24	80	200	437	13,3	0,65	-	-	1248	1307	-
1.3.1-A-06	1	8	200	90	10	6	100	VH	24	80	200	446	13,2	0,61	0,48	0,43	1544	1616	x
1.3.1-A-07	1	8	200	90	10	6	100	VH	24	80	200	443	13,3	0,63	0,84	0,74	1654	1732	x
1.3.1-A-08	1	8	200	90	10	6	100	VH	24	80	200	437	12,9	0,57	0,84	0,82	1727	1808	x
1.3.1-A-09	1	8	200	90	10	6	100	VH	24	80	200	470	12,5	0,68	0,71	1,00	2881	3016	-
1.3.1-A-10	1	8	200	90	10	6	100	VH	24	80	200	452	13,3	0,33	0,11	-	1608	1684	-
1.3.1-A-11	1	8	200	90	10	6	100	VH	24	80	200	454	13,4	0,65	0,84	0,43	1673	1751	x
1.3.1-A-12	1	8	200	90	10	6	100	VH	24	80	200	459	13,6	0,52	0,26	0,09	1133	1186	-
1.3.1-A-13	1	8	200	90	10	6	100	VH	24	80	200	456	13,5	0,96	0,18	-	1430	1498	-
1.3.1-A-14	1	8	200	90	10	6	100	VH	24	80	200	444	13,5	0,95	0,52	0,10	1495	1566	-
1.3.1-A-15	1	8	200	90	10	6	100	VH	24	80	200	446	13,5	0,95	0,87	0,83	1236	1294	x
Mittelwert												446	13,3				1546	1619	
Standardabweichung												5,54	0,21				183	191	
CoV in %												1,24	1,58				11,8	11,8	

Tabelle 8-17 Einschraub-Spaltkraft-Versuche, Ergebnisse der Reihe 1.3.1-B

Versuch	Holzschraube			Versuchskonfiguration				Prüfkörper						ι für Messstelle			$F_{m,tot,n}$	$F_{m,tot,r}$	verw.
	Typ	d	ℓ	ε	U	n_{MSr}	$F_{Msr,p}$	Mat.	a	b	h	ρ	u	1/2	3/4	5/6	N	N	
		mm	mm	°	min^{-1}		N		mm	mm	mm	kg/m³	%						
1.3.1-B-01	2	8	200	90	10	6	100	VH	24	80	200	436	13,1	0,65	0,13	-	553	561	-
1.3.1-B-02	2	8	200	90	10	6	100	VH	24	80	200	440	13,2	0,90	0,39	0,10	1086	1103	-
1.3.1-B-03	2	8	200	90	10	6	100	VH	24	80	200	435	13,3	0,59	-	-	526	534	-
1.3.1-B-04	2	8	200	90	10	6	100	VH	24	80	200	453	12,8	1,00	0,67	0,24	829	842	x
1.3.1-B-05	2	8	200	90	10	6	100	VH	24	80	200	448	13,1	0,61	0,40	0,18	778	790	x
1.3.1-B-06	2	8	200	90	10	6	100	VH	24	80	200	435	13,2	0,96	0,71	0,66	996	1011	x
1.3.1-B-07	2	8	200	90	10	6	100	VH	24	80	200	444	13,2	0,41	-	-	594	603	-
1.3.1-B-08	2	8	200	90	10	6	100	VH	24	80	200	444	13,4	1,00	0,86	0,96	848	860	x
1.3.1-B-09	2	8	200	90	10	6	100	VH	24	80	200	442	13,0	0,67	0,15	-	567	576	-
1.3.1-B-10	2	8	200	90	10	6	100	VH	24	80	200	428	13,5	0,80	0,72	0,61	669	679	x
1.3.1-B-11	2	8	200	90	10	6	100	VH	24	80	200	459	13,3	0,68	0,74	0,41	849	862	x
1.3.1-B-12	2	8	200	90	10	6	100	VH	24	80	200	471	13,3	0,82	0,79	0,70	933	948	x
1.3.1-B-13	2	8	200	90	10	6	100	VH	24	80	200	470	13,5	0,65	0,80	0,89	835	848	x
1.3.1-B-14	2	8	200	90	10	6	100	VH	24	80	200	453	13,6	0,79	0,51	0,13	908	922	-
1.3.1-B-15	2	8	200	90	10	6	100	VH	24	80	200	453	13,4	0,57	0,83	0,43	718	729	x
1.3.1-B-16	2	8	200	90	10	6	100	VH	24	80	200	454	13,3	0,93	0,38	0,49	1001	1016	x
Mittelwert												452	13,3				846	859	
Standardabweichung												13,7	0,21				109	111	
CoV in %												3,03	1,58				12,9	12,9	

Tabelle 8-18 — Einschraub-Spaltkraft-Versuche, Ergebnisse der Reihe 1.3.1-C

Versuch	Holzschraube			Versuchskonfiguration				Prüfkörper						ι für Messstelle			$F_{m,tot,n}$	$F_{m,tot,r}$	verw.
	Typ	d	ℓ	ε	U	n_{MSr}	$F_{Msr,p}$	Mat.	a	b	h	ρ	u	1/2	3/4	5/6	N	N	
		mm	mm	°	min⁻¹		N		mm	mm	mm	kg/m³	%						
1.3.1-C-01	3	8	200	90	10	6	100	VH	24	80	200	447	12,7	0,83	0,44	0,77	1456	1464	x
1.3.1-C-02	3	8	200	90	10	6	100	VH	24	80	200	443	13,0	0,64	0,65	0,64	1682	1690	x
1.3.1-C-03	3	8	200	90	10	6	100	VH	24	80	200	440	13,2	0,84	1,00	0,92	1566	1574	x
1.3.1-C-04	3	8	200	90	10	6	100	VH	24	80	200	437	13,2	0,57	0,42	0,75	1407	1414	x
1.3.1-C-05	3	8	200	90	10	6	100	VH	24	80	200	434	12,7	0,90	0,24	-	1522	1530	-
1.3.1-C-06	3	8	200	90	10	6	100	VH	24	80	200	436	12,8	0,64	0,71	0,96	1312	1319	x
1.3.1-C-07	3	8	200	90	10	6	100	VH	24	80	200	437	12,9	0,96	0,67	0,96	1289	1295	-
1.3.1-C-08	3	8	200	90	10	6	100	VH	24	80	200	436	13,1	0,93	0,50	0,52	1256	1262	x
1.3.1-C-09	3	8	200	90	10	6	100	VH	24	80	200	448	13,1	0,89	0,96	0,91	1522	1530	x
1.3.1-C-10	3	8	200	90	10	6	100	VH	24	80	200	445	13,0	0,90	0,75	0,81	1785	1794	x
1.3.1-C-11	3	8	200	90	10	6	100	VH	24	80	200	452	13,4	0,97	1,00	1,00	1076	1081	-
Mittelwert												442	13,0				1498	1506	
Standardabweichung												4,93	0,18				179	180	
CoV in %												1,12	1,38				11,9	12,0	

Tabelle 8-19 — Einschraub-Spaltkraft-Versuche, Ergebnisse der Reihe 1.3.2-A

Versuch	Holzschraube			Versuchskonfiguration				Prüfkörper						ι für Messstelle			$F_{m,tot,n}$	$F_{m,tot,r}$	verw.
	Typ	d	ℓ	ε	U	n_{MSr}	$F_{Msr,p}$	Mat.	a	b	h	ρ	u	1/2	3/4	5/6	N	N	
		mm	mm	°	min⁻¹		N		mm	mm	mm	kg/m³	%						
1.3.2-A-01	1	8	200	90	100	6	100	VH	24	80	200	435	13,0	0,74	0,50	0,86	1903	1992	x
1.3.2-A-02	1	8	200	90	100	6	100	VH	24	80	200	436	13,2	0,71	0,33	0,19	1732	1813	x
1.3.2-A-03	1	8	200	90	100	6	100	VH	24	80	200	440	13,2	0,26	-	-	1027	1076	-
1.3.2-A-04	1	8	200	90	100	6	100	VH	24	80	200	444	12,8	0,87	0,57	0,58	1458	1527	x
1.3.2-A-05	1	8	200	90	100	6	100	VH	24	80	200	443	13,0	0,79	0,04	-	1366	1430	-
1.3.2-A-06	1	8	200	90	100	6	100	VH	24	80	200	430	12,9	0,38	0,11	-	1685	1764	-
1.3.2-A-07	1	8	200	90	100	6	100	VH	24	80	200	450	13,1	0,83	0,52	0,44	1820	1906	x
1.3.2-A-08	1	8	200	90	100	6	100	VH	24	80	200	440	13,1	0,79	0,50	0,54	1803	1888	x
1.3.2-A-09	1	8	200	90	100	6	100	VH	24	80	200	450	13,1	0,74	0,07	-	1445	1513	-
1.3.2-A-10	1	8	200	90	100	6	100	VH	24	80	200	424	13,3	0,78	0,55	0,19	1848	1935	x
1.3.2-A-11	1	8	200	90	100	6	100	VH	24	80	200	450	13,0	1,00	0,41	0,10	1940	2031	-
1.3.2-A-12	1	8	200	90	100	6	100	VH	24	80	200	449	13,4	0,86	0,91	0,81	1363	1427	x
1.3.2-A-13	1	8	200	90	100	6	100	VH	24	80	200	449	13,3	0,71	0,58	0,32	1630	1707	x
1.3.2-A-14	1	8	200	90	100	6	100	VH	24	80	200	448	13,3	1,00	0,79	0,81	1467	1537	x
1.3.2-A-15	1	8	200	90	100	6	100	VH	24	80	200	443	13,3	0,77	0,91	0,95	1756	1838	x
Mittelwert												442	13,2				1678	1757	
Standardabweichung												8,27	0,18				188	197	
CoV in %												1,87	1,36				11,2	11,2	

Tabelle 8-20   Einschraub-Spaltkraft-Versuche, Ergebnisse der Reihe 1.3.2-B

| Versuch | Holzschraube | | | Versuchskonfiguration | | | | Prüfkörper | | | | | | ι für Messstelle | | | $F_{m,tot,n}$ | $F_{m,tot,r}$ | verw. |
| | Typ | d | ℓ | ε | U | n_{MSr} | $F_{Msr,p}$ | Mat. | a | b | h | ρ | u | 1/2 | 3/4 | 5/6 | N | N | |
		mm	mm	°	min^{-1}		N		mm	mm	mm	kg/m³	%						
1.3.2-B-01	2	8	200	90	100	6	100	VH	24	80	200	442	12,4	0,65	0,43	0,26	690	700	x
1.3.2-B-02	2	8	200	90	100	6	100	VH	24	80	200	438	12,7	0,65	0,42	0,33	671	681	x
1.3.2-B-03	2	8	200	90	100	6	100	VH	24	80	200	470	15,3	0,35	-	-	132	134	-
1.3.2-B-04	2	8	200	90	100	6	100	VH	24	80	200	439	12,5	0,66	0,12	-	479	486	-
1.3.2-B-05	2	8	200	90	100	6	100	VH	24	80	200	437	12,6	0,97	0,28	0,05	787	799	-
1.3.2-B-06	2	8	200	90	100	6	100	VH	24	80	200	460	12,8	0,96	0,96	0,83	1046	1062	x
1.3.2-B-07	2	8	200	90	100	6	100	VH	24	80	200	445	12,9	-	-	-	449	456	-
1.3.2-B-08	2	8	200	90	100	6	100	VH	24	80	200	443	12,6	0,30	0,35	0,31	877	890	x
1.3.2-B-09	2	8	200	90	100	6	100	VH	24	80	200	435	13,0	0,53	0,17	0,12	757	768	-
1.3.2-B-10	2	8	200	90	100	6	100	VH	24	80	200	419	12,6	0,51	0,20	0,08	714	725	-
1.3.2-B-11	2	8	200	90	100	6	100	VH	24	80	200	452	13,4	0,96	0,79	1,00	913	927	x
1.3.2-B-12	2	8	200	90	100	6	100	VH	24	80	200	469	13,4	0,80	0,86	0,78	1148	1165	x
1.3.2-B-13	2	8	200	90	100	6	100	VH	24	80	200	450	13,4	0,84	0,90	0,55	1160	1178	x
1.3.2-B-14	2	8	200	90	100	6	100	VH	24	80	200	474	13,4	0,89	0,74	0,88	1101	1118	x
1.3.2-B-15	2	8	200	90	100	6	100	VH	24	80	200	449	13,3	1,00	0,96	0,93	959	974	x
1.3.2-B-16	2	8	200	90	100	6	100	VH	24	80	200	457	12,5	0,93	0,46	0,43	1105	1122	x
Mittelwert												453	13,0				967	982	
Standardabweichung												11,7	0,43				179	182	
CoV in %												2,58	3,31				18,5	18,5	

Tabelle 8-21   Einschraub-Spaltkraft-Versuche, Ergebnisse der Reihe 1.3.2-C

| Versuch | Holzschraube | | | Versuchskonfiguration | | | | Prüfkörper | | | | | | ι für Messstelle | | | $F_{m,tot,n}$ | $F_{m,tot,r}$ | verw. |
| | Typ | d | ℓ | ε | U | n_{MSr} | $F_{Msr,p}$ | Mat. | a | b | h | ρ | u | 1/2 | 3/4 | 5/6 | N | N | |
		mm	mm	°	min^{-1}		N		mm	mm	mm	kg/m³	%						
1.3.2-C-01	3	8	200	90	100	6	100	VH	24	80	200	445	12,6	0,65	0,77	0,80	1852	1861	x
1.3.2-C-02	3	8	200	90	100	6	100	VH	24	80	200	447	13,1	0,76	0,83	0,96	2003	2013	x
1.3.2-C-03	3	8	200	90	100	6	100	VH	24	80	200	446	13,4	0,65	0,80	0,95	-	-	-
1.3.2-C-04	3	8	200	90	100	6	100	VH	24	80	200	445	13,3	0,76	0,66	0,83	2019	2029	x
1.3.2-C-05	3	8	200	90	100	6	100	VH	24	80	200	441	13,2	0,59	0,11	-	1774	1783	-
1.3.2-C-06	3	8	200	90	100	6	100	VH	24	80	200	442	13,0	0,75	0,96	0,87	1759	1768	x
1.3.2-C-07	3	8	200	90	100	6	100	VH	24	80	200	439	13,4	0,81	0,70	0,83	1902	1911	x
1.3.2-C-08	3	8	200	90	100	6	100	VH	24	80	200	435	12,2	0,93	0,78	0,96	1817	1826	x
1.3.2-C-09	3	8	200	90	100	6	100	VH	24	80	200	451	13,3	0,96	0,53	0,91	1660	1668	x
1.3.2-C-10	3	8	200	90	100	6	100	VH	24	80	200	447	13,4	0,96	0,92	1,00	1490	1497	x
1.3.2-C-11	3	8	200	90	100	6	100	VH	24	80	200	473	13,7	0,96	0,78	0,88	1413	1420	x
Mittelwert												447	13,1				1768	1777	
Standardabweichung												10,8	0,46				212	213	
CoV in %												2,42	3,51				12,0	12,0	

Tabelle 8-22   Einschraub-Spaltkraft-Versuche, Ergebnisse der Reihe 1.4.1-A

Versuch	Holzschraube			Versuchskonfiguration				Mat.	Prüfkörper					ι für Messstelle			$F_{m,tot,n}$	$F_{m,tot,r}$	verw.
	Typ	d	ℓ	ε	U	n_{MSr}	$F_{Msr,p}$		a	b	h	ρ	u	1/2	3/4	5/6	N	N	
		mm	mm	°	min⁻¹		N		mm	mm	mm	kg/m³	%						
1.4.1-A-01	1	8	200	90	50	6	75	VH	24	80	200	410	13,1	0,59	0,67	0,52	1139	1193	x
1.4.1-A-02	1	8	200	90	50	6	75	VH	24	80	200	408	13,3	1,00	0,96	0,95	1450	1518	x
1.4.1-A-03	1	8	200	90	50	6	75	VH	24	80	200	422	13,6	0,87	0,41	0,43	1888	1976	x
1.4.1-A-04	1	8	200	90	50	6	75	VH	24	80	200	405	13,2	0,96	0,34	0,10	1210	1267	-
1.4.1-A-05	1	8	200	90	50	6	75	VH	24	80	200	413	13,6	0,86	0,63	0,45	1302	1363	x
1.4.1-A-06	1	8	200	90	50	6	75	VH	24	80	200	409	13,5	0,91	0,61	0,28	1228	1286	x
1.4.1-A-07	1	8	200	90	50	6	75	VH	24	80	200	408	13,2	0,76	0,73	0,60	1365	1429	x
1.4.1-A-08	1	8	200	90	50	6	75	VH	24	80	200	439	13,1	0,69	0,50	0,91	1651	1729	x
1.4.1-A-09	1	8	200	90	50	6	75	VH	24	80	200	431	13,6	0,31	0,57	0,54	1364	1428	x
1.4.1-A-10	1	8	200	90	50	6	75	VH	24	80	200	424	13,4	0,83	0,69	0,75	1584	1658	x
1.4.1-A-11	1	8	200	90	50	6	75	VH	24	80	200	409	12,9	0,92	0,68	0,45	957	1002	x
1.4.1-A-12	1	8	200	90	50	6	75	VH	24	80	200	410	13,2	0,91	0,45	0,28	1556	1629	x
Mittelwert												417	13,3				1408	1474	
Standardabweichung												10,8	0,24				258	270	
CoV in %												2,59	1,80				18,3	18,3	

Tabelle 8-23   Einschraub-Spaltkraft-Versuche, Ergebnisse der Reihe 1.4.1-B

Versuch	Holzschraube			Versuchskonfiguration				Mat.	Prüfkörper					ι für Messstelle			$F_{m,tot,n}$	$F_{m,tot,r}$	verw.
	Typ	d	ℓ	ε	U	n_{MSr}	$F_{Msr,p}$		a	b	h	ρ	u	1/2	3/4	5/6	N	N	
		mm	mm	°	min⁻¹		N		mm	mm	mm	kg/m³	%						
1.4.1-B-01	2	8	200	90	50	6	75	VH	24	80	200	405	12,7	0,71	0,73	0,47	664	674	-
1.4.1-B-02	2	8	200	90	50	6	75	VH	24	80	200	406	12,8	0,93	0,87	0,89	937	951	x
1.4.1-B-03	2	8	200	90	50	6	75	VH	24	80	200	417	13,2	0,96	0,96	0,77	977	992	x
1.4.1-B-04	2	8	200	90	50	6	75	VH	24	80	200	423	13,0	0,96	0,63	0,61	782	794	x
1.4.1-B-05	2	8	200	90	50	6	75	VH	24	80	200	400	13,0	1,00	0,77	0,88	873	886	x
1.4.1-B-06	2	8	200	90	50	6	75	VH	24	80	200	419	12,9	0,74	0,86	0,89	1004	1019	x
1.4.1-B-07	2	8	200	90	50	6	75	VH	24	80	200	391	12,9	0,94	0,49	0,23	765	776	-
1.4.1-B-08	2	8	200	90	50	6	75	VH	24	80	200	412	11,8	0,84	0,57	0,29	966	981	x
1.4.1-B-09	2	8	200	90	50	6	75	VH	24	80	200	418	13,4	0,83	0,67	0,91	1010	1026	x
1.4.1-B-10	2	8	200	90	50	6	75	VH	24	80	200	419	13,0	0,50	0,93	0,56	1070	1086	x
1.4.1-B-11	2	8	200	90	50	6	75	VH	24	80	200	399	13,1	0,86	0,73	0,83	741	752	x
1.4.1-B-12	2	8	200	90	50	6	75	VH	24	80	200	411	13,0	0,89	0,97	0,79	787	799	x
Mittelwert												412	12,9				915	929	
Standardabweichung												8,36	0,43				113	114	
CoV in %												2,03	3,33				12,3	12,3	

Tabelle 8-24   Einschraub-Spaltkraft-Versuche, Ergebnisse der Reihe 1.4.2-A

Versuch	Holzschraube			Versuchskonfiguration				Prüfkörper						ι für Messstelle			$F_{m,tot,n}$	$F_{m,tot,r}$	verw.
	Typ	d mm	ℓ mm	ε °	U min^{-1}	n_{MSr}	$F_{Msr,p}$ N	Mat.	a mm	b mm	h mm	ρ kg/m³	u %	1/2	3/4	5/6	N	N	
1.4.2-A-01	1	8	200	90	50	6	150	VH	24	80	200	441	12,5	0,48	0,14	-	1183	1239	-
1.4.2-A-02	1	8	200	90	50	6	150	VH	24	80	200	396	13,2	0,45	0,18	0,30	1196	1253	x
1.4.2-A-03	1	8	200	90	50	6	150	VH	24	80	200	413	13,4	0,67	0,34	0,30	1368	1433	x
1.4.2-A-04	1	8	200	90	50	6	150	VH	24	80	200	404	13,7	0,83	0,77	0,68	1471	1540	x
1.4.2-A-05	1	8	200	90	50	6	150	VH	24	80	200	403	13,5	0,52	0,70	0,91	1215	1272	x
1.4.2-A-06	1	8	200	90	50	6	150	VH	24	80	200	401	13,5	0,52	0,38	0,29	1179	1234	x
1.4.2-A-07	1	8	200	90	50	6	150	VH	24	80	200	401	13,4	0,96	0,48	0,10	1106	1158	-
1.4.2-A-08	1	8	200	90	50	6	150	VH	24	80	200	428	13,9	0,96	0,34	0,19	1272	1332	x
1.4.2-A-09	1	8	200	90	50	6	150	VH	24	80	200	407	13,7	0,64	0,55	0,22	1233	1291	x
1.4.2-A-10	1	8	200	90	50	6	150	VH	24	80	200	431	13,7	0,70	0,66	0,38	1662	1740	x
1.4.2-A-11	1	8	200	90	50	6	150	VH	24	80	200	430	13,5	0,91	0,75	0,79	1097	1149	x
1.4.2-A-12	1	8	200	90	50	6	150	VH	24	80	200	418	13,3	0,77	0,74	0,79	940	984	x
Mittelwert												413	13,5				1263	1323	
Standard-abweichung												13,0	0,21				200	209	
CoV in %												3,15	1,56				15,8	15,8	

Tabelle 8-25   Einschraub-Spaltkraft-Versuche, Ergebnisse der Reihe 1.4.2-B

Versuch	Holzschraube			Versuchskonfiguration				Prüfkörper						ι für Messstelle			$F_{m,tot,n}$	$F_{m,tot,r}$	verw.
	Typ	d mm	ℓ mm	ε °	U min^{-1}	n_{MSr}	$F_{Msr,p}$ N	Mat.	a mm	b mm	h mm	ρ kg/m³	u %	1/2	3/4	5/6	N	N	
1.4.2-B-01	2	8	200	90	50	6	150	VH	24	80	200	419	13,1	0,75	0,90	0,96	679	689	x
1.4.2-B-02	2	8	200	90	50	6	150	VH	24	80	200	407	13,2	0,75	0,31	0,12	658	668	-
1.4.2-B-03	2	8	200	90	50	6	150	VH	24	80	200	419	13,6	0,90	0,33	0,22	768	779	x
1.4.2-B-04	2	8	200	90	50	6	150	VH	24	80	200	395	13,3	0,79	0,60	0,37	519	527	x
1.4.2-B-05	2	8	200	90	50	6	150	VH	24	80	200	410	13,5	0,56	0,63	1,00	724	735	x
1.4.2-B-06	2	8	200	90	50	6	150	VH	24	80	200	411	13,2	0,87	0,96	0,61	672	682	x
1.4.2-B-07	2	8	200	90	50	6	150	VH	24	80	200	397	13,6	0,51	0,15	-	395	401	-
1.4.2-B-08	2	8	200	90	50	6	150	VH	24	80	200	423	13,4	0,97	0,86	0,59	680	690	x
1.4.2-B-09	2	8	200	90	50	6	150	VH	24	80	200	414	13,6	0,87	0,63	0,38	701	712	x
1.4.2-B-10	2	8	200	90	50	6	150	VH	24	80	200	420	13,5	0,54	0,59	0,58	543	551	x
1.4.2-B-11	2	8	200	90	50	6	150	VH	24	80	200	411	13,4	0,81	0,51	0,46	581	589	x
1.4.2-B-12	2	8	200	90	50	6	150	VH	24	80	200	408	13,4	0,86	0,90	0,89	653	663	x
Mittelwert												413	13,4				652	662	
Standard-abweichung												8,08	0,16				80,0	81,2	
CoV in %												1,96	1,19				12,3	12,3	

Tabelle 8-26 Einschraub-Spaltkraft-Versuche, Ergebnisse der Reihe 1.5.1-A

Versuch	Holzschraube			Versuchskonfiguration				Prüfkörper						ι für Messstelle			$F_{m,tot,n}$	$F_{m,tot,r}$	verw.
	Typ	d mm	ℓ mm	ε °	U min⁻¹	n_{MSr}	$F_{Msr,p}$ N	Mat.	a mm	b mm	h mm	ρ kg/m³	u %	1/2	3/4	5/6	N	N	
1.5.1-A-01	1	8	240	90	50	6	100	VH	24	80	240	464	-	-	-	-	-	-	-
1.5.1-A-02	1	8	240	90	50	6	100	VH	24	80	240	473	14,0	0,95	0,55	0,58	1661	1675	x
1.5.1-A-03	1	8	240	90	50	6	100	VH	24	80	240	466	14,0	0,83	0,92	0,82	1539	1552	x
1.5.1-A-04	1	8	240	90	50	6	100	VH	24	80	240	465	14,2	0,83	1,00	0,91	1429	1441	x
1.5.1-A-05	1	8	240	90	50	6	100	VH	24	80	240	472	13,8	0,86	0,05	0,33	1641	1654	x
1.5.1-A-06	1	8	240	90	50	6	100	VH	24	80	240	481	13,6	0,58	0,42	0,65	1785	1800	x
1.5.1-A-07	1	8	240	90	50	6	100	VH	24	80	240	491	-	-	-	-	-	-	-
1.5.1-A-08	1	8	240	90	50	6	100	VH	24	80	240	473	13,7	0,83	1,00	0,90	1625	1639	x
1.5.1-A -09	1	8	240	90	50	6	100	VH	24	80	240	478	13,8	0,58	0,57	0,90	1890	1906	x
1.5.1-A-10	1	8	240	90	50	6	100	VH	24	80	240	481	13,8	0,24	-	-	998	1006	-
1.5.1-A -11	1	8	240	90	50	6	100	VH	24	80	240	465	11,5	0,74	0,81	0,95	1487	1499	x
1.5.1-A-12	1	8	240	90	50	6	100	VH	24	80	240	468	13,3	0,37	0,91	0,30	1794	1809	x
Mittelwert												471	13,5				1650	1664	
Standardabweichung												5,74	0,81				152	153	
CoV in %												1,22	6,00				9,21	9,19	

Tabelle 8-27 Einschraub-Spaltkraft-Versuche, Ergebnisse der Reihe 1.5.1-B

Versuch	Holzschraube			Versuchskonfiguration				Prüfkörper						ι für Messstelle			$F_{m,tot,n}$	$F_{m,tot,r}$	verw.
	Typ	d mm	ℓ mm	ε °	U min⁻¹	n_{MSr}	$F_{Msr,p}$ N	Mat.	a mm	b mm	h mm	ρ kg/m³	u %	1/2	3/4	5/6	N	N	
1.5.1-B-01	2	8	240	90	50	6	100	VH	24	80	240	469	-	-	-	-	-	-	-
1.5.1-B-02	2	8	240	90	50	6	100	VH	24	80	240	471	13,7	0,79	0,81	0,72	906	917	x
1.5.1-B-03	2	8	240	90	50	6	100	VH	24	80	240	469	14,0	0,89	0,89	0,96	839	850	x
1.5.1-B-04	2	8	240	90	50	6	100	VH	24	80	240	463	14,2	0,55	0,65	1,00	912	924	x
1.5.1-B-05	2	8	240	90	50	6	100	VH	24	80	240	465	13,9	0,93	0,67	0,43	836	847	x
1.5.1-B-06	2	8	240	90	50	6	100	VH	24	80	240	466	13,6	0,75	0,73	0,88	1117	1131	x
1.5.1-B-07	2	8	240	90	50	6	100	VH	24	80	240	496	13,4	0,75	0,79	0,70	949	961	x
1.5.1-B-08	2	8	240	90	50	6	100	VH	24	80	240	469	13,6	0,88	0,51	0,50	940	952	x
1.5.1-B-09	2	8	240	90	50	6	100	VH	24	80	240	464	13,7	1,00	0,68	0,77	789	799	x
1.5.1-B-10	2	8	240	90	50	6	100	VH	24	80	240	491	-	0,80	0,62	0,56	738	747	x
1.5.1-B-11	2	8	240	90	50	6	100	VH	24	80	240	469	13,7	0,22	0,19	-	700	709	-
Mittelwert												473	13,8				892	903	
Standardabweichung												12,2	0,26				110	112	
CoV in %												2,58	1,88				12,3	12,4	

Tabelle 8-28 Einschraub-Spaltkraft-Versuche, Ergebnisse der Reihe 1.5.2-A

Versuch	Holzschraube			Versuchskonfiguration				Prüfkörper						ι für Messstelle			$F_{m,tot,n}$	$F_{m,tot,r}$	verw.
	Typ	d mm	ℓ mm	ε °	U min^{-1}	n_{MSr}	$F_{Msr,p}$ N	Mat.	a mm	b mm	h mm	ρ kg/m³	u %	1/2	3/4	5/6	N	N	
1.5.2-A-01	1	8	300	90	50	6	100	VH	24	80	300	460	11,7	1,00	0,80	0,48	2440	2448	-
1.5.2-A-02	1	8	300	90	50	6	100	VH	24	80	300	463	11,7	0,53	0,96	1,00	1975	1981	-
1.5.2-A-03	1	8	300	90	50	6	100	VH	24	80	300	455	11,5	0,27	0,63	1,00	2418	2427	x
1.5.2-A-04	1	8	300	90	50	6	100	VH	24	80	300	456	11,7	0,72	0,62	0,07	2138	2145	x
1.5.2-A-05	1	8	300	90	50	6	100	VH	24	80	300	489	11,8	0,95	0,91	0,54	2238	2245	x
1.5.2-A-06	1	8	300	90	50	6	100	VH	24	80	300	469	11,8	0,83	1,00	0,65	2460	2468	x
1.5.2-A-07	1	8	300	90	50	6	100	VH	24	80	300	481	11,8	0,74	0,37	0,70	2381	2389	x
1.5.2-A-08	1	8	300	90	50	6	100	VH	24	80	300	450	12,3	0,62	0,91	0,18	1931	1937	x
1.5.2-A-09	1	8	300	90	50	6	100	VH	24	80	300	439	12,4	0,91	0,43	0,30	1722	1728	x
1.5.2-A-10	1	8	300	90	50	6	100	VH	24	80	300	438	12,1	0,43	1,00	0,45	2045	2051	x
Mittelwert												460	11,9				2167	2174	
Standardabweichung												18,6	0,31				259	260	
CoV in %												4,04	2,61				12,0	12,0	

Tabelle 8-29 Einschraub-Spaltkraft-Versuche, Ergebnisse der Reihe 1.5.2-B

Versuch	Holzschraube			Versuchskonfiguration				Prüfkörper						ι für Messstelle			$F_{m,tot,n}$	$F_{m,tot,r}$	verw.
	Typ	d mm	ℓ mm	ε °	U min^{-1}	n_{MSr}	$F_{Msr,p}$ N	Mat.	a mm	b mm	h mm	ρ kg/m³	u %	1/2	3/4	5/6	N	N	
1.5.2-B-01	2	8	300	90	50	6	100	VH	24	80	300	444	11,6	0,83	0,96	0,73	1456	1476	x
1.5.2-B-02	2	8	300	90	50	6	100	VH	24	80	300	451	11,7	0,90	0,86	0,81	1385	1404	x
1.5.2-B-03	2	8	300	90	50	6	100	VH	24	80	300	469	11,4	0,33	0,82	0,64	1448	1468	x
1.5.2-B-04	2	8	300	90	50	6	100	VH	24	80	300	466	11,7	0,67	0,92	0,64	1562	1583	x
1.5.2-B-05	2	8	300	90	50	6	100	VH	24	80	300	495	11,8	0,76	0,89	0,74	1423	1442	x
1.5.2-B-06	2	8	300	90	50	6	100	VH	24	80	300	476	11,9	0,85	0,88	0,88	1302	1320	x
1.5.2-B-07	2	8	300	90	50	6	100	VH	24	80	300	468	11,9	0,96	0,92	0,88	1289	1306	x
1.5.2-B-08	2	8	300	90	50	6	100	VH	24	80	300	436	12,3	0,67	0,33	0,21	945	958	-
1.5.2-B-09	2	8	300	90	50	6	100	VH	24	80	300	442	12,3	0,14	0,59	0,81	1554	1575	-
1.5.2-B-10	2	8	300	90	50	6	100	VH	24	80	300	437	12,3	-	-	-	946	959	-
Mittelwert												467	11,7				1409	1428	
Standardabweichung												16,6	0,18				94,7	96,0	
CoV in %												3,55	1,54				6,72	6,72	

Tabelle 8-30 Einschraub-Spaltkraft-Versuche, Ergebnisse der Reihe 1.5.3-C

Versuch	Holzschraube			Versuchskonfiguration				Prüfkörper						ι für Messstelle			$F_{m,tot,n}$	$F_{m,tot,r}$	verw.
	Typ	d	ℓ	ε	U	n_{MSr}	$F_{Msr,p}$	Mat.	a	b	h	ρ	u	1/2	3/4	5/6	N	N	
		mm	mm	°	min^{-1}		N		mm	mm	mm	kg/m³	%						
1.5.3-C-01	3	8	280	90	50	6	100	VH	24	80	240	466	-	-	-	-	-	-	-
1.5.3-C-02	3	8	280	90	50	6	100	VH	24	80	240	469	13,9	0,88	0,97	0,81	1890	1897	x
1.5.3-C-03	3	8	280	90	50	6	100	VH	24	80	240	468	14,1	0,93	0,80	0,92	1533	1539	x
1.5.3-C-04	3	8	280	90	50	6	100	VH	24	80	240	479	14,4	0,88	0,85	0,92	1439	1444	x
1.5.3-C-05	3	8	280	90	50	6	100	VH	24	80	240	471	14,1	0,94	0,88	0,92	1497	1502	x
1.5.3-C-06	3	8	280	90	50	6	100	VH	24	80	240	474	13,7	0,81	0,85	0,80	1902	1908	x
1.5.3-C-07	3	8	280	90	50	6	100	VH	24	80	240	498	13,6	0,83	0,76	0,88	2049	2057	-
1.5.3-C-08	3	8	280	90	50	6	100	VH	24	80	240	473	13,8	1,00	0,93	0,96	1385	1390	x
1.5.3-C-09	3	8	280	90	50	6	100	VH	24	80	240	486	13,9	0,81	0,74	1,00	1889	1896	x
1.5.3-C-10	3	8	280	90	50	6	100	VH	24	80	240	483	13,8	0,93	0,76	0,88	1787	1794	x
Mittelwert												475	14,0				1665	1671	
Standard-abweichung												6,61	0,23				223	223	
CoV in %												1,39	1,64				13,4	13,3	

Tabelle 8-31 Einschraub-Spaltkraft-Versuche, Ergebnisse der Reihe 1.5.4-C

Versuch	Holzschraube			Versuchskonfiguration				Prüfkörper						ι für Messstelle			$F_{m,tot,n}$	$F_{m,tot,r}$	verw.
	Typ	d	ℓ	ε	U	n_{MSr}	$F_{Msr,p}$	Mat.	a	b	h	ρ	u	1/2	3/4	5/6	N	N	
		mm	mm	°	min^{-1}		N		mm	mm	mm	kg/m³	%						
1.5.4-C-01	3	8	320	90	50	6	100	VH	24	80	320	454	12,0	1,00	0,96	1,00	1837	1837	x
1.5.4-C-02	3	8	320	90	50	6	100	VH	24	80	320	474	12,0	0,73	0,90	0,87	2006	2006	x
1.5.4-C-03	3	8	320	90	50	6	100	VH	24	80	320	469	11,9	0,81	0,87	0,96	1943	1943	x
1.5.4-C-04	3	8	320	90	50	6	100	VH	24	80	320	475	12,0	0,86	0,86	1,00	1737	1737	-
1.5.4-C-05	3	8	320	90	50	6	100	VH	24	80	320	500	11,8	0,64	0,83	1,00	2453	2453	-
1.5.4-C-06	3	8	320	90	50	6	100	VH	24	80	320	466	12,0	0,96	0,90	1,00	1644	1644	x
1.5.4-C-07	3	8	320	90	50	6	100	VH	24	80	320	464	11,8	0,77	0,83	0,95	1670	1670	x
1.5.4-C-08	3	8	320	90	50	6	100	VH	24	80	320	439	12,0	0,79	0,90	0,91	1841	1841	x
1.5.4-C-09	3	8	320	90	50	6	100	VH	24	80	320	451	11,9	0,93	0,93	0,91	1380	1380	x
1.5.4-C-10	3	8	320	90	50	6	100	VH	24	80	320	437	11,8	1,00	0,96	0,95	1805	1805	x
Mittelwert												457	11,9				1766	1766	
Standard-abweichung												13,8	0,09				198	198	
CoV in %												3,02	0,76				11,2	11,2	

Tabelle 8-32 Einschraub-Spaltkraft-Versuche, Ergebnisse der Reihe 1.6.1-B

Versuch	Holzschraube			Versuchskonfiguration				Mat.	Prüfkörper					ι für Messstelle			$F_{m,tot,n}$	$F_{m,tot,r}$	verw.
	Typ	d	ℓ	ε	U	n_{MSr}	$F_{Msr,p}$		a	b	h	ρ	u	1/2	3/4	5/6	N	N	
		mm	mm	°	min⁻¹		N		mm	mm	mm	kg/m³	%						
1.6.1-B-01	2	6	200	90	50	6	100	VH	24	80	200	451	13,7	1,00	0,78	0,82	857	874	x
1.6.1-B-02	2	6	200	90	50	6	100	VH	24	80	200	442	13,8	0,82	0,35	0,38	729	744	x
1.6.1-B-03	2	6	200	90	50	6	100	VH	24	80	200	467	14,0	0,48	0,60	0,94	687	701	x
1.6.1-B-04	2	6	200	90	50	6	100	VH	24	80	200	400	-	-	-	-	-	-	-
1.6.1-B-05	2	6	200	90	50	6	100	VH	24	80	200	421	13,4	0,88	0,48	1,00	813	830	-
1.6.1-B-06	2	6	200	90	50	6	100	VH	24	80	200	491	13,3	0,78	0,30	0,26	1011	1032	-
Mittelwert												453	13,8				758	773	
Standard-abweichung												12,7	0,15				88,6	90,1	
CoV in %												2,80	1,09				11,7	11,7	

Tabelle 8-33 Einschraub-Spaltkraft-Versuche, Ergebnisse der Reihe 1.6.1-C

Versuch	Holzschraube			Versuchskonfiguration				Mat.	Prüfkörper					ι für Messstelle			$F_{m,tot,n}$	$F_{m,tot,r}$	verw.
	Typ	d	ℓ	ε	U	n_{MSr}	$F_{Msr,p}$		a	b	h	ρ	u	1/2	3/4	5/6	N	N	
		mm	mm	°	min⁻¹		N		mm	mm	mm	kg/m³	%						
1.6.1-C-01	3	6	180	90	50	6	100	VH	24	80	180	429	13,5	0,90	1,00	0,95	655	655	x
1.6.1-C-02	3	6	180	90	50	6	100	VH	24	80	180	425	13,9	0,81	0,95	0,95	669	669	x
1.6.1-C-03	3	6	180	90	50	6	100	VH	24	80	180	422	13,8	0,95	0,56	0,67	692	692	x
1.6.1-C-04	3	6	180	90	50	6	100	VH	24	80	180	466	14,0	0,90	0,73	1,00	1189	1189	-
1.6.1-C-05	3	6	180	90	50	6	100	VH	24	80	180	421	13,4	0,63	0,67	0,94	797	797	x
1.6.1-C-06	3	6	180	90	50	6	100	VH	24	80	180	471	13,5	0,86	0,95	1,00	883	883	x
Mittelwert												434	13,6				739	739	
Standard-abweichung												21,1	0,22				97,8	97,8	
CoV in %												4,86	1,62				13,2	13,2	

Tabelle 8-34   Einschraub-Spaltkraft-Versuche, Ergebnisse der Reihe 1.6.2-B

Versuch	Holzschraube			Versuchskonfiguration				Prüfkörper						ι für Messstelle			$F_{m,tot,n}$	$F_{m,tot,r}$	verw.
	Typ	d mm	ℓ mm	ε °	U min⁻¹	n_{MSr}	$F_{Msr,p}$ N	Mat.	a mm	b mm	h mm	ρ kg/m³	u %	1/2	3/4	5/6	N	N	
1.6.2-B-01	2	6	200	90	50	6	100	VH	18	60	200	452	14,0	-	0,29	0,36	543	554	-
1.6.2-B-02	2	6	200	90	50	6	100	VH	18	60	200	477	13,8	0,67	0,84	0,47	835	852	x
1.6.2-B-03	2	6	200	90	50	6	100	VH	18	60	200	480	13,9	1,00	-	-	275	281	-
1.6.2-B-04	2	6	200	90	50	6	100	VH	18	60	200	409	13,6	0,80	0,95	0,93	754	769	x
1.6.2-B-05	2	6	200	90	50	6	100	VH	18	60	200	416	13,8	0,44	0,94	0,55	709	724	x
1.6.2-B-06	2	6	200	90	50	6	100	VH	18	60	200	473	13,4	0,21	-	-	609	622	-
Mittelwert												434	13,7				766	782	
Standardabweichung												37,4	0,12				63,9	64,9	
CoV in %												8,62	0,88				8,34	8,30	

Tabelle 8-35   Einschraub-Spaltkraft-Versuche, Ergebnisse der Reihe 1.6.2-C

Versuch	Holzschraube			Versuchskonfiguration				Prüfkörper						ι für Messstelle			$F_{m,tot,n}$	$F_{m,tot,r}$	verw.
	Typ	d mm	ℓ mm	ε °	U min⁻¹	n_{MSr}	$F_{Msr,p}$ N	Mat.	a mm	b mm	h mm	ρ kg/m³	u %	1/2	3/4	5/6	N	N	
1.6.2-C-01	3	6	180	90	50	6	100	VH	18	60	180	439	14,1	0,85	1,00	0,76	913	913	x
1.6.2-C-02	3	6	180	90	50	6	100	VH	18	60	180	433	13,8	0,67	0,86	0,94	635	635	-
1.6.2-C-03	3	6	180	90	50	6	100	VH	18	60	180	443	13,9	0,65	0,12	0,81	604	604	x
1.6.2-C-04	3	6	180	90	50	6	100	VH	18	60	180	462	14,1	0,56	0,90	0,88	1186	1186	x
1.6.2-C-05	3	6	180	90	50	6	100	VH	18	60	180	473	13,9	0,56	0,90	0,83	1020	1020	x
1.6.2-C-06	3	6	180	90	50	6	100	VH	18	60	180	480	13,3	0,29	1,00	0,89	893	893	x
Mittelwert												459	13,9				923	923	
Standardabweichung												18,0	0,33				213	213	
CoV in %												3,92	2,37				23,1	23,1	

Tabelle 8-36   Einschraub-Spaltkraft-Versuche, Ergebnisse der Reihe 1.6.3-A

Versuch	Holzschraube			Versuchskonfiguration				Mat.	Prüfkörper					ι für Messstelle			$F_{m,tot,n}$	$F_{m,tot,r}$	verw.
	Typ	d	ℓ	ε	U	n_{MSr}	$F_{Msr,p}$		a	b	h	ρ	u	1/2	3/4	5/6	N	N	
		mm	mm	°	min⁻¹		N		mm	mm	mm	kg/m³	%						
1.6.3-A-01	1	12	200	90	50	6	100	VH	24	80	200	448	13,4	0,73	0,89	0,71	1783	1801	x
1.6.3-A-02	1	12	200	90	50	6	100	VH	24	80	200	449	13,8	0,82	0,48	0,29	2817	2846	x
1.6.3-A-03	1	12	200	90	50	6	100	VH	24	80	200	469	13,9	0,34	0,47	0,94	2186	2208	x
1.6.3-A-04	1	12	200	90	50	6	100	VH	24	80	200	396	13,4	0,76	0,84	0,79	1655	1672	x
1.6.3-A-05	1	12	200	90	50	6	100	VH	24	80	200	428	13,2	0,94	0,42	0,19	2126	2148	-
1.6.3-A-06	1	12	200	90	50	6	100	VH	24	80	200	482	13,3	0,58	0,41	0,26	2956	2986	x
Mittelwert												449	13,6				2279	2303	
Standard-abweichung												32,8	0,27				590	596	
CoV in %												7,31	1,99				25,9	25,9	

Tabelle 8-37   Einschraub-Spaltkraft-Versuche, Ergebnisse der Reihe 1.6.3-C

Versuch	Holzschraube			Versuchskonfiguration				Mat.	Prüfkörper					ι für Messstelle			$F_{m,tot,n}$	$F_{m,tot,r}$	verw.
	Typ	d	ℓ	ε	U	n_{MSr}	$F_{Msr,p}$		a	b	h	ρ	u	1/2	3/4	5/6	N	N	
		mm	mm	°	min⁻¹		N		mm	mm	mm	kg/m³	%						
1.6.3-C-01	3	10	180	90	50	6	100	VH	24	80	180	425	13,8	0,91	0,97	0,97	1302	1310	-
1.6.3-C-02	3	10	180	90	50	6	100	VH	24	80	180	431	14,0	0,89	0,91	1,00	1648	1657	x
1.6.3-C-03	3	10	180	90	50	6	100	VH	24	80	180	454	13,7	0,94	0,81	0,88	1329	1336	x
1.6.3-C-04	3	10	180	90	50	6	100	VH	24	80	180	490	14,1	0,97	0,80	0,93	3044	3061	x
1.6.3-C-05	3	10	180	90	50	6	100	VH	24	80	180	407	13,4	0,91	0,94	1,00	1320	1327	x
1.6.3-C-06	3	10	180	90	50	6	100	VH	24	80	180	476	13,5	1,00	0,97	0,93	2145	2157	x
Mittelwert												452	13,7				1897	1908	
Standard-abweichung												33,5	0,30				724	728	
CoV in %												7,41	2,19				38,2	38,2	

Tabelle 8-38   Einschraub-Spaltkraft-Versuche, Ergebnisse der Reihe 1.6.4-A

Versuch	Holzschraube			Versuchskonfiguration				Prüfkörper						ι für Messstelle			$F_{m,tot,n}$	$F_{m,tot,r}$	verw.
	Typ	d mm	ℓ mm	ε °	U min^{-1}	n_{MSr}	$F_{Msr,p}$ N	Mat.	a mm	b mm	h mm	ρ kg/m³	u %	1/2	3/4	5/6	N	N	
1.6.4-A-01	1	12	200	90	50	6	100	VH	36	120	200	482	13,2	0,77	0,83	0,91	2593	2619	x
1.6.4-A-02	1	12	200	90	50	6	100	VH	36	120	200	486	13,4	0,62	0,81	0,93	2616	2642	-
1.6.4-A-03	1	12	200	90	50	6	100	VH	36	120	200	489	13,4	0,74	0,92	0,90	2243	2266	x
1.6.4-A-04	1	12	200	90	50	6	100	VH	36	120	200	496	13,3	0,78	0,67	1,00	2399	2423	x
1.6.4-A-05	1	12	200	90	50	6	100	VH	36	120	200	494	13,2	0,71	0,56	0,58	2106	2128	-
1.6.4-A-06	1	12	200	90	50	6	100	VH	36	120	200	491	13,1	0,97	0,93	0,93	2589	2615	x
Mittelwert												490	13,3				2456	2481	
Standardabweichung												5,80	0,13				168	170	
CoV in %												1,18	0,98				6,84	6,85	

Tabelle 8-39   Einschraub-Spaltkraft-Versuche, Ergebnisse der Reihe 1.6.4-C

Versuch	Holzschraube			Versuchskonfiguration				Prüfkörper						ι für Messstelle			$F_{m,tot,n}$	$F_{m,tot,r}$	verw.
	Typ	d mm	ℓ mm	ε °	U min^{-1}	n_{MSr}	$F_{Msr,p}$ N	Mat.	a mm	b mm	h mm	ρ kg/m³	u %	1/2	3/4	5/6	N	N	
1.6.4-C-01	3	10	180	90	50	6	100	VH	30	100	180	480	13,0	0,94	0,90	0,96	1852	1863	x
1.6.4-C-02	3	10	180	90	50	6	100	VH	30	100	180	469	13,5	0,96	0,60	0,81	1912	1923	x
1.6.4-C-03	3	10	180	90	50	6	100	VH	30	100	180	471	13,4	0,91	0,93	0,96	2140	2152	x
1.6.4-C-04	3	10	180	90	50	6	100	VH	30	100	180	479	13,5	0,81	0,72	0,90	1739	1749	x
1.6.4-C-05	3	10	180	90	50	6	100	VH	30	100	180	479	13,5	0,94	0,90	0,87	1756	1766	x
1.6.4-C-06	3	10	180	90	50	6	100	VH	30	100	180	476	13,5	0,73	0,94	0,97	2013	2024	x
Mittelwert												476	13,4				1902	1913	
Standardabweichung												4,63	0,20				155	155	
CoV in %												0,97	1,49				8,15	8,10	

Tabelle 8-40 Einschraub-Spaltkraft-Versuche, Ergebnisse der Reihe 1.7-D

Versuch	Holzschraube			Versuchskonfiguration				Prüfkörper						ι für Messstelle			$F_{m,tot,n}$	$F_{m,tot,r}$	verw.
	Typ	d mm	ℓ mm	ε °	U min^{-1}	n_{MSr}	$F_{Msr,p}$ N	Mat.	a mm	b mm	h mm	ρ kg/m³	u %	1/2	3/4	5/6	N	N	
1.7-D-01	4	8,2	190	90	50	6	100	VH	24	80	190	400	13,2	0,96	0,43	0,26	2903	2903	x
1.7-D-02	4	8,2	190	90	50	6	100	VH	24	80	190	403	13,4	0,66	0,96	0,72	3020	3020	x
1.7-D-03	4	8,2	190	90	50	6	100	VH	24	80	190	407	13,4	0,67	0,88	0,91	3069	3069	x
1.7-D-04	4	8,2	190	90	50	6	100	VH	24	80	190	406	13,6	0,83	0,37	0,12	3171	3171	x
1.7-D-05	4	8,2	190	90	50	6	100	VH	24	80	190	406	13,7	0,84	0,47	0,33	3049	3049	x
1.7-D-06	4	8,2	190	90	50	6	100	VH	24	80	190	405	13,7	0,82	0,23	-	3192	3192	-
1.7-D-07	4	8,2	190	90	50	6	100	VH	24	80	190	444	13,7	0,21	0,29	0,19	3075	3075	x
1.7-D-08	4	8,2	190	90	50	6	100	VH	24	80	190	434	13,7	0,29	0,18	0,21	2977	2977	-
1.7-D-09	4	8,2	190	90	50	6	100	VH	24	80	190	446	13,8	0,41	0,31	0,22	3623	3623	x
1.7-D-10	4	8,2	190	90	50	6	100	VH	24	80	190	498	13,8	0,67	0,73	0,82	4938	4938	-
Mittelwert												416	13,5				3130	3130	
Standard-abweichung												20,0	0,21				232	232	
CoV in %												4,81	1,56				7,41	7,41	

Tabelle 8-41   Einschraub-Spaltkraft-Versuche, Ergebnisse der Reihe 2.1.1-A

Versuch	Holzschraube			Versuchskonfiguration					Prüfkörper						ι für Messstelle				$F_{m,tot,n}$	$F_{m,tot,r}$	verw.
	Typ	d	ℓ	ε	U	n_{MSr}	$F_{Msr,p}$	γ	Mat.	d	b	h	ρ	u	1/2	3/4	5/6	7/8	N	N	
		mm	mm	°	min⁻¹		N	°		mm	mm	mm	kg/m³	%							
2.1.1-A-01	A	8	200	90	50	8	100	35	BSH	24	80	180	532	12,9	0,88	0,32	0,12	-	2169	2271	-
2.1.1-A-02	A	8	200	90	50	8	100	35	BSH	24	80	180	507	11,6	0,97	1,00	0,75	0,59	1626	1703	x
2.1.1-A-03	A	8	200	90	50	8	100	26	BSH	24	80	180	504	12,0	0,96	0,71	0,80	0,99	2412	2526	x
2.1.1-A-04	A	8	200	90	50	8	100	24	BSH	24	80	180	476	12,6	0,79	0,60	0,23	0,12	1607	1683	x
2.1.1-A-05	A	8	200	90	50	8	100	21	BSH	24	80	180	481	12,7	0,82	0,23	0,08	0,09	1517	1588	-
2.1.1-A-06	A	8	200	90	50	8	100	27	BSH	24	80	180	503	12,9	0,91	0,31	0,12	0,03	1513	1584	-
2.1.1-A-07	A	8	200	90	50	8	100	27	BSH	24	80	180	490	12,7	0,80	0,51	0,54	0,69	1828	1914	x
2.1.1-A-08	A	8	200	90	50	8	100	25	BSH	24	80	180	471	12,3	0,68	0,13	-	-	1582	1657	-
2.1.1-A-09	A	8	200	90	50	8	100	4	BSH	24	80	180	484	12,7	0,64	0,54	0,44	0,44	2072	2170	x
2.1.1-A-10	A	8	200	90	50	8	100	5	BSH	24	80	180	474	12,7	0,97	0,48	0,24	0,28	1669	1748	x
2.1.1-A-11	A	8	200	90	50	8	100	23	BSH	24	80	180	489	12,1	0,71	-	-	-	1482	1552	-
2.1.1-A-12	A	8	200	90	50	8	100	14	BSH	24	80	180	486	12,4	0,93	0,77	0,36	0,15	1986	2080	x
2.1.1-A-13	A	8	200	90	50	8	100	13	BSH	24	80	180	498	12,7	0,95	0,85	0,28	0,16	1684	1763	x
Mittelwert								19					490	12,4					1861	1948	
Standardabweichung													12,3	0,41					281	294	
CoV in %													2,51	3,31					15,1	15,1	

Tabelle 8-42   Einschraub-Spaltkraft-Versuche, Ergebnisse der Reihe 2.1.1-B

Versuch	Holzschraube			Versuchskonfiguration					Prüfkörper						ι für Messstelle				$F_{m,tot,n}$	$F_{m,tot,r}$	verw.
	Typ	d	ℓ	ε	U	n_{MSr}	$F_{Msr,p}$	γ	Mat.	d	b	h	ρ	u	1/2	3/4	5/6	7/8	N	N	
		mm	mm	°	min⁻¹		N	°		mm	mm	mm	kg/m³	%							
2.1.1-B-01	B	8	200	90	50	8	100	36	BSH	24	80	180	531	12,9	0,88	0,56	0,10	-	1558	1582	-
2.1.1-B-02	B	8	200	90	50	8	100	35	BSH	24	80	180	507	11,6	0,43	0,34	0,17	0,08	1121	1138	x
2.1.1-B-03	B	8	200	90	50	8	100	26	BSH	24	80	180	507	12,0	0,28	0,29	0,21	0,32	1378	1399	x
2.1.1-B-04	B	8	200	90	50	8	100	22	BSH	24	80	180	476	12,6	0,89	0,99	0,78	0,89	950	964	x
2.1.1-B-05	B	8	200	90	50	8	100	22	BSH	24	80	180	492	12,7	0,78	0,57	0,68	0,57	1093	1110	x
2.1.1-B-06	B	8	200	90	50	8	100	28	BSH	24	80	180	505	12,9	0,71	0,88	0,74	0,85	1085	1102	x
2.1.1-B-07	B	8	200	90	50	8	100	24	BSH	24	80	180	491	12,7	0,48	0,81	0,76	0,47	1223	1242	x
2.1.1-B-08	B	8	200	90	50	8	100	27	BSH	24	80	180	475	12,3	0,78	0,52	0,34	0,17	811	823	x
2.1.1-B-09	B	8	200	90	50	8	100	4	BSH	24	80	180	485	12,7	0,96	0,81	0,50	0,60	911	925	x
2.1.1-B-10	B	8	200	90	50	8	100	6	BSH	24	80	180	473	12,7	0,55	0,84	0,49	0,20	896	910	x
2.1.1-B-11	B	8	200	90	50	8	100	25	BSH	24	80	180	488	12,1	1,00	0,47	-	-	1061	1077	-
2.1.1-B-12	B	8	200	90	50	8	100	18	BSH	24	80	180	485	12,4	0,96	0,86	0,66	0,54	1241	1260	x
2.1.1-B-13	B	8	200	90	50	8	100	13	BSH	24	80	180	496	12,7	0,95	0,76	0,88	0,74	978	993	x
Mittelwert								20					490	12,5					1062	1079	
Standardabweichung													12,7	0,38					172	175	
CoV in %													2,59	3,04					16,2	16,2	

Tabelle 8-43 Einschraub-Spaltkraft-Versuche, Ergebnisse der Reihe 2.1.1-C

Versuch	Holzschraube			Versuchskonfiguration					Prüfkörper						ι für Messstelle				$F_{m,tot,n}$	$F_{m,tot,r}$	verw.
	Typ	d	ℓ	ε	U	n_{MSr}	$F_{Msr,p}$	γ	Mat.	d	b	h	ρ	u	1/2	3/4	5/6	7/8	N	N	
		mm	mm	°	min⁻¹		N	°		mm	mm	mm	kg/m³	%							
2.1.1-C-01	C	8	200	90	50	8	100	33	BSH	24	80	180	532	12,9	0,99	0,31	-	-	1488	1495	-
2.1.1-C-02	C	8	200	90	50	8	100	36	BSH	24	80	180	505	11,6	0,68	0,86	0,95	0,62	1725	1734	x
2.1.1-C-03	C	8	200	90	50	8	100	27	BSH	24	80	180	507	12,0	0,59	0,95	0,71	0,94	2470	2482	x
2.1.1-C-04	C	8	200	90	50	8	100	26	BSH	24	80	180	478	12,6	0,94	0,90	0,69	0,77	1505	1513	x
2.1.1-C-05	C	8	200	90	50	8	100	24	BSH	24	80	180	500	12,7	0,98	0,84	0,61	0,21	1821	1830	x
2.1.1-C-06	C	8	200	90	50	8	100	26	BSH	24	80	180	505	12,9	0,99	0,86	0,91	0,98	2162	2173	x
2.1.1-C-07	C	8	200	90	50	8	100	24	BSH	24	80	180	490	12,7	0,92	0,92	0,82	0,94	1859	1868	x
2.1.1-C-08	C	8	200	90	50	8	100	28	BSH	24	80	180	478	12,3	0,74	0,77	0,87	0,93	2329	2341	x
2.1.1-C-09	C	8	200	90	50	8	100	6	BSH	24	80	180	484	12,7	0,73	0,80	0,77	0,95	1827	1836	x
2.1.1-C-10	C	8	200	90	50	8	100	3	BSH	24	80	180	471	12,7	0,23	0,44	0,90	0,75	1765	1774	x
2.1.1-C-11	C	8	200	90	50	8	100	26	BSH	24	80	180	486	12,1	0,89	0,46	-	-	1761	1770	-
2.1.1-C-12	C	8	200	90	50	8	100	17	BSH	24	80	180	483	12,4	0,58	0,93	0,83	0,32	2042	2052	x
2.1.1-C-13	C	8	200	90	50	8	100	11	BSH	24	80	180	493	12,7	0,81	0,74	0,65	0,84	1991	2001	x
Mittelwert								21					490	12,5					1954	1964	
Standardabweichung													12,6	0,38					281	283	
CoV in %													2,57	3,04					14,4	14,4	

Tabelle 8-44 Einschraub-Spaltkraft-Versuche, Ergebnisse der Reihe 2.1.2-A

Versuch	Holzschraube			Versuchskonfiguration					Prüfkörper						ι für Messstelle				$F_{m,tot,n}$	$F_{m,tot,r}$	verw.
	Typ	d	ℓ	ε	U	n_{MSr}	$F_{Msr,p}$	γ	Mat.	d	b	h	ρ	u	1/2	3/4	5/6	7/8	N	N	
		mm	mm	°	min⁻¹		N	°		mm	mm	mm	kg/m³	%							
2.1.2-A-01	A	8	200	90	50	8	100	88	BSH	24	80	180	499	12,0	0,94	0,84	0,88	0,80	2606	2729	x
2.1.2-A-02	A	8	200	90	50	8	100	82	BSH	24	80	180	509	12,8	0,81	0,58	0,49	0,30	2351	2462	x
2.1.2-A-03	A	8	200	90	50	8	100	87	BSH	24	80	180	501	12,0	0,97	0,98	0,83	0,82	2345	2455	x
2.1.2-A-04	A	8	200	90	50	8	100	80	BSH	24	80	180	538	12,0	0,77	0,67	0,63	0,37	2669	2795	x
2.1.2-A-05	A	8	200	90	50	8	100	70	BSH	24	80	180	470	12,2	0,74	0,66	0,33	0,30	1668	1747	x
2.1.2-A-06	A	8	200	90	50	8	100	87	BSH	24	80	180	501	12,1	0,84	0,29	0,02	-	2245	2351	-
2.1.2-A-07	A	8	200	90	50	8	100	83	BSH	24	80	180	536	11,7	0,66	0,55	0,47	0,65	2784	2915	x
2.1.2-A-08	A	8	200	90	50	8	100	85	BSH	24	80	180	485	12,9	0,95	0,71	0,64	0,54	1961	2053	x
2.1.2-A-09	A	8	200	90	50	8	100	67	BSH	24	80	180	522	12,6	0,65	0,36	0,13	0,03	2465	2581	-
2.1.2-A-10	A	8	200	90	50	8	100	79	BSH	24	80	180	483	12,4	0,90	0,40	0,22	0,07	2185	2288	x
Mittelwert								82					503	12,3					2321	2431	
Standardabweichung													24,4	0,42					377	394	
CoV in %													4,85	3,41					16,2	16,2	

Tabelle 8-45 Einschraub-Spaltkraft-Versuche, Ergebnisse der Reihe 2.1.2-B

Versuch	Holzschraube			Versuchskonfiguration					Prüfkörper						ι für Messstelle				$F_{m,tot,n}$	$F_{m,tot,r}$	verw.
	Typ	d	ℓ	ε	U	n_{MSr}	$F_{Msr,p}$	γ	Mat.	d	b	h	ρ	u	1/2	3/4	5/6	7/8	N	N	
		mm	mm	°	min⁻¹		N	°		mm	mm	mm	kg/m³	%							
2.1.2-B-01	B	8	200	90	50	8	100	88	BSH	24	80	180	499	12,0	1,00	0,73	0,63	0,84	1280	1299	x
2.1.2-B-02	B	8	200	90	50	8	100	79	BSH	24	80	180	510	12,8	0,94	0,72	0,56	0,49	1363	1384	x
2.1.2-B-03	B	8	200	90	50	8	100	89	BSH	24	80	180	503	12,0	0,92	0,84	0,96	0,99	1253	1272	x
2.1.2-B-04	B	8	200	90	50	8	100	76	BSH	24	80	180	536	12,0	0,96	0,76	0,43	0,20	1788	1815	x
2.1.2-B-05	B	8	200	90	50	8	100	74	BSH	24	80	180	472	12,2	0,47	0,43	0,40	0,38	984	999	x
2.1.2-B-06	B	8	200	90	50	8	100	88	BSH	24	80	180	499	12,1	0,93	0,85	0,95	0,86	1417	1439	x
2.1.2-B-07	B	8	200	90	50	8	100	83	BSH	24	80	180	547	11,7	0,99	0,92	0,92	1,00	1549	1573	x
2.1.2-B-08	B	8	200	90	50	8	100	87	BSH	24	80	180	486	12,9	0,77	0,61	0,62	0,90	1442	1464	x
2.1.2-B-09	B	8	200	90	50	8	100	69	BSH	24	80	180	526	12,6	0,94	0,85	0,99	0,88	1441	1463	x
2.1.2-B-10	B	8	200	90	50	8	100	86	BSH	24	80	180	479	12,4	0,94	0,79	0,70	0,79	1060	1076	x
Mittelwert								82					506	12,3					1358	1378	
Standardabweichung													24,5	0,39					232	236	
CoV in %													4,84	3,17					17,1	17,1	

Tabelle 8-46 Einschraub-Spaltkraft-Versuche, Ergebnisse der Reihe 2.1.2-C

Versuch	Holzschraube			Versuchskonfiguration					Prüfkörper						ι für Messstelle				$F_{m,tot,n}$	$F_{m,tot,r}$	verw.
	Typ	d	ℓ	ε	U	n_{MSr}	$F_{Msr,p}$	γ	Mat.	d	b	h	ρ	u	1/2	3/4	5/6	7/8	N	N	
		mm	mm	°	min⁻¹		N	°		mm	mm	mm	kg/m³	%							
2.1.2-C-01	C	8	200	90	50	8	100	87	BSH	24	80	180	470	12,0	0,95	0,99	0,80	0,81	2300	2312	x
2.1.2-C-02	C	8	200	90	50	8	100	81	BSH	24	80	180	506	12,8	0,81	0,93	0,81	0,84	2368	2380	x
2.1.2-C-03	C	8	200	90	50	8	100	89	BSH	24	80	180	505	12,0	0,90	0,97	0,98	0,99	2296	2308	x
2.1.2-C-04	C	8	200	90	50	8	100	75	BSH	24	80	180	535	12,0	0,98	0,64	0,38	0,28	2530	2543	x
2.1.2-C-05	C	8	200	90	50	8	100	71	BSH	24	80	180	473	12,2	0,97	0,99	0,96	0,96	1750	1759	x
2.1.2-C-06	C	8	200	90	50	8	100	88	BSH	24	80	180	500	12,1	1,00	0,99	0,72	0,71	2184	2195	x
2.1.2-C-07	C	8	200	90	50	8	100	85	BSH	24	80	180	543	11,7	0,94	0,97	0,99	0,92	2636	2649	x
2.1.2-C-08	C	8	200	90	50	8	100	85	BSH	24	80	180	477	12,9	0,88	0,97	0,99	0,88	1545	1553	x
2.1.2-C-09	C	8	200	90	50	8	100	63	BSH	24	80	180	523	12,6	0,77	0,79	0,72	0,45	2858	2872	x
2.1.2-C-10	C	8	200	90	50	8	100	84	BSH	24	80	180	482	12,4	0,80	0,75	0,41	0,39	2044	2054	x
Mittelwert								81					501	12,3					2251	2263	
Standardabweichung													26,1	0,39					396	398	
CoV in %													5,21	3,17					17,6	17,6	

Tabelle 8-47 Einschraub-Spaltkraft-Versuche, Ergebnisse der Reihe 2.1.3-A

Versuch	Holzschraube			Versuchskonfiguration					Prüfkörper						ι für Messstelle				$F_{m,tot,n}$	$F_{m,tot,r}$	verw.
	Typ	d	ℓ	ε	U	n_{MSr}	$F_{Msr,p}$	γ	Mat.	d	b	h	ρ	u	1/2	3/4	5/6	7/8	N	N	
		mm	mm	°	min^{-1}		N	°		mm	mm	mm	kg/m³	%							
2.1.3-A-01	A	8	200	90	50	8	100	31	BSH	24	80	180	457	11,9	0,38	0,17	0,07	0,07	1462	1531	x
2.1.3-A-02	A	8	200	90	50	8	100	18	BSH	24	80	180	453	13,2	0,87	0,25	0,06	0,13	1232	1290	-
2.1.3-A-03	A	8	200	90	50	8	100	18	BSH	24	80	180	447	12,5	0,37	0,26	0,79	0,91	1645	1723	-
2.1.3-A-04	A	8	200	90	50	8	100	20	BSH	24	80	180	426	12,2	0,75	0,91	0,79	0,68	1285	1346	x
2.1.3-A-05	A	8	200	90	50	8	100	27	BSH	24	80	180	430	12,1	0,58	0,33	0,27	0,40	1416	1483	x
2.1.3-A-06	A	8	200	90	50	8	100	22	BSH	24	80	180	430	12,5	0,93	1,00	0,74	0,23	1322	1384	x
2.1.3-A-07	A	8	200	90	50	8	100	26	BSH	24	80	180	417	12,8	0,78	0,87	0,88	0,79	1174	1229	x
2.1.3-A-08	A	8	200	90	50	8	100	17	BSH	24	80	180	434	12,0	0,63	0,51	0,38	0,29	1531	1603	x
2.1.3-A-09	A	8	200	90	50	8	100	11	BSH	24	80	180	433	12,9	0,84	0,37	0,13	0,15	1543	1616	x
2.1.3-A-10	A	8	200	90	50	8	100	28	BSH	24	80	180	461	12,1	0,83	0,46	0,08	-	1699	1779	-
Mittelwert								22					432	12,3					1390	1456	
Standard-abweichung													12,2	0,40					136	143	
CoV in %													2,82	3,25					9,78	9,82	

Tabelle 8-48 Einschraub-Spaltkraft-Versuche, Ergebnisse der Reihe 2.1.3-B

Versuch	Holzschraube			Versuchskonfiguration					Prüfkörper						ι für Messstelle				$F_{m,tot,n}$	$F_{m,tot,r}$	verw.
	Typ	d	ℓ	ε	U	n_{MSr}	$F_{Msr,p}$	γ	Mat.	d	b	h	ρ	u	1/2	3/4	5/6	7/8	N	N	
		mm	mm	°	min^{-1}		N	°		mm	mm	mm	kg/m³	%							
2.1.3-B-01	B	8	200	90	50	8	100	32	BSH	24	80	180	465	11,9	0,94	0,43	0,33	0,33	1034	1050	x
2.1.3-B-02	B	8	200	90	50	8	100	14	BSH	24	80	180	473	13,2	0,87	0,27	0,03	-	669	679	-
2.1.3-B-03	B	8	200	90	50	8	100	17	BSH	24	80	180	436	12,5	0,44	0,23	0,07	0,24	567	576	x
2.1.3-B-04	B	8	200	90	50	8	100	18	BSH	24	80	180	418	12,2	0,64	0,60	0,63	0,91	667	677	x
2.1.3-B-05	B	8	200	90	50	8	100	23	BSH	24	80	180	424	12,1	0,89	0,65	0,69	0,78	660	670	x
2.1.3-B-06	B	8	200	90	50	8	100	22	BSH	24	80	180	426	12,5	0,92	0,63	0,24	0,06	473	480	x
2.1.3-B-07	B	8	200	90	50	8	100	29	BSH	24	80	180	417	12,8	0,83	0,77	0,97	0,73	531	539	x
2.1.3-B-08	B	8	200	90	50	8	100	19	BSH	24	80	180	431	12,0	0,70	0,87	0,77	0,59	755	766	x
2.1.3-B-09	B	8	200	90	50	8	100	8	BSH	24	80	180	441	12,9	0,96	0,98	0,98	0,40	644	654	x
2.1.3-B-10	B	8	200	90	50	8	100	26	BSH	24	80	180	441	12,1	0,56	0,33	0,09	0,01	865	878	-
Mittelwert								21					432	12,4					666	677	
Standard-abweichung													15,6	0,37					173	176	
CoV in %													3,61	2,98					26,0	26,0	

Tabelle 8-49 Einschraub-Spaltkraft-Versuche, Ergebnisse der Reihe 2.1.3-C

Versuch	Holzschraube			Versuchskonfiguration					Prüfkörper						ι für Messstelle				$F_{m,tot,n}$	$F_{m,tot,r}$	verw.
	Typ	d	ℓ	ε	U	n_{MSr}	$F_{Msr,p}$	γ	Mat.	d	b	h	ρ	u	1/2	3/4	5/6	7/8	N	N	
		mm	mm	°	min⁻¹		N	°		mm	mm	mm	kg/m³	%							
2.1.3-C-01	C	8	200	90	50	8	100	32	BSH	24	80	180	462	11,9	0,78	0,71	0,99	0,85	1814	1823	x
2.1.3-C-02	C	8	200	90	50	8	100	17	BSH	24	80	180	466	13,2	0,83	0,18	0,01	-	1503	1511	-
2.1.3-C-03	C	8	200	90	50	8	100	20	BSH	24	80	180	440	12,5	0,92	0,90	0,96	0,92	1603	1611	x
2.1.3-C-04	C	8	200	90	50	8	100	24	BSH	24	80	180	414	12,2	0,92	0,94	0,90	0,94	1269	1275	x
2.1.3-C-05	C	8	200	90	50	8	100	25	BSH	24	80	180	427	12,1	0,90	0,56	0,25	0,24	1898	1908	-
2.1.3-C-06	C	8	200	90	50	8	100	19	BSH	24	80	180	427	12,5	0,71	0,95	0,88	0,64	1356	1363	x
2.1.3-C-07	C	8	200	90	50	8	100	27	BSH	24	80	180	414	12,8	0,85	0,94	0,86	0,86	1433	1440	x
2.1.3-C-08	C	8	200	90	50	8	100	17	BSH	24	80	180	430	12,0	0,83	0,79	0,99	0,77	1451	1458	x
2.1.3-C-09	C	8	200	90	50	8	100	11	BSH	24	80	180	438	12,9	0,72	0,89	0,81	0,61	1505	1513	x
2.1.3-C-10	C	8	200	90	50	8	100	24	BSH	24	80	180	460	12,1	0,99	0,68	0,16	0,07	1842	1851	x
Mittelwert								22					436	12,4					1534	1542	
Standard-abweichung													18,3	0,37					206	207	
CoV in %													4,20	2,98					13,4	13,4	

Tabelle 8-50 Einschraub-Spaltkraft-Versuche, Ergebnisse der Reihe 2.1.4-A

Versuch	Holzschraube			Versuchskonfiguration					Prüfkörper						ι für Messstelle				$F_{m,tot,n}$	$F_{m,tot,r}$	verw.
	Typ	d	ℓ	ε	U	n_{MSr}	$F_{Msr,p}$	γ	Mat.	d	b	h	ρ	u	1/2	3/4	5/6	7/8	N	N	
		mm	mm	°	min⁻¹		N	°		mm	mm	mm	kg/m³	%							
2.1.4-A-01	A	8	200	90	50	8	100	85	BSH	24	80	180	436	11,4	0,91	0,50	0,20	0,05	1470	1539	x
2.1.4-A-02	A	8	200	90	50	8	100	84	BSH	24	80	180	468	11,8	0,81	0,81	0,74	0,87	1955	2047	x
2.1.4-A-03	A	8	200	90	50	8	100	83	BSH	24	80	180	428	12,5	0,80	0,55	0,39	0,18	1402	1468	x
2.1.4-A-04	A	8	200	90	50	8	100	64	BSH	24	80	180	447	11,9	0,83	0,74	0,12	-	1748	1830	x
2.1.4-A-05	A	8	200	90	50	8	100	83	BSH	24	80	180	436	12,7	0,65	0,33	0,14	0,07	1669	1748	x
2.1.4-A-06	A	8	200	90	50	8	100	87	BSH	24	80	180	464	11,9	0,77	0,43	0,15	0,03	2263	2370	x
2.1.4-A-07	A	8	200	90	50	8	100	47	BSH	24	80	180	420	11,8	0,59	0,62	0,17	0,02	1249	1308	x
2.1.4-A-08	A	8	200	90	50	8	100	79	BSH	24	80	180	426	11,7	0,91	0,73	0,48	0,15	1705	1785	x
2.1.4-A-09	A	8	200	90	50	8	100	47	BSH	24	80	180	433	12,1	0,71	0,53	0,11	0,07	1592	1667	x
2.1.4-A-10	A	8	200	90	50	8	100	40	BSH	24	80	180	469	12,6	0,98	0,86	0,54	0,49	1927	2018	x
Mittelwert								70					443	12,0					1698	1778	
Standard-abweichung													18,3	0,43					297	311	
CoV in %													4,13	3,58					17,5	17,5	

Tabelle 8-51   Einschraub-Spaltkraft-Versuche, Ergebnisse der Reihe 2.1.4-B

Versuch	Holzschraube			Versuchskonfiguration					Prüfkörper						t für Messstelle				$F_{m,tot,n}$	$F_{m,tot,r}$	verw.
	Typ	d	ℓ	ε	U	n_{MSr}	$F_{Msr,p}$	γ	Mat.	d	b	h	ρ	u	1/2	3/4	5/6	7/8	N	N	
		mm	mm	°	min⁻¹		N	°		mm	mm	mm	kg/m³	%							
2.1.4-B-01	B	8	200	90	50	8	100	81	BSH	24	80	180	439	11,4	0,93	0,88	0,88	0,81	1271	1290	-
2.1.4-B-02	B	8	200	90	50	8	100	83	BSH	24	80	180	471	11,8	0,91	0,99	1,00	0,90	895	909	x
2.1.4-B-03	B	8	200	90	50	8	100	81	BSH	24	80	180	433	12,5	0,60	0,95	0,65	0,42	702	713	x
2.1.4-B-04	B	8	200	90	50	8	100	64	BSH	24	80	180	447	11,9	0,88	0,98	0,84	0,95	867	880	x
2.1.4-B-05	B	8	200	90	50	8	100	84	BSH	24	80	180	437	12,7	0,84	0,54	0,40	0,39	879	892	x
2.1.4-B-06	B	8	200	90	50	8	100	86	BSH	24	80	180	463	11,9	0,98	0,80	0,50	0,43	923	937	x
2.1.4-B-07	B	8	200	90	50	8	100	46	BSH	24	80	180	428	11,8	0,58	0,84	0,86	0,61	721	732	x
2.1.4-B-08	B	8	200	90	50	8	100	79	BSH	24	80	180	420	11,7	0,52	0,52	0,64	0,84	953	968	x
2.1.4-B-09	B	8	200	90	50	8	100	48	BSH	24	80	180	428	12,1	0,95	0,84	0,66	0,77	780	792	x
2.1.4-B-10	B	8	200	90	50	8	100	45	BSH	24	80	180	477	12,6	0,92	0,86	0,85	0,85	912	926	x
Mittelwert								68					445	12,1					848	861	
Standard-abweichung													20,7	0,39					91,1	92,5	
CoV in %													4,65	3,22					10,7	10,7	

Tabelle 8-52   Einschraub-Spaltkraft-Versuche, Ergebnisse der Reihe 2.1.4-C

Versuch	Holzschraube			Versuchskonfiguration					Prüfkörper						t für Messstelle				$F_{m,tot,n}$	$F_{m,tot,r}$	verw.
	Typ	d	ℓ	ε	U	n_{MSr}	$F_{Msr,p}$	γ	Mat.	d	b	h	ρ	u	1/2	3/4	5/6	7/8	N	N	
		mm	mm	°	min⁻¹		N	°		mm	mm	mm	kg/m³	%							
2.1.4-C-01	C	8	200	90	50	8	100	85	BSH	24	80	180	444	11,4	0,96	0,75	0,69	0,88	1185	1191	x
2.1.4-C-02	C	8	200	90	50	8	100	82	BSH	24	80	180	470	11,8	0,83	0,91	0,72	0,93	1740	1749	x
2.1.4-C-03	C	8	200	90	50	8	100	83	BSH	24	80	180	432	12,5	0,88	0,98	0,88	0,91	1136	1142	x
2.1.4-C-04	C	8	200	90	50	8	100	65	BSH	24	80	180	448	11,9	0,63	0,58	0,52	0,24	1365	1372	x
2.1.4-C-05	C	8	200	90	50	8	100	79	BSH	24	80	180	435	12,7	1,00	0,98	0,00	0,95	1163	1169	x
2.1.4-C-06	C	8	200	90	50	8	100	85	BSH	24	80	180	462	11,9	0,97	0,98	0,84	0,81	1621	1629	x
2.1.4-C-07	C	8	200	90	50	8	100	53	BSH	24	80	180	432	11,8	0,60	0,59	0,38	0,16	1457	1464	-
2.1.4-C-08	C	8	200	90	50	8	100	77	BSH	24	80	180	418	11,7	0,99	0,69	0,32	0,18	1342	1349	x
2.1.4-C-09	C	8	200	90	50	8	100	50	BSH	24	80	180	426	12,1	1,00	0,57	0,31	0,42	1538	1546	-
2.1.4-C-10	C	8	200	90	50	8	100	46	BSH	24	80	180	472	12,6	0,97	0,97	0,83	0,87	1687	1695	x
Mittelwert								75					448	12,1					1405	1412	
Standard-abweichung													19,3	0,47					246	247	
CoV in %													4,31	3,88					17,5	17,5	

Tabelle 8-53 Einschraub-Spaltkraft-Versuche, Ergebnisse der Reihe 2.1.5-A

Versuch	Holzschraube			Versuchskonfiguration					Prüfkörper						ι für Messstelle				$F_{m,tot,n}$	$F_{m,tot,r}$	verw.
	Typ	d	ℓ	ε	U	n_{MSr}	$F_{Msr,p}$	γ	Mat.	d	b	h	ρ	u	1/2	3/4	5/6	7/8	N	N	
		mm	mm	°	min⁻¹		N	°		mm	mm	mm	kg/m³	%							
2.1.5-A-01	A	8	200	90	50	8	100	46	BSH	24	80	180	433	12,4	0,67	0,57	0,29	0,04	1492	1562	x
2.1.5-A-02	A	8	200	90	50	8	100	58	BSH	24	80	180	419	12,1	0,81	0,82	0,91	0,79	1196	1252	x
2.1.5-A-03	A	8	200	90	50	8	100	51	BSH	24	80	180	474	12,3	1,00	0,64	0,20	0,02	1238	1296	-
2.1.5-A-04	A	8	200	90	50	8	100	50	BSH	24	80	180	499	12,3	0,52	0,17	-	-	1541	1614	-
2.1.5-A-05	A	8	200	90	50	8	100	46	BSH	24	80	180	511	12,6	0,99	0,37	0,09	-	1925	2016	-
2.1.5-A-06	A	8	200	90	50	8	100	44	BSH	24	80	180	441	12,6	0,61	0,45	0,46	0,29	1323	1385	x
2.1.5-A-07	A	8	200	90	50	8	100	45	BSH	24	80	180	439	12,5	0,93	0,44	0,22	0,08	1541	1614	x
2.1.5-A-08	A	8	200	90	50	8	100	49	BSH	24	80	180	453	12,2	0,87	0,37	0,08	-	1647	1725	-
Mittelwert								48					433	12,4					1388	1453	
Standardabweichung													9,93	0,22					158	166	
CoV in %													2,29	1,77					11,4	11,4	

Tabelle 8-54 Einschraub-Spaltkraft-Versuche, Ergebnisse der Reihe 2.1.5-B

Versuch	Holzschraube			Versuchskonfiguration					Prüfkörper						ι für Messstelle				$F_{m,tot,n}$	$F_{m,tot,r}$	verw.
	Typ	d	ℓ	ε	U	n_{MSr}	$F_{Msr,p}$	γ	Mat.	d	b	h	ρ	u	1/2	3/4	5/6	7/8	N	N	
		mm	mm	°	min⁻¹		N	°		mm	mm	mm	kg/m³	%							
2.1.5-B-01	B	8	200	90	50	8	100	47	BSH	24	80	180	427	12,4	0,91	0,93	0,88	0,97	515	523	x
2.1.5-B-02	B	8	200	90	50	8	100	57	BSH	24	80	180	422	12,1	0,49	0,67	0,95	0,56	654	664	x
2.1.5-B-03	B	8	200	90	50	8	100	54	BSH	24	80	180	478	12,3	0,73	0,85	0,99	0,65	921	935	x
2.1.5-B-04	B	8	200	90	50	8	100	48	BSH	24	80	180	501	12,3	0,79	0,67	0,49	0,47	1158	1176	x
2.1.5-B-05	B	8	200	90	50	8	100	46	BSH	24	80	180	510	12,6	0,49	0,64	0,60	0,52	1083	1099	x
2.1.5-B-06	B	8	200	90	50	8	100	42	BSH	24	80	180	439	12,6	0,81	0,40	0,28	0,24	695	706	x
2.1.5-B-07	B	8	200	90	50	8	100	46	BSH	24	80	180	441	12,5	0,84	0,94	0,67	0,58	774	786	x
2.1.5-B-08	B	8	200	90	50	8	100	51	BSH	24	80	180	446	12,2	0,46	0,81	0,93	0,65	813	825	x
Mittelwert								49					458	12,4					827	839	
Standardabweichung													33,8	0,18					218	221	
CoV in %													7,38	1,45					26,4	26,3	

Tabelle 8-55 Einschraub-Spaltkraft-Versuche, Ergebnisse der Reihe 2.1.5-C

Versuch	Holzschraube			Versuchskonfiguration					Prüfkörper						ι für Messstelle				$F_{m,tot,n}$	$F_{m,tot,r}$	verw.
	Typ	d	ℓ	ε	U	n_{MSr}	$F_{Msr,p}$	γ	Mat.	d	b	h	ρ	u	1/2	3/4	5/6	7/8	N	N	
		mm	mm	°	min⁻¹		N	°		mm	mm	mm	kg/m³	%							
2.1.5-C-01	C	8	200	90	50	8	100	45	BSH	24	80	180	429	12,4	0,85	0,40	0,16	0,08	1407	1414	x
2.1.5-C-02	C	8	200	90	50	8	100	59	BSH	24	80	180	420	12,1	0,84	0,71	0,66	0,40	1089	1094	x
2.1.5-C-03	C	8	200	90	50	8	100	55	BSH	24	80	180	473	12,3	0,94	0,90	0,81	0,85	1767	1776	x
2.1.5-C-04	C	8	200	90	50	8	100	47	BSH	24	80	180	499	12,3	0,91	0,88	0,56	0,42	1850	1859	x
2.1.5-C-05	C	8	200	90	50	8	100	47	BSH	24	80	180	511	12,6	0,92	0,85	0,87	0,98	2036	2046	x
2.1.5-C-06	C	8	200	90	50	8	100	44	BSH	24	80	180	441	12,6	0,98	0,42	0,42	0,37	1283	1289	x
2.1.5-C-07	C	8	200	90	50	8	100	45	BSH	24	80	180	438	12,5	0,81	0,88	0,93	0,91	1687	1695	x
2.1.5-C-08	C	8	200	90	50	8	100	51	BSH	24	80	180	450	12,2	0,97	0,69	0,46	0,29	1511	1519	x
Mittelwert								49					458	12,4					1579	1587	
Standardabweichung													33,3	0,18					314	316	
CoV in %													7,27	1,45					19,9	19,9	

Tabelle 8-56 Einschraub-Spaltkraft-Versuche, Ergebnisse der Reihe 2.2.1-A

Versuch	Holzschraube			Versuchskonfiguration					Prüfkörper						ι für Messstelle			$F_{m,tot,n}$	$F_{m,tot,r}$	verw.
	Typ	d mm	ℓ mm	ε °	U min^{-1}	n_{MSr}	$F_{Msr,p}$ N	γ °	Mat.	d mm	b mm	h mm	ρ kg/m³	u %	1/2	3/4	5/6	N	N	
2.2.1-A-01	A	8	240	90	50	6	100	16	BSH	24	80	200	480	10,9	0,16	0,17	0,45	1683	1697	-
2.2.1-A-02	A	8	240	90	50	6	100	10	BSH	24	80	200	428	10,6	0,62	0,62	0,08	1476	1488	x
2.2.1-A-03	A	8	240	90	50	6	100	17	BSH	24	80	200	454	11,0	0,85	0,35	0,41	1640	1654	x
2.2.1-A-04	A	8	240	90	50	6	100	79	BSH	24	80	200	440	11,0	0,73	0,67	0,51	1371	1383	x
2.2.1-A-05	A	8	240	90	50	6	100	82	BSH	24	80	200	472	10,9	0,97	0,85	0,49	1609	1623	x
2.2.1-A-06	A	8	240	90	50	6	100	81	BSH	24	80	200	428	11,0	0,94	0,99	0,83	1694	1708	x
2.2.1-A-07	A	8	240	90	50	6	100	80	BSH	24	80	200	451	10,9	0,63	0,85	0,53	1698	1712	x
2.2.1-A-08	A	8	240	90	50	6	100	87	BSH	24	80	200	425	11,0	0,54	0,94	0,87	1313	1324	x
2.2.1-A-09	A	8	240	90	50	6	100	88	BSH	24	80	200	418	10,9	0,97	0,71	0,72	1228	1238	x
2.2.1-A-10	A	8	240	90	50	6	100	78	BSH	24	80	200	432	10,8	0,94	0,81	0,85	1570	1583	x
Mittelwert													439	10,9				1511	1524	
Standard-abweichung													17,3	0,13				173	174	
CoV in %													3,94	1,19				11,4	11,4	

Tabelle 8-57 Einschraub-Spaltkraft-Versuche, Ergebnisse der Reihe 2.2.2-A

Versuch	Holzschraube			Versuchskonfiguration					Prüfkörper						ι für Messstelle					$F_{m,tot,n}$	$F_{m,tot,r}$	verw.
	Typ	d mm	ℓ mm	ε °	U min^{-1}	n_{MSr}	$F_{Msr,p}$ N	γ °	Mat.	d mm	b mm	h mm	ρ kg/m³	u %	1/2	3/4	5/6	7/8	9/10	N	N	
2.2.2-A-01	A	8	240	90	50	10	100	17	BSH	24	80	200	479	11,0	0,17	0,11	0,17	0,08	0,06	1782	1797	-
2.2.2-A-02	A	8	240	90	50	10	100	13	BSH	24	80	200	427	10,9	0,81	0,80	0,70	0,59	0,33	1207	1217	x
2.2.2-A-03	A	8	240	90	50	10	100	16	BSH	24	80	200	454	11,1	0,82	0,68	0,21	0,08	0,10	1388	1400	-
2.2.2-A-04	A	8	240	90	50	10	100	78	BSH	24	80	200	445	11,1	0,86	0,57	0,48	0,34	0,29	1039	1048	-
2.2.2-A-05	A	8	240	90	50	10	100	79	BSH	24	80	200	470	10,9	0,57	0,68	0,66	0,69	0,81	1823	1838	x
2.2.2-A-06	A	8	240	90	50	10	100	79	BSH	24	80	200	424	11,2	0,96	0,80	0,76	0,75	0,68	1756	1771	x
2.2.2-A-07	A	8	240	90	50	10	100	81	BSH	24	80	200	447	10,7	0,97	0,89	0,92	0,84	0,94	1523	1536	x
2.2.2-A-08	A	8	240	90	50	10	100	86	BSH	24	80	200	427	10,9	0,85	0,56	0,32	0,22	0,18	1458	1470	x
2.2.2-A-09	A	8	240	90	50	10	100	88	BSH	24	80	200	418	10,8	0,96	0,81	0,82	0,75	0,54	1309	1320	x
2.2.2-A-10	A	8	240	90	50	10	100	76	BSH	24	80	200	431	10,6	0,56	0,71	0,97	0,71	0,44	1469	1481	x
Mittelwert													435	10,9						1506	1519	
Standard-abweichung													17,9	0,19						222	224	
CoV in %													4,11	1,74						14,7	14,7	

Tabelle 8-58　　Einschraub-Spaltkraft-Versuche, Ergebnisse der Reihe 2.3.1-A

Versuch	Holzschraube			Versuchskonfiguration					Prüfkörper						ι für Messstelle			$F_{m,tot,n}$	$F_{m,tot,r}$	verw.
	Typ	d	ℓ	ε	U	n_{MSr}	$F_{Msr,p}$	γ	Mat.	d	b	h	ρ	u	1/2	5/6	7/8	N	N	
		mm	mm	°	min^{-1}		N	°		mm	mm	mm	kg/m³	%						
2.3.1-A-01	A	8	240	90	50	6	100	87	BSH	24	80	200	452	10,8	0,96	0,99	0,92	1500	1513	x
2.3.1-A-02	A	8	240	90	50	6	100	85	BSH	24	80	200	424	10,6	0,84	0,74	0,78	1389	1401	x
2.3.1-A-03	A	8	240	90	50	6	100	86	BSH	24	80	200	444	10,9	0,90	0,71	0,92	1396	1408	x
2.3.1-A-04	A	8	240	90	50	6	100	87	BSH	24	80	200	463	11,1	1,00	0,87	0,81	2192	2210	x
2.3.1-A-05	A	8	240	90	50	6	100	71	BSH	24	80	200	481	11,2	0,86	0,76	0,37	2106	2124	x
Mittelwert								83					453	10,9				1717	1731	
Standard-abweichung													21,3	0,24				398	401	
CoV in %													4,70	2,20				23,2	23,2	

Tabelle 8-59　　Einschraub-Spaltkraft-Versuche, Ergebnisse der Reihe 2.3.2-A

Versuch	Holzschraube			Versuchskonfiguration					Prüfkörper						ι für Messstelle				$F_{m,tot,n}$	$F_{m,tot,r}$	verw.
	Typ	d	ℓ	ε	U	n_{MSr}	$F_{Msr,p}$	γ	Mat.	d	b	h	ρ	u	1/2	3/4	5/6	7/8	N	N	
		mm	mm	°	min^{-1}		N	°		mm	mm	mm	kg/m³	%							
2.3.2-A-01	A	8	240	90	50	8	100	84	BSH	24	80	200	455	10,8	0,72	0,92	0,79	0,54	1940	1956	x
2.3.2-A-02	A	8	240	90	50	8	100	85	BSH	24	80	200	424	10,7	0,83	1,00	0,72	0,47	1507	1520	x
2.3.2-A-03	A	8	240	90	50	8	100	88	BSH	24	80	200	448	11,0	0,51	0,28	0,11	0,07	1681	1695	x
2.3.2-A-04	A	8	240	90	50	8	100	85	BSH	24	80	200	461	11,1	0,60	0,28	0,17	0,06	2233	2252	-
2.3.2-A-05	A	8	240	90	50	8	100	73	BSH	24	80	200	476	11,2	0,86	0,68	0,48	0,31	2250	2269	x
Mittelwert								83					451	10,9					1845	1860	
Standard-abweichung													21,4	0,22					324	326	
CoV in %													4,75	2,02					17,6	17,5	

Tabelle 8-60   Einschraub-Spaltkraft-Versuche, Ergebnisse der Reihe 2.4.1-A

Versuch	Holzschraube			Versuchskonfiguration					Prüfkörper						ι für Messstelle				$F_{m,tot,n}$	$F_{m,tot,r}$	verw.
	Typ	d	ℓ	ε	U	n_{MSr}	$F_{Msr,p}$	γ	Mat.	d	b	h	ρ	u	1/2	3/4	5/6	7/8	N	N	
		mm	mm	°	min^{-1}		N	°		mm	mm	mm	kg/m³	%							
2.4.1-A-01	A	8	200	90	50	8	100	7	BSH	24	80	180	481	12,1	0,29	0,06	-	-	1456	1525	-
2.4.1-A-02	A	8	200	90	50	8	100	88	BSH	24	80	180	524	12,5	0,98	0,67	0,41	0,28	2270	2377	x
2.4.1-A-03	A	8	200	90	50	8	100	74	BSH	24	80	180	464	12,5	0,82	0,82	0,85	0,60	1656	1734	x
2.4.1-A-04	A	8	200	90	50	8	100	72	BSH	24	80	180	479	12,7	0,78	0,65	0,29	0,13	1670	1749	x
2.4.1-A-05	A	8	200	90	50	8	100	73	BSH	24	80	180	505	12,9	0,93	0,63	0,21	0,04	2020	2115	x
2.4.1-A-06	A	8	200	90	50	8	100	69	BSH	24	80	180	389	11,8	0,88	0,72	0,35	0,05	902	945	-
2.4.1-A-07	A	8	200	90	50	8	100	70	BSH	24	80	180	380	11,8	0,53	0,61	0,97	0,56	1081	1132	x
2.4.1-A-08	A	8	200	90	50	8	100	24	BSH	24	80	180	445	12,8	0,69	0,51	0,44	0,29	1511	1582	x
Mittelwert													466	12,5					1701	1782	
Standardabweichung													50,8	0,39					412	431	
CoV in %													10,9	3,12					24,2	24,2	

Tabelle 8-61   Einschraub-Spaltkraft-Versuche, Ergebnisse der Reihe 2.4.2-A

Versuch	Holzschraube			Versuchskonfiguration					Prüfkörper						ι für Messstelle				$F_{m,tot,n}$	$F_{m,tot,r}$	verw.
	Typ	d	ℓ	ε	U	n_{MSr}	$F_{Msr,p}$	γ	Mat.	d	b	h	ρ	u	1/2	3/4	5/6	7/8	N	N	
		mm	mm	°	min^{-1}		N	°		mm	mm	mm	kg/m³	%							
2.4.2-A-01	A	10	200	90	50	8	100	9	BSH	24	80	180	481	12,1	0,42	0,27	0,04	-	2564	2616	-
2.4.2-A-02	A	10	200	90	50	8	100	88	BSH	24	80	180	527	12,5	0,88	0,66	0,46	0,38	4061	4144	x
2.4.2-A-03	A	10	200	90	50	8	100	74	BSH	24	80	180	470	12,5	0,94	0,78	0,71	0,81	3391	3460	x
2.4.2-A-04	A	10	200	90	50	8	100	79	BSH	24	80	180	475	12,7	0,91	0,75	0,68	0,90	3018	3080	x
2.4.2-A-05	A	10	200	90	50	8	100	73	BSH	24	80	180	510	12,9	0,88	0,27	0,07	-	3328	3396	-
2.4.2-A-06	A	10	200	90	50	8	100	71	BSH	24	80	180	392	11,8	0,84	0,29	0,04	-	1945	1985	-
2.4.2-A-07	A	10	200	90	50	8	100	73	BSH	24	80	180	381	11,8	0,89	0,58	0,27	0,10	1948	1988	x
2.4.2-A-08	A	10	200	90	50	8	100	26	BSH	24	80	180	439	12,8	0,23	0,59	0,84	0,31	2656	2710	x
Mittelwert													458	12,5					3015	3076	
Standardabweichung													53,6	0,39					791	807	
CoV in %													11,7	3,12					26,2	26,2	

Tabelle 8-62   Einschraub-Spaltkraft-Versuche, Ergebnisse der Reihe 2.4.3-A

Versuch	Holzschraube			Versuchskonfiguration					Prüfkörper						ι für Messstelle				$F_{m,tot,n}$	$F_{m,tot,r}$	verw.
	Typ	d	ℓ	ε	U	n_{MSr}	$F_{Msr,p}$	γ	Mat.	d	b	h	ρ	u	1/2	3/4	5/6	7/8	N	N	
		mm	mm	°	min^{-1}		N	°		mm	mm	mm	kg/m³	%							
2.4.3-A-01	A	12	200	90	50	8	100	10	BSH	24	80	180	479	12,1	0,56	0,58	0,43	0,34	2624	2651	x
2.4.3-A-02	A	12	200	90	50	8	100	86	BSH	24	80	180	522	12,5	0,85	0,71	0,62	0,63	3866	3905	x
2.4.3-A-03	A	12	200	90	50	8	100	73	BSH	24	80	180	460	12,5	0,84	0,89	0,92	0,91	2860	2889	x
2.4.3-A-04	A	12	200	90	50	8	100	75	BSH	24	80	180	473	12,7	0,81	0,83	0,55	0,27	2366	2390	x
2.4.3-A-05	A	12	200	90	50	8	100	73	BSH	24	80	180	501	12,9	0,82	1,00	0,95	0,93	2847	2876	x
2.4.3-A-06	A	12	200	90	50	8	100	74	BSH	24	80	180	387	11,8	0,99	0,67	0,34	0,10	1876	1895	x
2.4.3-A-07	A	12	200	90	50	8	100	72	BSH	24	80	180	379	11,8	0,40	0,52	0,95	0,42	1705	1722	x
2.4.3-A-08	A	12	200	90	50	8	100	24	BSH	24	80	180	442	12,8	0,97	0,59	0,36	0,28	2083	2104	x
Mittelwert													455	12,4					2528	2554	
Standardabweichung													50,8	0,44					691	698	
CoV in %													11,2	3,55					27,3	27,3	

Tabelle 8-63 — Einschraub-Spaltkraft-Versuche, Ergebnisse der Reihe 2.5-A

Versuch	Holzschraube			Versuchskonfiguration					Prüfkörper						ι für Messstelle				$F_{m,tot,n}$	$F_{m,tot,r}$	verw.
	Typ	d mm	ℓ mm	ε °	U min⁻¹	n_{MSr}	$F_{Msr,p}$ N	γ °	Mat.	d mm	b mm	h mm	ρ kg/m³	u %	1/2	3/4	5/6	7/8	N	N	
2.5-A-01	A	8	200	90	50	8	100	17	BSH	24	80	180	495	12,3	0,65	0,71	0,70	0,96	1967	2060	x
2.5-A-02	A	8	200	90	50	8	100	82	BSH	24	80	180	499	12,9	0,86	0,60	0,26	0,15	2259	2365	x
2.5-A-03	A	8	200	90	50	8	100	62	BSH	24	80	180	498	12,3	0,75	0,66	0,74	0,68	2455	2571	x
2.5-A-04	A	8	200	90	50	8	100	88	BSH	24	80	180	504	12,3	0,69	0,95	0,55	0,16	2363	2474	x
2.5-A-05	A	8	200	90	50	8	100	85	BSH	24	80	180	396	12,9	0,90	0,59	0,65	0,85	1117	1170	x
2.5-A-06	A	8	200	90	50	8	100	31	BSH	24	80	180	429	12,8	0,52	0,86	0,70	0,31	1459	1528	x
Mittelwert													470	12,6					1937	2028	
Standardabweichung													46,0	0,31					539	565	
CoV in %													9,79	2,46					27,8	27,9	

Tabelle 8-64 — Einschraub-Spaltkraft-Versuche, Ergebnisse der Reihe 2.5-E

Versuch	Holzschraube			Versuchskonfiguration					Prüfkörper						ι für Messstelle				$F_{m,tot,n}$	$F_{m,tot,r}$	verw.
	Typ	d mm	ℓ mm	ε °	U min⁻¹	n_{MSr}	$F_{Msr,p}$ N	γ °	Mat.	d mm	b mm	h mm	ρ kg/m³	u %	1/2	3/4	5/6	7/8	N	N	
2.5-E-01	E	8	220	90	50	8	100	20	BSH	24	80	180	498	12,3	0,84	0,95	0,95	0,86	3952	3988	x
2.5-E-02	E	8	220	90	50	8	100	82	BSH	24	80	180	488	12,9	0,72	0,96	0,83	0,98	4049	4086	x
2.5-E-03	E	8	220	90	50	8	100	59	BSH	24	80	180	507	12,3	0,83	0,59	0,76	0,87	4877	4922	x
2.5-E-04	E	8	220	90	50	8	100	87	BSH	24	80	180	506	12,3	0,85	0,76	0,86	0,89	4774	4818	x
2.5-E-05	E	8	220	90	50	8	100	86	BSH	24	80	180	392	12,9	0,52	0,96	0,83	0,96	3115	3144	x
2.5-E-06	E	8	220	90	50	8	100	32	BSH	24	80	180	426	12,8	0,54	0,77	0,89	0,67	3418	3449	x
Mittelwert													470	12,6					4031	4068	
Standardabweichung													48,6	0,31					706	712	
CoV in %													10,3	2,46					17,5	17,5	

Tabelle 8-65 — Einschraub-Spaltkraft-Versuche, Ergebnisse der Reihe 2.5-F

Versuch	Holzschraube			Versuchskonfiguration					Prüfkörper						ι für Messstelle				$F_{m,tot,n}$	$F_{m,tot,r}$	verw.
	Typ	d mm	ℓ mm	ε °	U min⁻¹	n_{MSr}	$F_{Msr,p}$ N	γ °	Mat.	d mm	b mm	h mm	ρ kg/m³	u %	1/2	3/4	5/6	7/8	N	N	
2.5-F-01	F	8	200	90	50	8	100	20	BSH	24	80	180	497	12,3	0,65	0,34	0,24	0,20	2298	2310	x
2.5-F-02	F	8	200	90	50	8	100	79	BSH	24	80	180	497	12,9	0,30	0,90	0,62	0,46	2448	2460	x
2.5-F-03	F	8	200	90	50	8	100	60	BSH	24	80	180	505	12,3	0,72	0,84	0,85	0,92	3367	3384	x
2.5-F-04	F	8	200	90	50	8	100	87	BSH	24	80	180	508	12,3	0,93	0,84	0,91	0,87	2759	2773	x
2.5-F-05	F	8	200	90	50	8	100	86	BSH	24	80	180	393	12,9	0,53	0,61	0,56	0,58	1259	1265	x
2.5-F-06	F	8	200	90	50	8	100	25	BSH	24	80	180	427	12,8	0,50	0,88	0,90	0,57	1605	1613	x
Mittelwert													471	12,6					2289	2301	
Standardabweichung													48,8	0,31					766	770	
CoV in %													10,4	2,46					33,5	33,5	

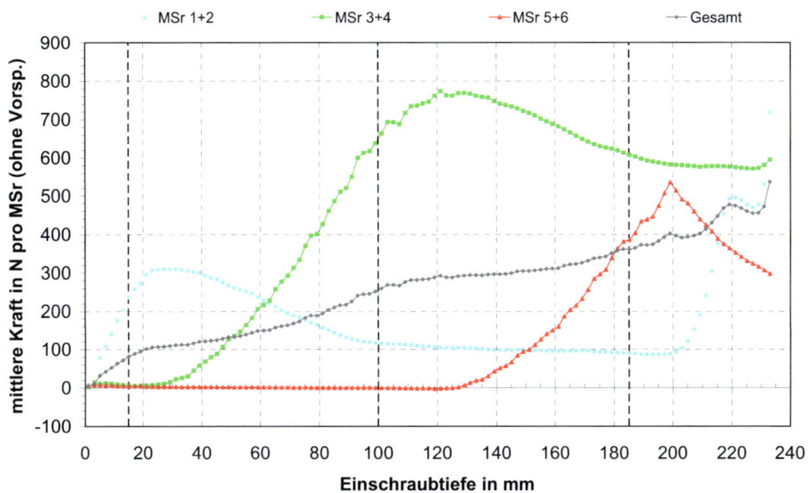

Bild 8-1 Ergebnisse der Vergleichsversuche mit sechs Messschrauben, Reihe 2.2.1-A, Mittelwerte aus 9 Einzelversuchen (ohne Vorspannung)

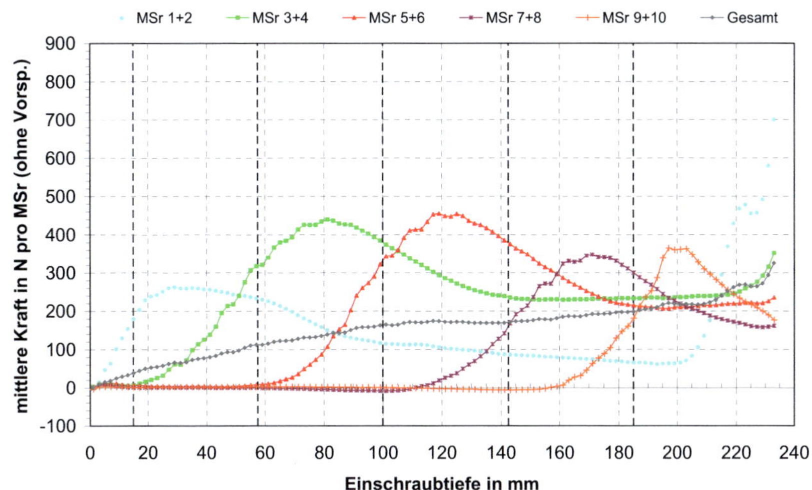

Bild 8-2 Ergebnisse der Vergleichsversuche mit zehn Messschrauben, Reihe 2.2.2-A, Mittelwerte aus 7 Einzelversuchen (ohne Vorspannung)

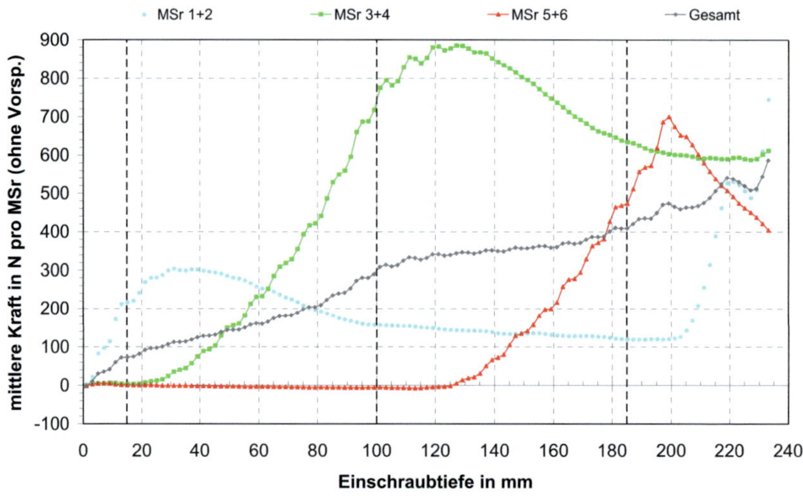

Bild 8-3   Ergebnisse der Vergleichsversuche mit sechs Messschrauben, Reihe 2.3.1-A, Mittelwerte aus 5 Einzelversuchen (ohne Vorspannung)

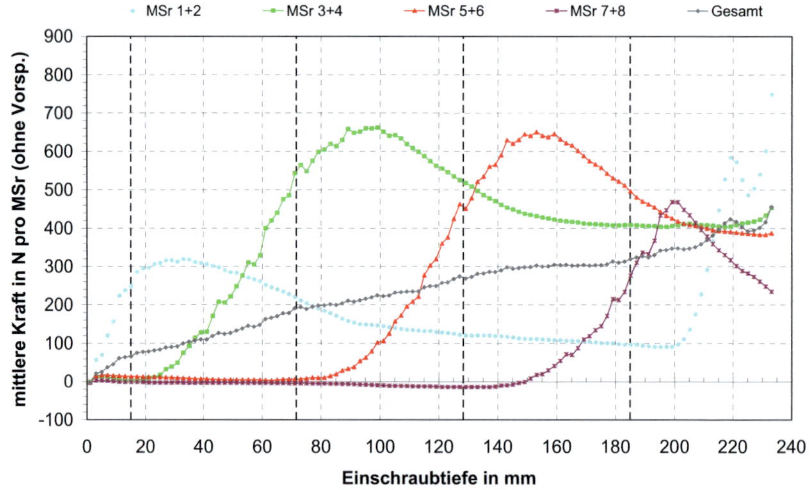

Bild 8-4   Ergebnisse der Vergleichsversuche mit acht Messschrauben, Reihe 2.3.2-A, Mittelwerte aus 4 Einzelversuchen (ohne Vorspannung)

8.3 Anhang zu Abschnitt 3.3

Tabelle 8-66   Grundfunktion der Ersatzlast für den Schraubentyp A, 8 x 200 mm, Bezugsrohdichte ρ_{ref} = 431 kg/m³, Bezugswinkel γ_{ref} = 21°

Position x in mm	Last q_i (x) in N/mm	Position x in mm	Last q_i (x) in N/mm
0 - 5	19,6	100 - 105	18,4
5 - 10	38,0	105 - 110	18,4
10 - 15	73,6	110 - 115	13,8
15 - 20	32,2	115 - 120	12,7
20 - 25	25,3	120 - 125	12,7
25 - 30	12,7	125 - 130	12,7
30 - 35	12,7	130 - 135	12,7
35 - 40	12,7	135 - 140	12,7
40 - 45	12,7	140 - 145	12,7
45 - 50	12,7	145 - 150	12,7
50 - 55	12,7	150 - 155	12,7
55 - 60	13,8	155 - 160	10,4
60 - 65	18,4	160 - 165	8,05
65 - 70	18,4	165 - 170	13,8
70 - 75	18,4	170 - 175	23,0
75 - 80	18,4	175 - 180	48,3
80 - 85	18,4	180 - 185	58,7
85 - 90	18,4	185 - 186*	41,4
90 - 95	18,4	186 - 200	0*
95 - 100	18,4		

* tatsächliche Länge der verwendeten Schrauben $\ell_{Sr,real}$ = 186 mm

Tabelle 8-67   Grundfunktion der Ersatzlast für den Schraubentyp B, 8 x 200 mm, Bezugsrohdichte ρ_{ref} = 428 kg/m³, Bezugswinkel γ_{ref} = 19°

Position x in mm	Last q_i (x) in N/mm	Position x in mm	Last q_i (x) in N/mm
0 - 5	11,5	100 - 105	6,58
5 - 10	49,4	105 - 110	6,58
10 - 15	17,3	110 - 115	6,58
15 - 20	17,3	115 - 120	6,58
20 - 25	11,5	120 - 125	6,58
25 - 30	11,5	125 - 130	6,58
30 - 35	11,5	130 - 135	6,58
35 - 40	11,5	135 - 140	6,58
40 - 45	11,5	140 - 145	6,58
45 - 50	6,58	145 - 150	6,58
50 - 55	6,58	150 - 155	6,58
55 - 60	6,58	155 - 160	6,58
60 - 65	6,58	160 - 165	6,58
65 - 70	6,58	165 - 170	6,58
70 - 75	6,58	170 - 175	6,58
75 - 80	6,58	175 - 180	6,58
80 - 85	6,58	180 - 185	6,58
85 - 90	6,58	185 - 190	53,5
90 - 95	6,58	190 - 195	45,2
95 - 100	6,58	195 - 196*	45,2
* tatsächliche Länge der verwendeten Schrauben $\ell_{Sr,real}$ = 196 mm			

Tabelle 8-68 Grundfunktion der Ersatzlast für den Schraubentyp C, 8 x 200 mm, Bezugsrohdichte ρ_{ref} = 427 kg/m³, Bezugswinkel γ_{ref} = 20°

Position x in mm	Last q_i (x) in N/mm	Position x in mm	Last q_i (x) in N/mm
0 - 5	18,4	100 - 105	5,75
5 - 10	74,8	105 - 110	5,75
10 - 15	40,3	110 - 115	5,75
15 - 20	34,5	115 - 120	5,75
20 - 25	19,6	120 - 125	5,75
25 - 30	12,7	125 - 130	5,75
30 - 35	12,7	130 - 135	5,75
35 - 40	12,7	135 - 140	5,75
40 - 45	12,7	140 - 145	5,75
45 - 50	12,7	145 - 150	5,75
50 - 55	12,7	150 - 155	5,75
55 - 60	12,7	155 - 160	5,75
60 - 65	12,7	160 - 165	5,75
65 - 70	12,7	165 - 170	5,75
70 - 75	12,7	170 - 175	5,75
75 - 80	12,7	175 - 180	5,75
80 - 85	18,4	180 - 185	5,75
85 - 90	29,9	185 - 190	19,6
90 - 95	47,2	190 - 195	59,8
95 - 100	16,1	195 - 198*	59,8
* tatsächliche Länge der der verwendeten Schrauben $\ell_{Sr,real}$ = 198 mm			

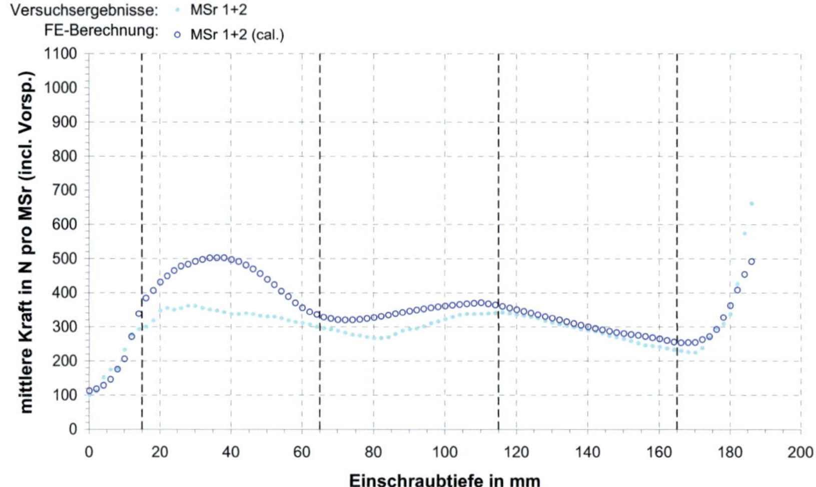

Bild 8-5   Kräfte in den Messschrauben 1/2, Vergleich zwischen Werten aus Versuch und Simulation für Schraubentyp A, Kollektiv 1.2

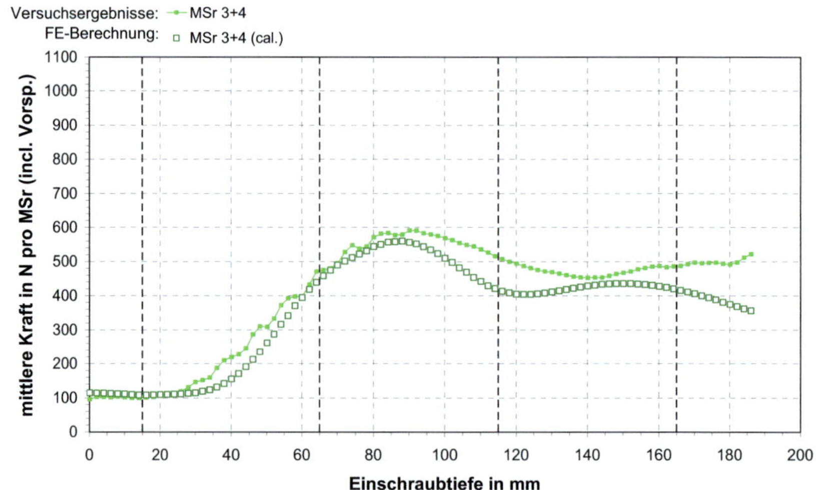

Bild 8-6   Kräfte in den Messschrauben 3/4, Vergleich zwischen Werten aus Versuch und Simulation für Schraubentyp A, Kollektiv 1.2

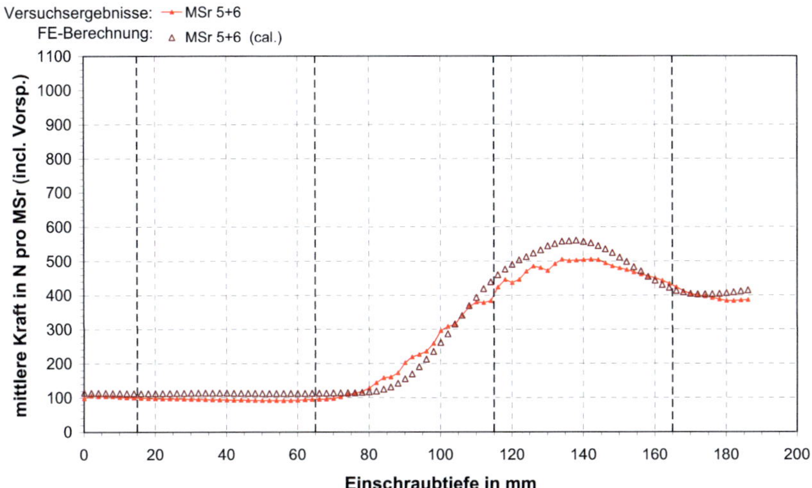

Bild 8-7   Kräfte in den Messschrauben 5/6, Vergleich zwischen Werten aus Versuch und Simulation für Schraubentyp A, Kollektiv 1.2

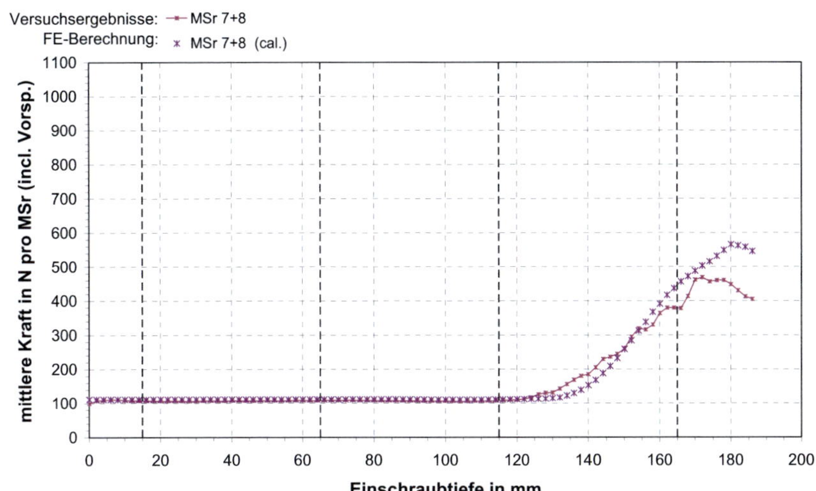

Bild 8-8   Kräfte in den Messschrauben 7/8, Vergleich zwischen Werten aus Versuch und Simulation für Schraubentyp A, Kollektiv 1.2

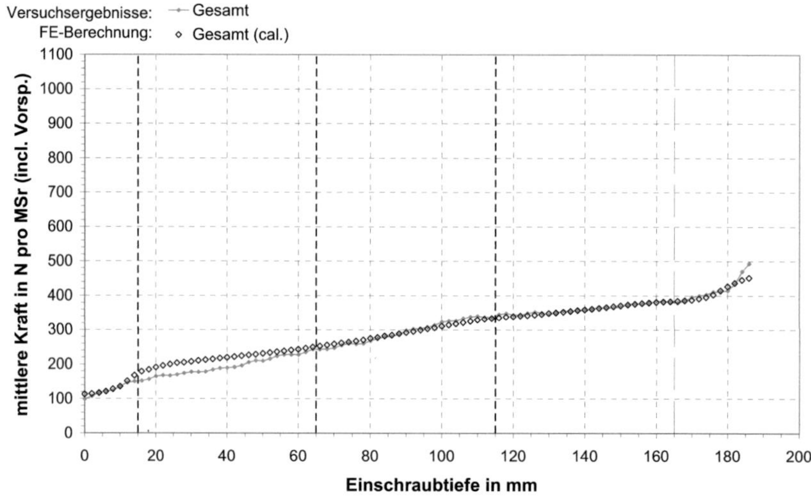

Bild 8-9   Mittlere Gesamtkraft in den Messschrauben 1 bis 8, Vergleich zwischen Werten aus Versuch und Simulation für Schraubentyp A, Kollektiv 1.2

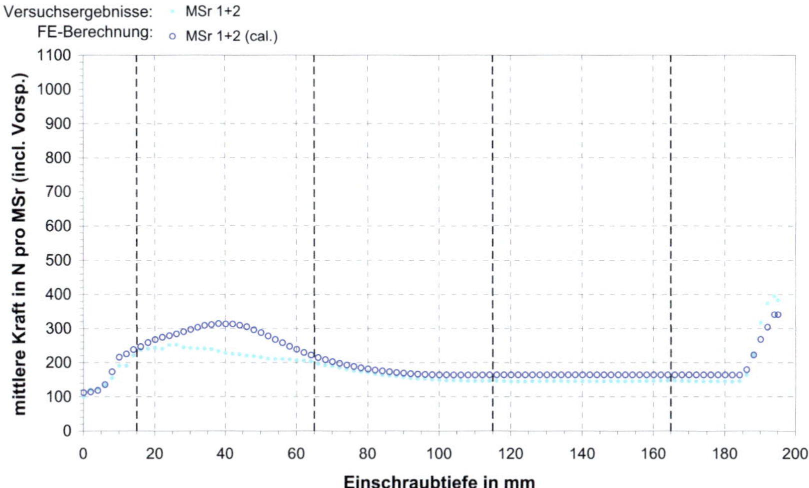

Bild 8-10   Kräfte in den Messschrauben 1/2, Vergleich zwischen Werten aus Versuch und Simulation für Schraubentyp B, Kollektiv 1.2

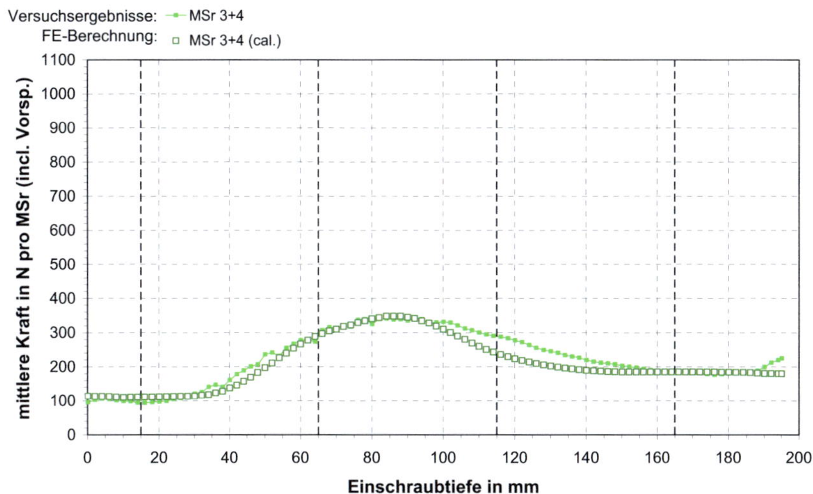

Bild 8-11   Kräfte in den Messschrauben 3/4, Vergleich zwischen Werten aus Versuch und Simulation für Schraubentyp B, Kollektiv 1.2

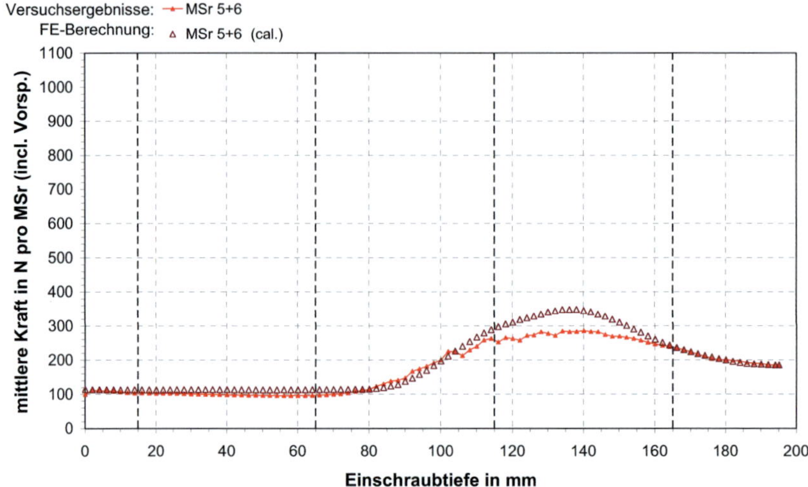

Bild 8-12   Kräfte in den Messschrauben 5/6, Vergleich zwischen Werten aus Versuch und Simulation für Schraubentyp B, Kollektiv 1.2

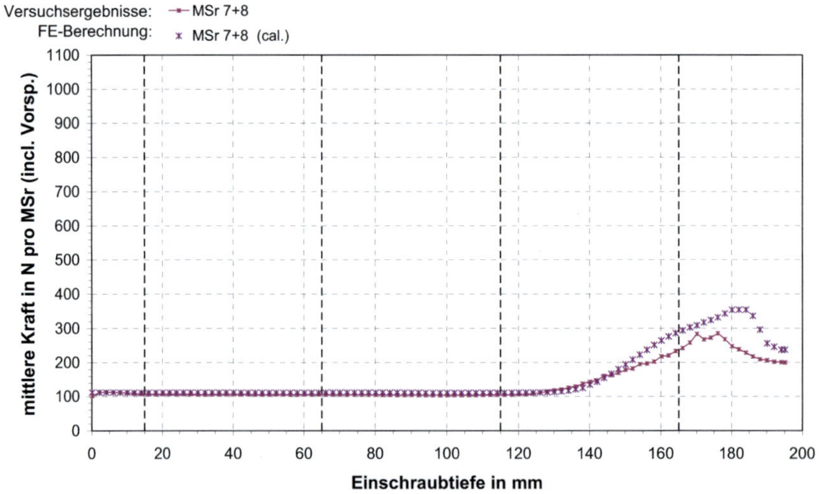

Bild 8-13   Kräfte in den Messschrauben 7/8, Vergleich zwischen Werten aus Versuch und Simulation für Schraubentyp B, Kollektiv 1.2

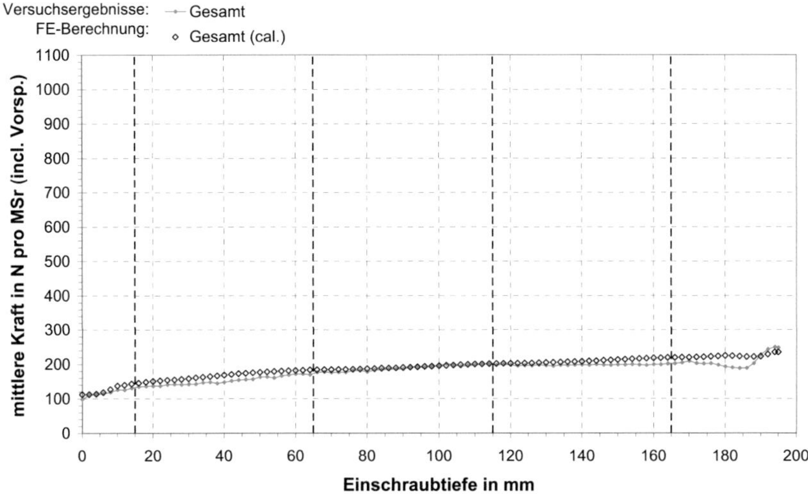

Bild 8-14   Mittlere Gesamtkraft in den Messschrauben 1 bis 8, Vergleich zwischen Werten aus Versuch und Simulation für Schraubentyp B, Kollektiv 1.2

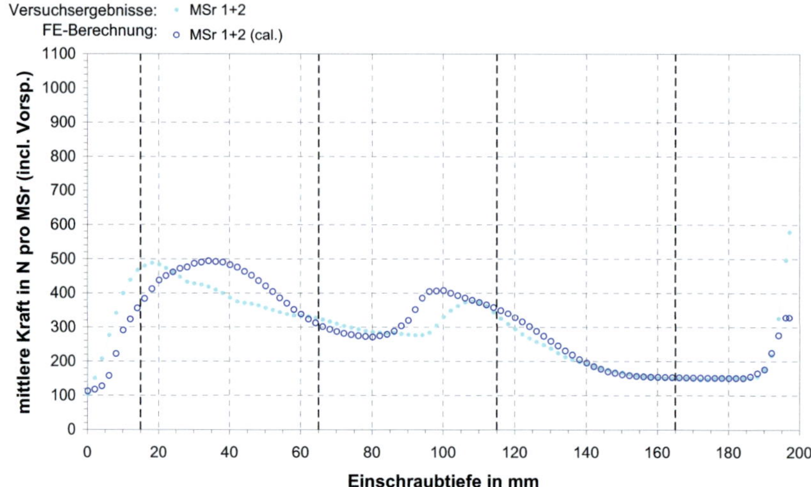

Bild 8-15   Kräfte in den Messschrauben 1/2, Vergleich zwischen Werten aus Versuch und Simulation für Schraubentyp C, Kollektiv 1.2

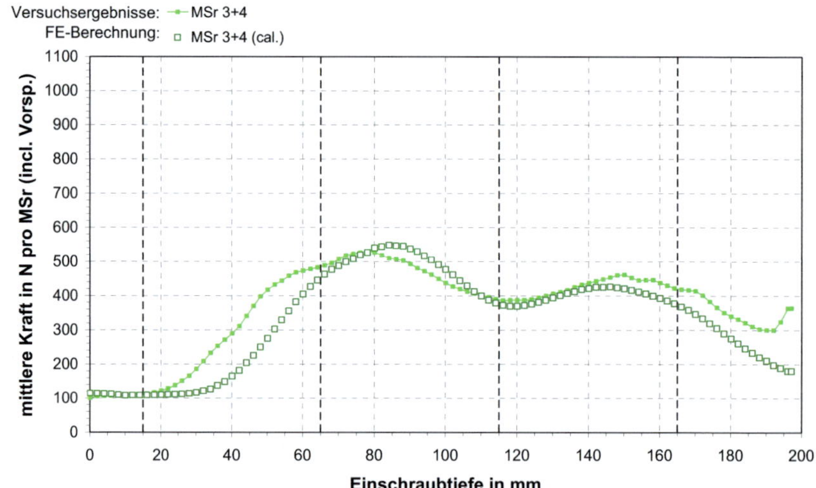

Bild 8-16   Kräfte in den Messschrauben 3/4, Vergleich zwischen Werten aus Versuch und Simulation für Schraubentyp C, Kollektiv 1.2

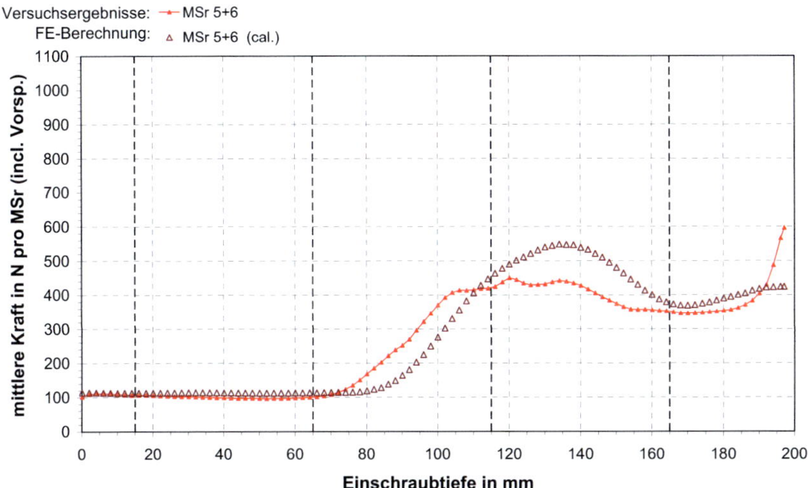

Bild 8-17   Kräfte in den Messschrauben 5/6, Vergleich zwischen Werten aus Versuch und Simulation für Schraubentyp C, Kollektiv 1.2

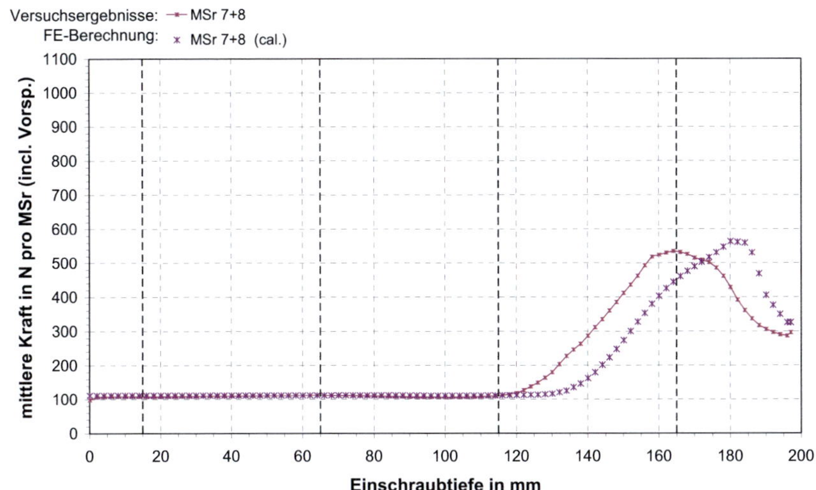

Bild 8-18   Kräfte in den Messschrauben 7/8, Vergleich zwischen Werten aus Versuch und Simulation für Schraubentyp C, Kollektiv 1.2

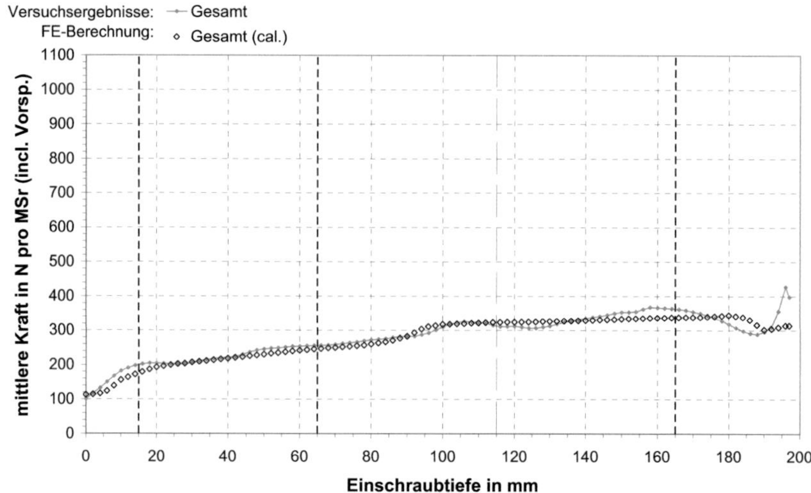

Bild 8-19 Mittlere Gesamtkraft in den Messschrauben 1 bis 8, Vergleich zwischen Werten aus Versuch und Simulation für Schraubentyp C, Kollektiv 1.2

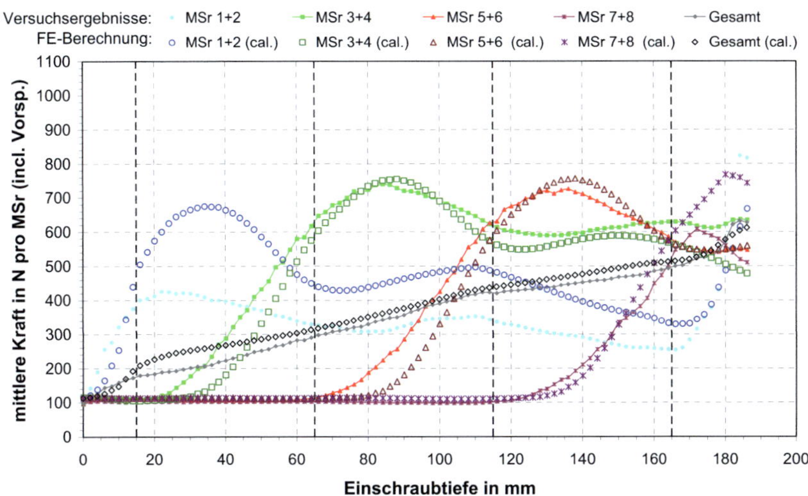

Bild 8-20   Vergleich zwischen Versuchsergebnissen und berechneten Verläufen der Kräfte in den Messschrauben, Schraubentyp A, Kollektiv 1.1

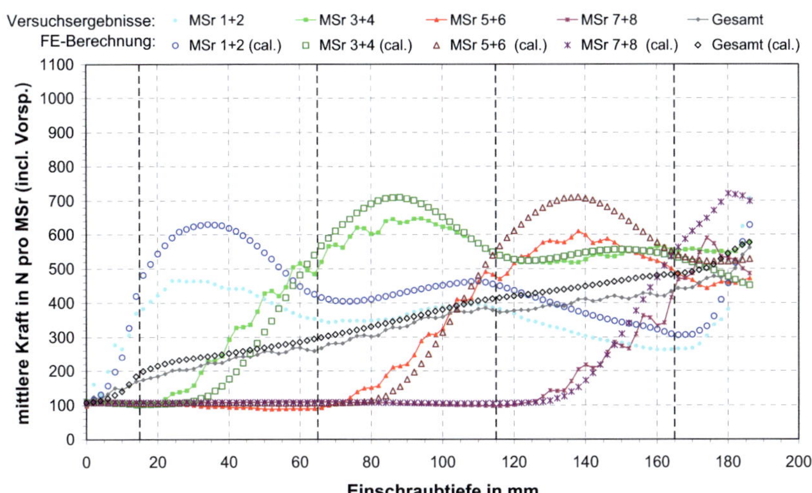

Bild 8-21   Vergleich zwischen Versuchsergebnissen und berechneten Verläufen der Kräfte in den Messschrauben, Schraubentyp A, Kollektiv 2.1

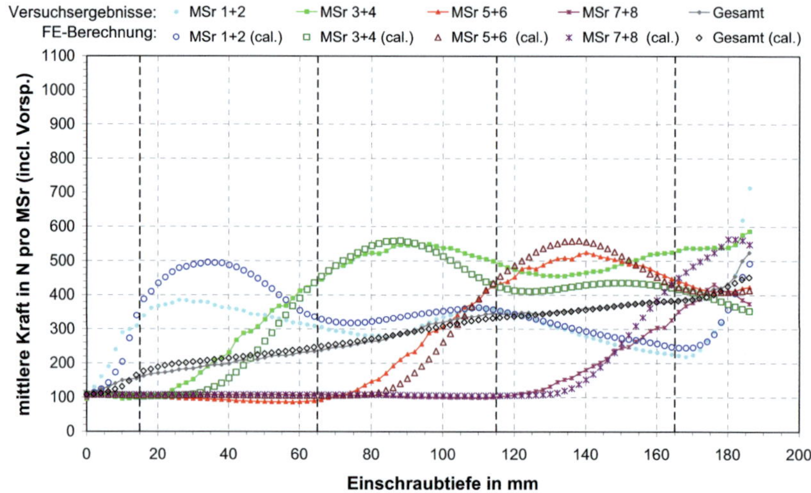

Bild 8-22   Vergleich zwischen Versuchsergebnissen und berechneten Verläufen der Kräfte in den Messschrauben, Schraubentyp A, Kollektiv 2.2

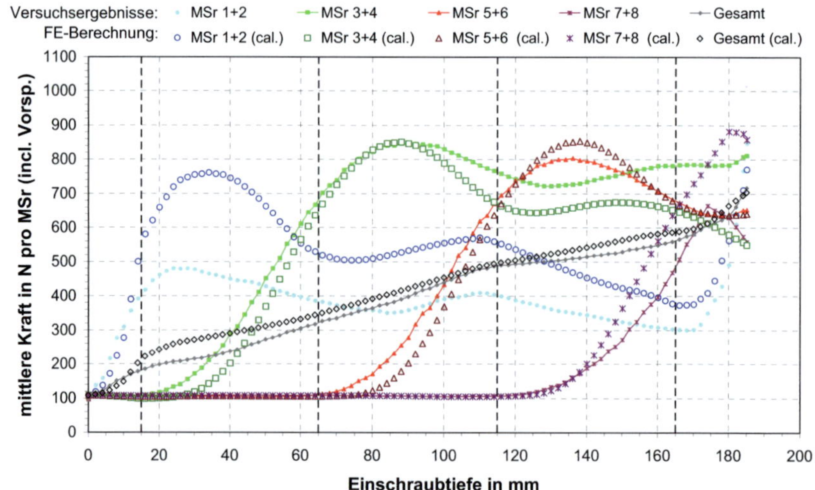

Bild 8-23   Vergleich zwischen Versuchsergebnissen und berechneten Verläufen der Kräfte in den Messschrauben, Schraubentyp A, Kollektiv 3.1

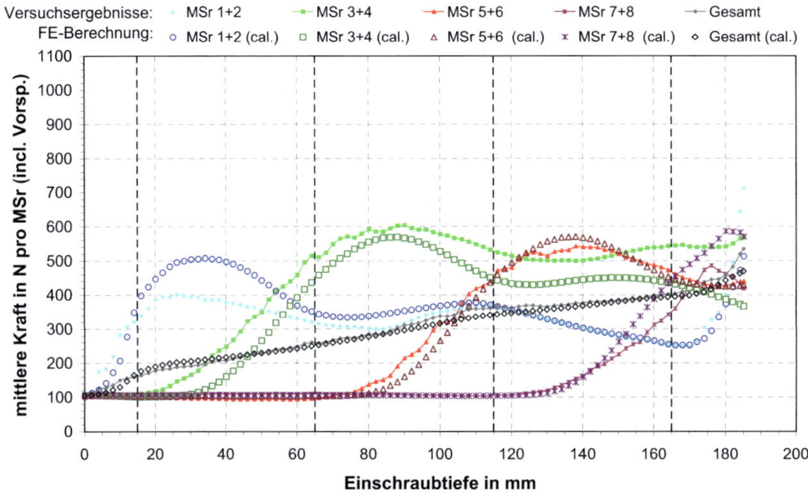

Bild 8-24   Vergleich zwischen Versuchsergebnissen und berechneten Verläufen der Kräfte in den Messschrauben, Schraubentyp A, Kollektiv 3.2

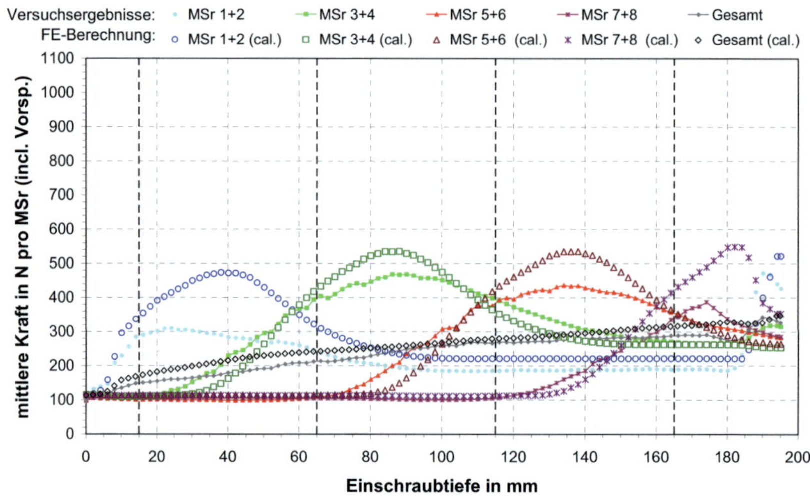

Bild 8-25   Vergleich zwischen Versuchsergebnissen und berechneten Verläufen der Kräfte in den Messschrauben, Schraubentyp B, Kollektiv 1.1

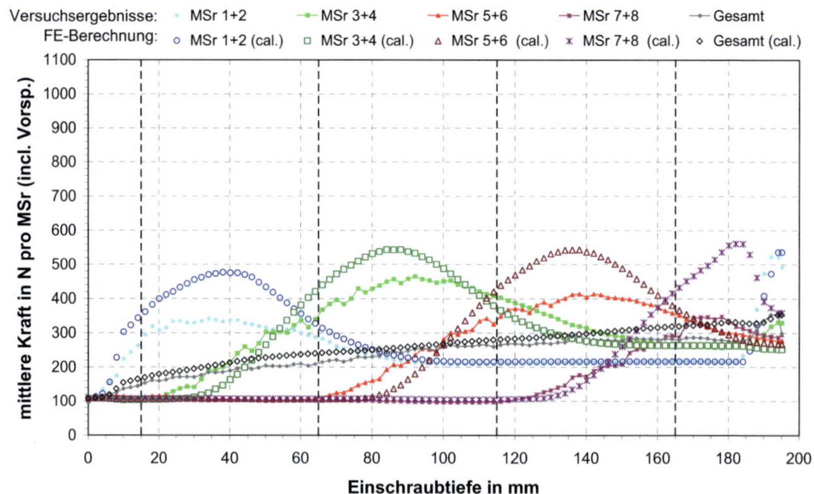

Bild 8-26   Vergleich zwischen Versuchsergebnissen und berechneten Verläufen der Kräfte in den Messschrauben, Schraubentyp B, Kollektiv 2.1

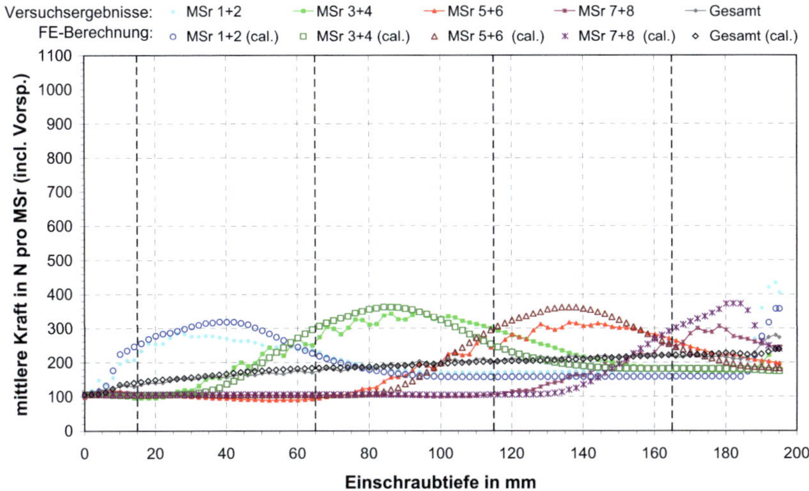

Bild 8-27 Vergleich zwischen Versuchsergebnissen und berechneten Verläufen der Kräfte in den Messschrauben, Schraubentyp B, Kollektiv 2.2

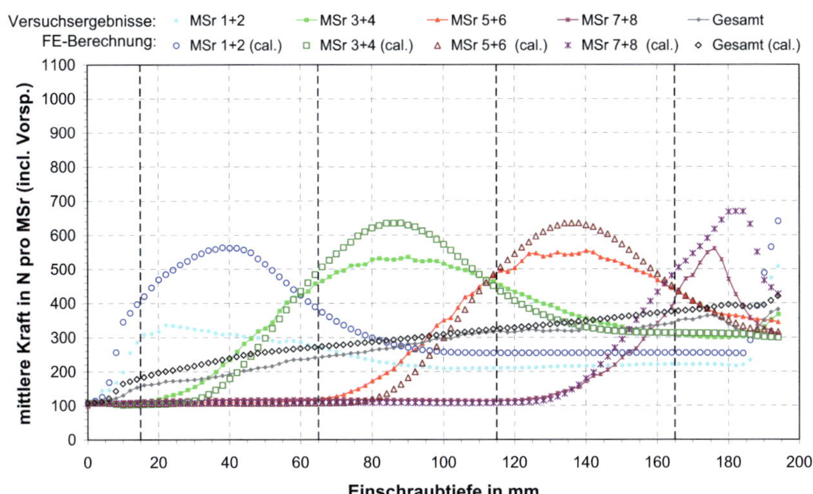

Bild 8-28 Vergleich zwischen Versuchsergebnissen und berechneten Verläufen der Kräfte in den Messschrauben, Schraubentyp B, Kollektiv 3.1

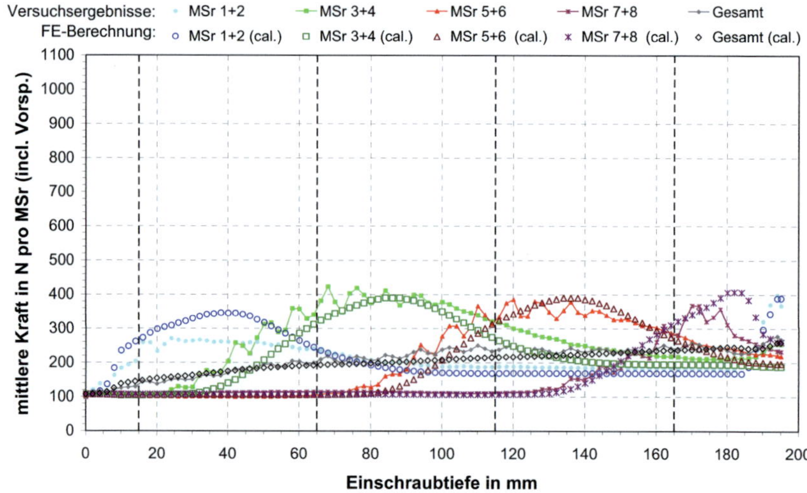

Bild 8-29   Vergleich zwischen Versuchsergebnissen und berechneten Verläufen der Kräfte in den Messschrauben, Schraubentyp B, Kollektiv 3.2

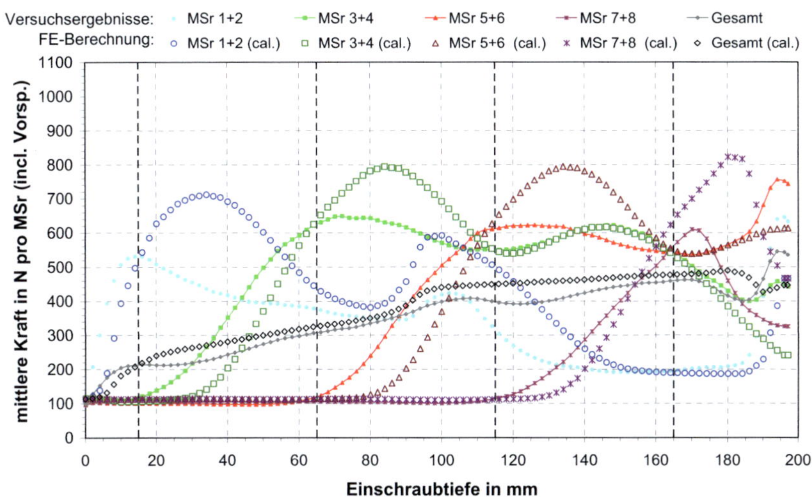

Bild 8-30   Vergleich zwischen Versuchsergebnissen und berechneten Verläufen der Kräfte in den Messschrauben, Schraubentyp C, Kollektiv 1.1

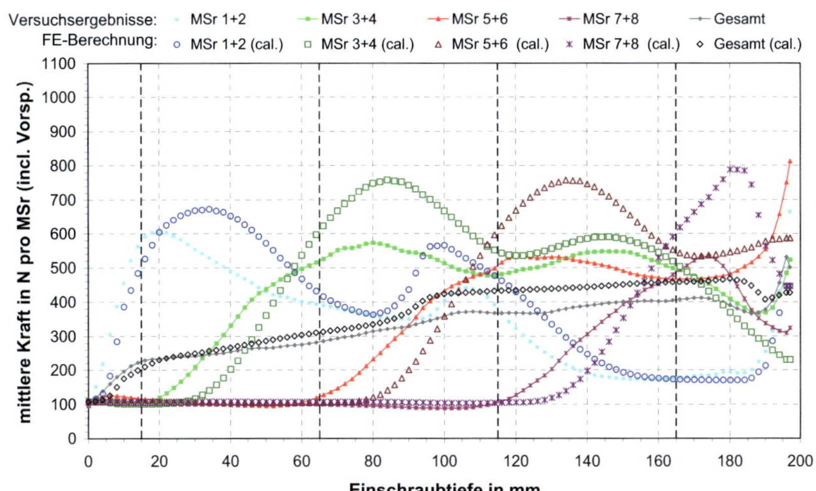

Bild 8-31   Vergleich zwischen Versuchsergebnissen und berechneten Verläufen der Kräfte in den Messschrauben, Schraubentyp C, Kollektiv 2.1

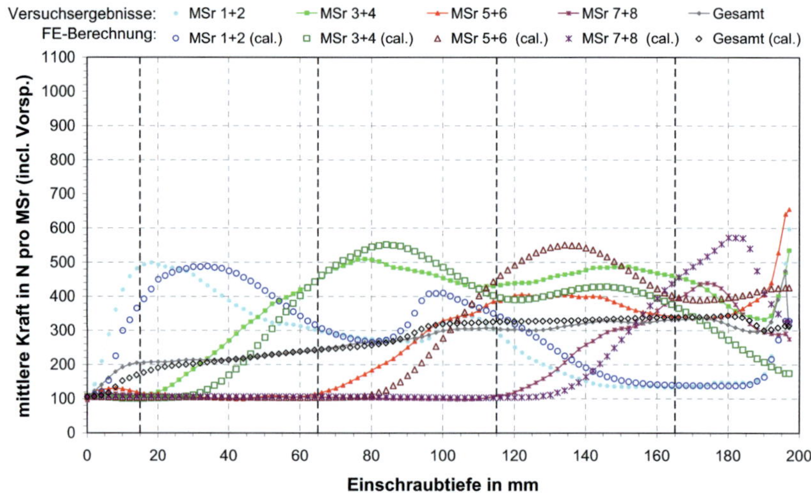

Bild 8-32 Vergleich zwischen Versuchsergebnissen und berechneten Verläufen der Kräfte in den Messschrauben, Schraubentyp C, Kollektiv 2.2

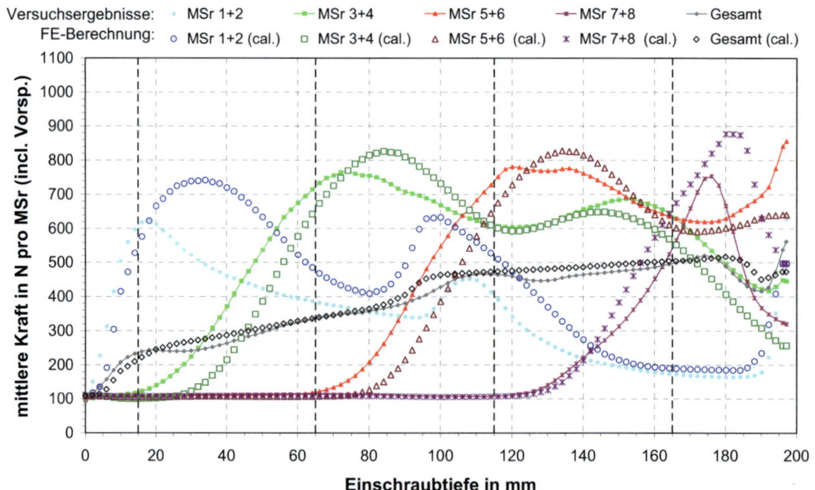

Bild 8-33 Vergleich zwischen Versuchsergebnissen und berechneten Verläufen der Kräfte in den Messschrauben, Schraubentyp C, Kollektiv 3.1

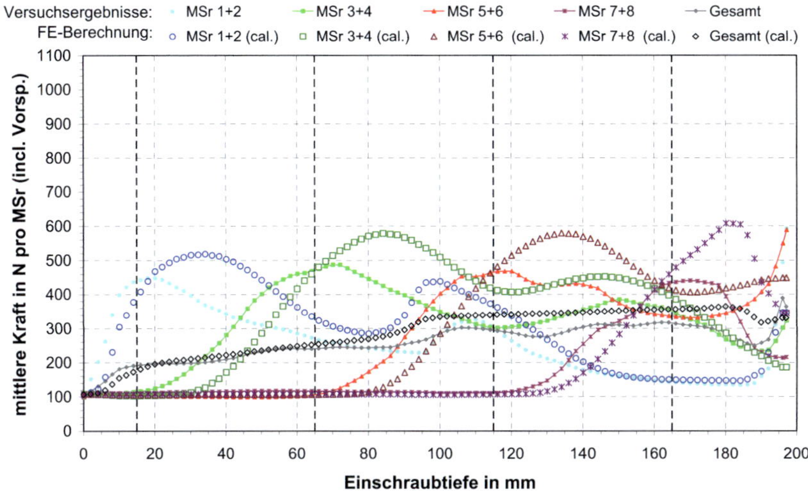

Bild 8-34   Vergleich zwischen Versuchsergebnissen und berechneten Verläufen der Kräfte in den Messschrauben, Schraubentyp C, Kollektiv 3.2

Tabelle 8-69   Für Rissflächenermittlung kalibrierte Grundfunktion der Ersatzlast für den Schraubentyp B, 8 x 200 mm, Bezugsrohdichte ρ_{ref} = 428 kg/m³, Bezugswinkel γ_{ref} = 19°

Position x in mm	Last q_i (x) in N/mm	Position x in mm	Last q_i (x) in N/mm
0 - 5	13,8	100 - 105	6,58
5 - 10	57,4	105 - 110	6,58
10 - 15	28,8	110 - 115	6,58
15 - 20	23,0	115 - 120	6,58
20 - 25	11,5	120 - 125	6,58
25 - 30	11,5	125 - 130	6,58
30 - 35	11,5	130 - 135	6,58
35 - 40	11,5	135 - 140	6,58
40 - 45	11,5	140 - 145	6,58
45 - 50	6,58	145 - 150	6,58
50 - 55	6,58	150 - 155	6,58
55 - 60	6,58	155 - 160	6,58
60 - 65	6,58	160 - 165	6,58
65 - 70	6,58	165 - 170	6,58
70 - 75	6,58	170 - 175	6,58
75 - 80	6,58	175 - 180	6,58
80 - 85	6,58	180 - 185	6,58
85 - 90	6,58	185 - 190	53,5
90 - 95	6,58	190 - 195	45,2
95 - 100	6,58	195 - 196*	45,2

* tatsächliche Länge der verwendeten Schrauben $\ell_{Sr,real}$ = 196 mm

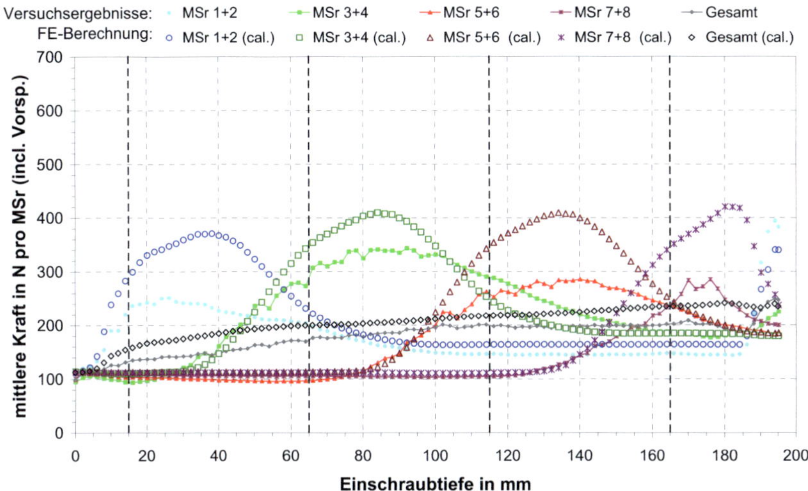

Bild 8-35   Vergleich zwischen Versuchsergebnissen und berechneten Verläufen der Kräfte in den Messschrauben, Schraubentyp B, Kollektiv 1.2, Ersatzlast für Rissflächenermittlung kalibriert

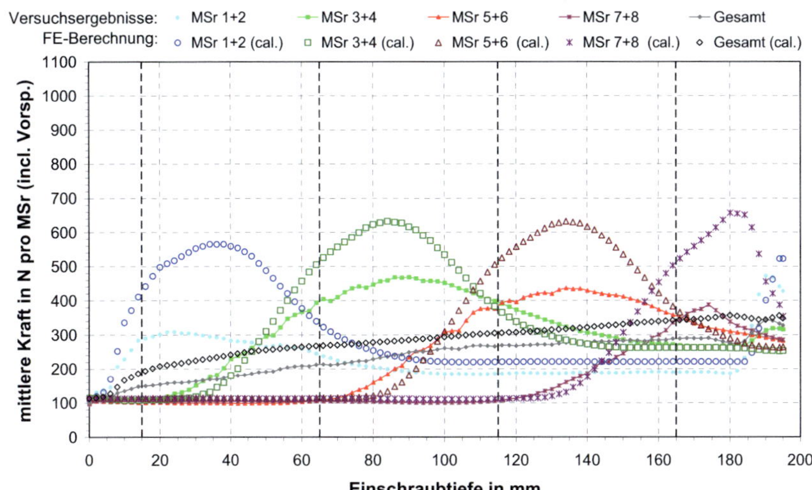

Bild 8-36   Vergleich zwischen Versuchsergebnissen und berechneten Verläufen der Kräfte in den Messschrauben, Schraubentyp B, Kollektiv 1.1, Ersatzlast für Rissflächenermittlung kalibriert

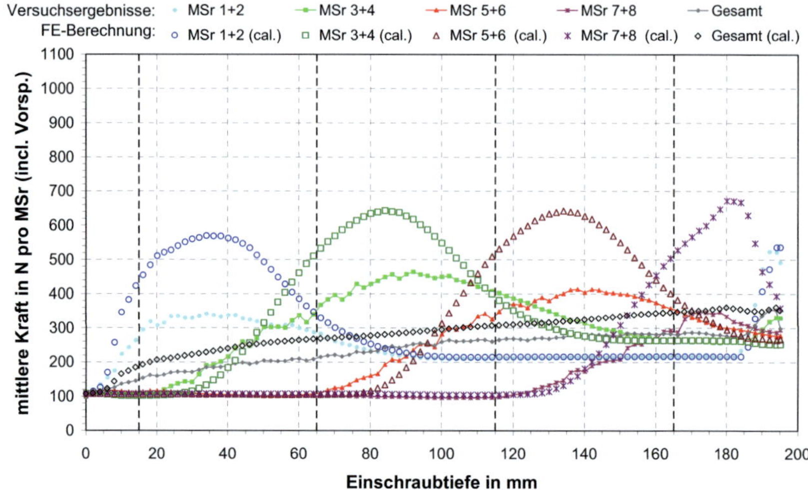

Bild 8-37   Vergleich zwischen Versuchsergebnissen und berechneten Verläufen der Kräfte in den Messschrauben, Schraubentyp B, Kollektiv 2.1, Ersatzlast für Rissflächenermittlung kalibriert

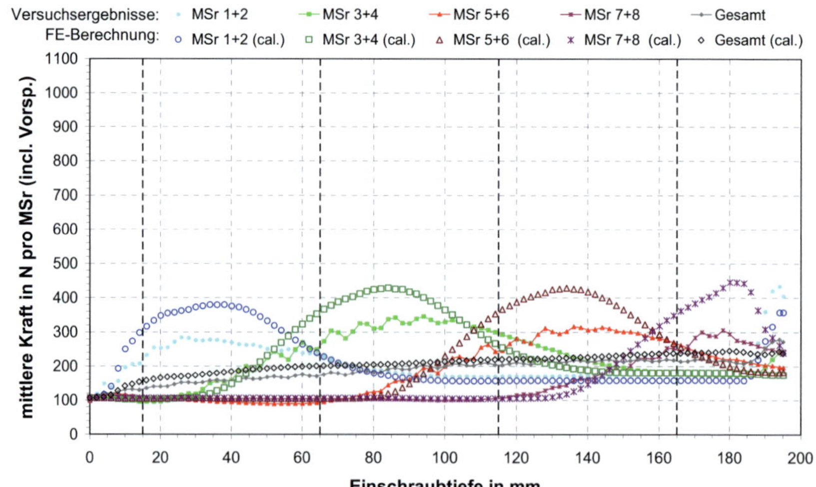

Bild 8-38   Vergleich zwischen Versuchsergebnissen und berechneten Verläufen der Kräfte in den Messschrauben, Schraubentyp B, Kollektiv 2.2, Ersatzlast für Rissflächenermittlung kalibriert

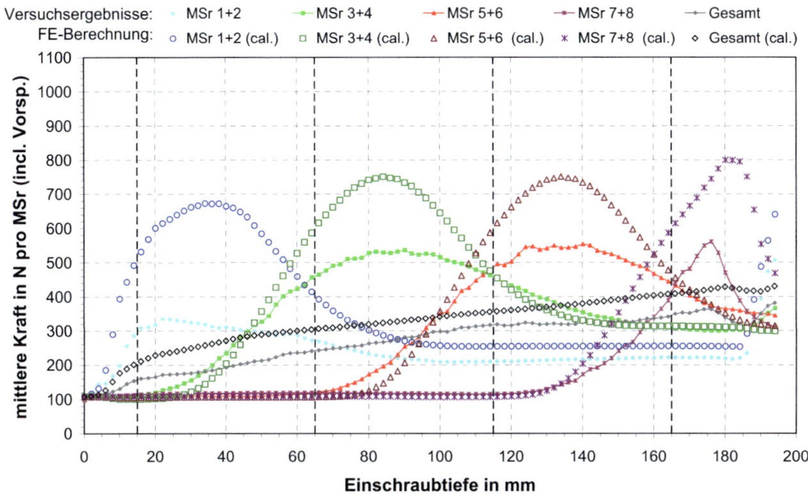

Bild 8-39   Vergleich zwischen Versuchsergebnissen und berechneten Verläufen der Kräfte in den Messschrauben, Schraubentyp B, Kollektiv 3.1, Ersatzlast für Rissflächenermittlung kalibriert

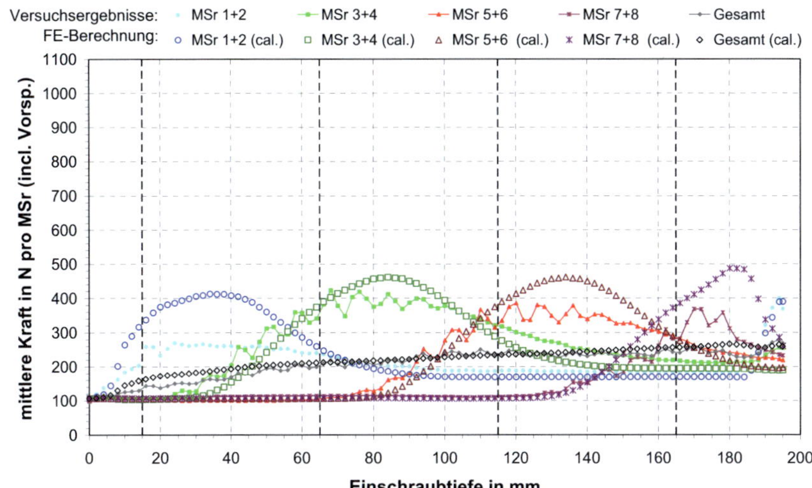

Bild 8-40   Vergleich zwischen Versuchsergebnissen und berechneten Verläufen der Kräfte in den Messschrauben, Schraubentyp B, Kollektiv 3.2, Ersatzlast für Rissflächenermittlung kalibriert

8.4 Anhang zu Abschnitt 4.1

Tabelle 8-70 Rissflächenermittlung für Reihe 1.1-A-1, Schraubentyp A, d = 8 mm, t = 185 mm, $a_{1,c}$ = 40 mm, $a_{2,c}$ = 24 mm

| Versuch | Schraubenbild | | | ρ | γ_{mean} | Rissflächen in mm² | | | | max. Risslänge in mm | | | | Abstände e_{085} in mm | | | |
	m_p	n_p	Folge	in kg/m³	in °	$A_{Ri,1}$	$A_{Ri,11}$	$A_{Ri,13}$	$A_{Ri,3}$	$a_{Ri,1}$	$a_{Ri,11}$	$a_{Ri,13}$	$a_{Ri,3}$	$e_{085,1}$	$e_{085,11}$	$e_{085,13}$	$e_{085,3}$
1.1-A-1-01	1	1	1	386	32	1463	-	-	1188	24,7	-	-	11,8	7,32	-	-	5,95
1.1-A-1-02	1	1	1	386	31	1084	-	-	1555	11,4	-	-	17,1	5,37	-	-	7,63
1.1-A-1-03	1	1	1	404	32	1265	-	-	1297	29,0	-	-	21,9	6,88	-	-	7,19
1.1-A-1-04	1	1	1	(404)*	-	-	-	-	-	-	-	-	-	-	-	-	-
1.1-A-1-05	1	1	1	(421)*	-	-	-	-	-	-	-	-	-	-	-	-	-
1.1-A-1-06	1	1	1	421	45	1154	-	-	1007	32,5	-	-	28,2	6,16	-	-	5,89
1.1-A-1-07	1	1	1	451	19	1365	-	-	1348	19,5	-	-	21,4	7,00	-	-	6,92
1.1-A-1-08	1	1	1	(451)*	-	-	-	-	-	-	-	-	-	-	-	-	-
1.1-A-1-09	1	1	1	541	43	2797	-	-	2172	39,2	-	-	31,3	21,31	-	-	14,52
1.1-A-1-10	1	1	1	(541)*	-	-	-	-	-	-	-	-	-	-	-	-	-
1.1-A-1-11	1	1	1	483	42	1632	-	-	1482	31,0	-	-	24,1	8,93	-	-	7,67
1.1-A-1-12	1	1	1	483	42	1287	-	-	1700	13,2	-	-	27,9	6,66	-	-	8,55
Mittelwerte				444		1506			1469	25,1			23,0	8,70			8,04
Variationskoeffizient in %				12,4		36,5			24,3	38,9			27,8	59,7			34,5

* Versuch nicht verwertbar

Tabelle 8-71   Rissflächenermittlung für Reihe 1.1-B-1, Schraubentyp B, d = 8 mm, t = 194 mm, $a_{1,c}$ = 40 mm, $a_{2,c}$ = 24 mm

Versuch	Schraubenbild			ρ	γ_{mean}	Rissflächen in mm²				max. Risslänge in mm				Abstände e_{085} in mm			
	m_p	n_p	Folge	in kg/m³	in °	$A_{Ri,1}$	$A_{Ri,11}$	$A_{Ri,13}$	$A_{Ri,3}$	$a_{Ri,1}$	$a_{Ri,11}$	$a_{Ri,13}$	$a_{Ri,3}$	$e_{085,1}$	$e_{085,11}$	$e_{085,13}$	$e_{085,3}$
1.1-B-1-01	1	1	1	402	36	1861	-	-	1462	19,8	-	-	14,3	8,57	-	-	6,90
1.1-B-1-02	1	1	1	402	35	1898	-	-	1526	19,0	-	-	18,9	8,84	-	-	7,52
1.1-B-1-03	1	1	1	397	35	1746	-	-	1730	18,8	-	-	21,1	8,30	-	-	8,33
1.1-B-1-04	1	1	1	397	37	1811	-	-	1491	21,7	-	-	15,8	8,86	-	-	7,53
1.1-B-1-05	1	1	1	(428)*	-	-	-	-	-	-	-	-	-	-	-	-	-
1.1-B-1-06	1	1	1	428	44	1260	-	-	1294	15,6	-	-	13,6	6,02	-	-	6,21
1.1-B-1-07	1	1	1	446	28	1491	-	-	1269	13,0	-	-	12,2	7,01	-	-	6,19
1.1-B-1-08	1	1	1	(446)*	-	-	-	-	-	-	-	-	-	-	-	-	-
1.1-B-1-09	1	1	1	535	37	1447	-	-	1628	25,2	-	-	20,7	7,60	-	-	8,54
1.1-B-1-10	1	1	1	535	43	1647	-	-	922	20,6	-	-	20,7	7,97	-	-	6,01
1.1-B-1-11	1	1	1	479	42	1852	-	-	1275	20,0	-	-	16,9	9,00	-	-	6,82
1.1-B-1-12	1	1	1	(479)*	-	-	-	-	-	-	-	-	-	-	-	-	-
Mittelwerte				447		1668			1400	19,3			17,1	8,02			7,12
Variationskoeffizient in %				12,7		13,4			17,1	18,0			19,7	12,3			13,1

* Versuch nicht verwertbar

Tabelle 8-72 Rissflächenermittlung für Reihe 1.1-C-1, Schraubentyp C, d = 8 mm, t = 195 mm, $a_{1,c}$ = 40 mm, $a_{2,c}$ = 24 mm

Versuch	Schraubenbild			ρ	γ_{mean}	Rissflächen in mm²				max. Risslänge in mm				Abstände e_{085} in mm			
	m_p	n_p	Folge	in kg/m³	in °	$A_{Ri,1}$	$A_{Ri,11}$	$A_{Ri,13}$	$A_{Ri,3}$	$a_{Ri,1}$	$a_{Ri,11}$	$a_{Ri,13}$	$a_{Ri,3}$	$e_{085,1}$	$e_{085,11}$	$e_{085,13}$	$e_{085,3}$
1.1-C-1-01	1	1	1	403	31	1755	-	-	1806	19,4	-	-	21,1	8,59	-	-	9,02
1.1-C-1-02	1	1	1	403	32	1890	-	-	1931	22,7	-	-	25,1	9,46	-	-	9,57
1.1-C-1-03	1	1	1	398	35	1994	-	-	2272	19,7	-	-	25,8	9,76	-	-	10,98
1.1-C-1-04	1	1	1	398	34	2105	-	-	1995	27,2	-	-	21,8	10,86	-	-	9,87
1.1-C-1-05	1	1	1	(422)*	-	-	-	-	-	-	-	-	-	-	-	-	-
1.1-C-1-06	1	1	1	422	41	1538	-	-	1021	18,9	-	-	22,4	7,49	-	-	5,24
1.1-C-1-07	1	1	1	441	42	1203	-	-	1389	18,1	-	-	24,8	6,14	-	-	7,25
1.1-C-1-08	1	1	1	441	43	1286	-	-	1287	15,5	-	-	18,2	6,15	-	-	6,56
1.1-C-1-09	1	1	1	485	39	2260	-	-	2161	31,2	-	-	23,1	11,60	-	-	12,05
1.1-C-1-10	1	1	1	(485)*	-	-	-	-	-	-	-	-	-	-	-	-	-
1.1-C-1-11	1	1	1	525	38	2521	-	-	2426	30,2	-	-	27,5	13,67	-	-	12,65
1.1-C-1-12	1	1	1	525	35	2398	-	-	2764	40,1	-	-	30,6	21,85	-	-	16,39
Mittelwerte				444		1895			1905	24,3			24,0	10,56			9,96
Variationskoeffizient in %				11,4		23,8			28,5	31,7			14,6	43,8			32,8

* Versuch nicht verwertbar

Tabelle 8-73 Rissflächenermittlung für Reihe 1.1-A-2, Schraubentyp A, d = 8 mm, t = 80 mm, $a_{1,c}$ = 56 mm, $a_{2,c}$ = 24 mm

Versuch	Schraubenbild			ρ in kg/m³	γ_{mean} in °	Rissflächen in mm²				max. Risslänge in mm				Abstände e_{085} in mm			
	m_p	n_p	Folge			$A_{Ri,1}$	$A_{Ri,11}$	$A_{Ri,13}$	$A_{Ri,3}$	$a_{Ri,1}$	$a_{Ri,11}$	$a_{Ri,13}$	$a_{Ri,3}$	$e_{085,1}$	$e_{085,11}$	$e_{085,13}$	$e_{085,3}$
1.1-A-2-01	1	1	1	456	64	1034	-	-	657	29,2	-	-	17,8	12,05	-	-	9,17
1.1-A-2-02	1	1	1	455	56	840	-	-	727	21,5	-	-	21,2	11,51	-	-	9,00
1.1-A-2-03	1	1	1	497	63	902	-	-	722	25,6	-	-	20,1	12,73	-	-	9,36
1.1-A-2-04	1	1	1	476	76	790	-	-	888	24,6	-	-	25,2	12,77	-	-	11,40
1.1-A-2-05	1	1	1	446	33	548	-	-	561	15,3	-	-	22,5	6,79	-	-	8,24
Mittelwerte				466		823			711	23,2			21,4	11,17			9,43
Variationskoeffizient in %				4,40		21,7			16,8	22,5			12,9	22,4			12,5

Tabelle 8-74 Rissflächenermittlung für Reihe 1.1-B-2, Schraubentyp B, d = 8 mm, t = 40 mm, $a_{1,c}$ = 56 mm, $a_{2,c}$ = 24 mm

Versuch	Schraubenbild			ρ in kg/m³	γ_{mean} in °	Rissflächen in mm²				max. Risslänge in mm				Abstände e_{085} in mm			
	m_p	n_p	Folge			$A_{Ri,1}$	$A_{Ri,11}$	$A_{Ri,13}$	$A_{Ri,3}$	$a_{Ri,1}$	$a_{Ri,11}$	$a_{Ri,13}$	$a_{Ri,3}$	$e_{085,1}$	$e_{085,11}$	$e_{085,13}$	$e_{085,3}$
1.1-B-2-01	1	1	1	509	44	359	-	-	313	16,3	-	-	22,9	8,66	-	-	12,41
1.1-B-2-02	1	1	1	484	55	332	-	-	265	16,0	-	-	13,4	8,04	-	-	6,60
1.1-B-2-03	1	1	1	447	58	378	-	-	365	21,7	-	-	29,7	9,37	-	-	9,41
1.1-B-2-04	1	1	1	448	62	262	-	-	285	18,9	-	-	16,9	7,37	-	-	8,09
1.1-B-2-05	1	1	1	484	83	292	-	-	359	21,1	-	-	19,6	9,36	-	-	10,95
Mittelwerte				474		325			317	18,8			20,5	8,56			9,49
Variationskoeffizient in %				5,61		14,6			13,9	14,0			30,3	10,0			24,1

Tabelle 8-75 Rissflächenermittlung für Reihe 1.1-C-2, Schraubentyp C, d = 8 mm, t = 64 mm, $a_{1,c}$ = 56 mm, $a_{2,c}$ = 24 mm

Versuch	Schraubenbild			ρ in kg/m³	γ_{mean} in °	Rissflächen in mm²				max. Risslänge in mm				Abstände e_{085} in mm			
	m_p	n_p	Folge			$A_{Ri,1}$	$A_{Ri,11}$	$A_{Ri,13}$	$A_{Ri,3}$	$a_{Ri,1}$	$a_{Ri,11}$	$a_{Ri,13}$	$a_{Ri,3}$	$e_{085,1}$	$e_{085,11}$	$e_{085,13}$	$e_{085,3}$
1.1-C-2-01	1	1	1	458	59	719	-	-	539	28,5	-	-	21,3	11,80	-	-	11,84
1.1-C-2-02	1	1	1	505	37	781	-	-	1056	29,4	-	-	24,3	17,44	-	-	16,09
1.1-C-2-03	1	1	1	495	71	741	-	-	601	26,7	-	-	25,9	12,82	-	-	10,32
1.1-C-2-04	1	1	1	481	66	770	-	-	670	27,0	-	-	25,5	13,61	-	-	12,72
1.1-C-2-05	1	1	1	496	39	1036	-	-	781	26,6	-	-	32,5	16,87	-	-	19,84
Mittelwerte				487		809			729	27,6			25,9	14,51			14,16
Variationskoeffizient in %				3,77		15,9			27,9	4,53			15,9	17,3			26,9

Tabelle 8-76   Rissflächenermittlung für Reihe 1.1-A-3, Schraubentyp A, d = 8 mm, t = 100 mm, $a_{1,c}$ = 56 mm, $a_{2,c}$ = 24 mm

Versuch	Schraubenbild			ρ	γ_{mean}	Rissflächen in mm²				max. Risslänge in mm				Abstände e_{085} in mm			
	m_p	n_p	Folge	in kg/m³	in °	$A_{Ri,1}$	$A_{Ri,11}$	$A_{Ri,13}$	$A_{Ri,3}$	$a_{Ri,1}$	$a_{Ri,11}$	$a_{Ri,13}$	$a_{Ri,3}$	$e_{085,1}$	$e_{085,11}$	$e_{085,13}$	$e_{085,3}$
1.1-A-3-01	1	1	1	487	40	585	-	-	1070	17,7	-	-	20,9	8,76	-	-	10,79
1.1-A-3-02	1	1	1	452	59	687	-	-	990	19,4	-	-	32,7	6,53	-	-	12,22
1.1-A-3-03	1	1	1	465	44	716	-	-	738	17,6	-	-	14,3	6,98	-	-	7,31
Mittelwerte				468		663			933	18,2			22,6	7,42			10,11
Variationskoeffizient in %				3,78		10,4			18,6	5,55			41,2	15,9			25,0

Tabelle 8-77   Rissflächenermittlung für Reihe 1.1-B-3, Schraubentyp B, d = 8 mm, t = 100 mm, $a_{1,c}$ = 56 mm, $a_{2,c}$ = 24 mm

Versuch	Schraubenbild			ρ	γ_{mean}	Rissflächen in mm²				max. Risslänge in mm				Abstände e_{085} in mm			
	m_p	n_p	Folge	in kg/m³	in °	$A_{Ri,1}$	$A_{Ri,11}$	$A_{Ri,13}$	$A_{Ri,3}$	$a_{Ri,1}$	$a_{Ri,11}$	$a_{Ri,13}$	$a_{Ri,3}$	$e_{085,1}$	$e_{085,11}$	$e_{085,13}$	$e_{085,3}$
1.1-B-3-01	1	1	1	(459)*	-	-	-	-	-	-	-	-	-	-	-	-	-
1.1-B-3-02	1	1	1	486		598	-	-	731	18,0	-	-	22,5	5,80	-	-	7,89
1.1-B-3-03	1	1	1	492		796	-	-	713	17,0	-	-	16,6	7,78	-	-	8,25

* Versuch nicht verwertbar

Tabelle 8-78   Rissflächenermittlung für Reihe 1.1-C-3, Schraubentyp C, d = 8 mm, t = 100 mm, $a_{1,c}$ = 56 mm, $a_{2,c}$ = 24 mm

Versuch	Schraubenbild			ρ	γ_{mean}	Rissflächen in mm²				max. Risslänge in mm				Abstände e_{085} in mm			
	m_p	n_p	Folge	in kg/m³	in °	$A_{Ri,1}$	$A_{Ri,11}$	$A_{Ri,13}$	$A_{Ri,3}$	$a_{Ri,1}$	$a_{Ri,11}$	$a_{Ri,13}$	$a_{Ri,3}$	$e_{085,1}$	$e_{085,11}$	$e_{085,13}$	$e_{085,3}$
1.1-C-3-01	1	1	1	473	55	638	-	-	948	28,3	-	-	28,8	7,93	-	-	12,31
1.1-C-3-02	1	1	1	498	48	1314	-	-	629	29,6	-	-	29,4	14,40	-	-	12,02
1.1-C-3-03	1	1	1	450	48	1055	-	-	1112	26,1	-	-	27,8	13,11	-	-	11,56
Mittelwerte				474		1002			896	28,0			28,7	11,81			11,96
Variationskoeffizient in %				5,07		34,0			27,4	6,32			2,82	29,0			3,20

Tabelle 8-79   Rissflächenermittlung für Reihe 1.1-A-4, Schraubentyp A, d = 8 mm, t = 40 mm, $a_{1,c}$ = 40 mm, $a_{2,c}$ = 24 mm

Versuch	Schraubenbild			ρ	γ_{mean}	Rissflächen in mm²				max. Risslänge in mm				Abstände e_{085} in mm			
	m_p	n_p	Folge	in kg/m³	in °	$A_{Ri,1}$	$A_{Ri,11}$	$A_{Ri,13}$	$A_{Ri,3}$	$a_{Ri,1}$	$a_{Ri,11}$	$a_{Ri,13}$	$a_{Ri,3}$	$e_{085,1}$	$e_{085,11}$	$e_{085,13}$	$e_{085,3}$
1.1-A-4-01	1	1	1	468	8	665	-	-	579	41,4	-	-	46,7	30,42	-	-	22,08
1.1-A-4-02	1	1	1	(485)*	-	-	-	-	-	-	-	-	-	-	-	-	-
1.1-A-4-03	1	1	1	459	73	1014	-	-	823	41,0	-	-	40,2	30,59	-	-	26,41
1.1-A-4-04	1	1	1	517	8	737	-	-	1040	41,7	-	-	39,3	33,37	-	-	25,52
Mittelwerte				481		805			814	41,4			42,1	31,46			24,67
Variationskoeffizient in %				6,48		22,9			28,4	0,85			9,60	5,30			9,30

* Versuch nicht verwertbar

Tabelle 8-80   Rissflächenermittlung für Reihe 1.1-A-5, Schraubentyp A, d = 8 mm, t = 40 mm, $a_{1,c}$ = 56 mm, $a_{2,c}$ = 24 mm

Versuch	Schraubenbild			ρ	γ_{mean}	Rissflächen in mm²				max. Risslänge in mm				Abstände e_{085} in mm			
	m_p	n_p	Folge	in kg/m³	in °	$A_{Ri,1}$	$A_{Ri,11}$	$A_{Ri,13}$	$A_{Ri,3}$	$a_{Ri,1}$	$a_{Ri,11}$	$a_{Ri,13}$	$a_{Ri,3}$	$e_{085,1}$	$e_{085,11}$	$e_{085,13}$	$e_{085,3}$
1.1-A-5-01	1	1	1	470	5	353	-	-	656	37,7	-	-	41,1	8,66	-	-	23,84
1.1-A-5-02	1	1	1	474	88	589	-	-	498	37,2	-	-	26,1	17,60	-	-	11,76
1.1-A-5-03	1	1	1	455	72	662	-	-	817	31,2	-	-	35,5	14,09	-	-	20,09
1.1-A-5-04	1	1	1	517	11	1616	-	-	1843	56,6	-	-	88,6	44,93	-	-	38,29
Mittelwerte				479		805			954	40,7			47,8	21,32			23,50
Variationskoeffizient in %				5,56		69,1			63,6	27,1			58,3	75,8			47,1

Tabelle 8-81   Rissflächenermittlung für Reihe 1.1-A-6, Schraubentyp A, d = 8 mm, t = 80 mm, $a_{1,c}$ = 40 mm, $a_{2,c}$ = 24 mm

Versuch	Schraubenbild			ρ	γ_{mean}	Rissflächen in mm²				max. Risslänge in mm				Abstände e_{085} in mm			
	m_p	n_p	Folge	in kg/m³	in °	$A_{Ri,1}$	$A_{Ri,11}$	$A_{Ri,13}$	$A_{Ri,3}$	$a_{Ri,1}$	$a_{Ri,11}$	$a_{Ri,13}$	$a_{Ri,3}$	$e_{085,1}$	$e_{085,11}$	$e_{085,13}$	$e_{085,3}$
1.1-A-6-01	1	1	1	436	10	702	-	-	760	18,9	-	-	17,9	8,23	-	-	9,32
1.1-A-6-02	1	1	1	(431)*	-	-	-	-	-	-	-	-	-	-	-	-	-
1.1-A-6-03	1	1	1	416	45	700	-	-	811	28,4	-	-	20,1	8,87	-	-	9,36

* Versuch nicht verwertbar

Tabelle 8-82   Rissflächenermittlung für Reihe 1.1-B-4, Schraubentyp B, d = 8 mm, t = 24 mm, $a_{1,c}$ = 40 mm, $a_{2,c}$ = 24 mm

Versuch	Schraubenbild			ρ	γ_{mean}	Rissflächen in mm²				max. Risslänge in mm				Abstände e_{085} in mm			
	m_p	n_p	Folge	in kg/m³	in °	$A_{Ri,1}$	$A_{Ri,11}$	$A_{Ri,13}$	$A_{Ri,3}$	$a_{Ri,1}$	$a_{Ri,11}$	$a_{Ri,13}$	$a_{Ri,3}$	$e_{085,1}$	$e_{085,11}$	$e_{085,13}$	$e_{085,3}$
1.1-B-4-01	1	1	1	462	23	202	-	-	205	19,2	-	-	17,6	8,27	-	-	8,87
1.1-B-4-02	1	1	1	496	8	347	-	-	333	21,0	-	-	20,2	13,38	-	-	12,43
1.1-B-4-03	1	1	1	502	88	293	-	-	243	23,1	-	-	23,2	13,27	-	-	11,78
1.1-B-4-04	1	1	1	482	90	187	-	-	152	17,0	-	-	18,1	7,81	-	-	6,82
Mittelwerte				486		257			233	20,1			19,8	10,68			9,98
Variationskoeffizient in %				3,66		29,5			32,5	12,9			12,9	28,7			26,2

Tabelle 8-83   Rissflächenermittlung für Reihe 1.1-B-5, Schraubentyp B, d = 8 mm, t = 24 mm, $a_{1,c}$ = 32 mm, $a_{2,c}$ = 24 mm

Versuch	Schraubenbild			ρ	γ_{mean}	Rissflächen in mm²				max. Risslänge in mm				Abstände e_{085} in mm			
	m_p	n_p	Folge	in kg/m³	in °	$A_{Ri,1}$	$A_{Ri,11}$	$A_{Ri,13}$	$A_{Ri,3}$	$a_{Ri,1}$	$a_{Ri,11}$	$a_{Ri,13}$	$a_{Ri,3}$	$e_{085,1}$	$e_{085,11}$	$e_{085,13}$	$e_{085,3}$
1.1-B-5-01	1	1	1	469	28	270	-	-	272	17,8	-	-	19,9	10,88	-	-	11,23
1.1-B-5-02	1	1	1	510	8	477	-	-	292	26,7	-	-	20,8	18,30	-	-	12,76
1.1-B-5-03	1	1	1	513	83	367	-	-	454	24,2	-	-	28,0	16,05	-	-	18,32
1.1-B-5-04	1	1	1	484	85	275	-	-	183	18,8	-	-	17,8	10,93	-	-	7,71
Mittelwerte				494		347			300	21,9			21,6	14,04			12,51
Variationskoeffizient in %				4,28		28,0			37,6	19,5			20,5	26,6			35,3

Tabelle 8-84   Rissflächenermittlung für Reihe 1.1-B-6, Schraubentyp B, d = 8 mm, t = 40 mm, $a_{1,c}$ = 32 mm, $a_{2,c}$ = 24 mm

Versuch	Schraubenbild			ρ	γ_{mean}	Rissflächen in mm²				max. Risslänge in mm				Abstände e_{085} in mm			
	m_p	n_p	Folge	in kg/m³	in °	$A_{Ri,1}$	$A_{Ri,11}$	$A_{Ri,13}$	$A_{Ri,3}$	$a_{Ri,1}$	$a_{Ri,11}$	$a_{Ri,13}$	$a_{Ri,3}$	$e_{085,1}$	$e_{085,11}$	$e_{085,13}$	$e_{085,3}$
1.1-B-6-01	1	1	1	513	88	380	-	-	340	23,4	-	-	21,4	12,24	-	-	10,50
1.1-B-6-02	1	1	1	526	20	366	-	-	455	21,1	-	-	20,3	11,12	-	-	12,87

Tabelle 8-85   Rissflächenermittlung für Reihe 1.1-B-7, Schraubentyp B, d = 8 mm, t = 40 mm, $a_{1,c}$ = 40 mm, $a_{2,c}$ = 24 mm

Versuch	Schraubenbild			ρ	γ_{mean}	Rissflächen in mm²				max. Risslänge in mm				Abstände e_{085} in mm			
	m_p	n_p	Folge	in kg/m³	in °	$A_{Ri,1}$	$A_{Ri,11}$	$A_{Ri,13}$	$A_{Ri,3}$	$a_{Ri,1}$	$a_{Ri,11}$	$a_{Ri,13}$	$a_{Ri,3}$	$e_{085,1}$	$e_{085,11}$	$e_{085,13}$	$e_{085,3}$
1.1-B-7-01	1	1	1	518	90	393	-	-	319	26,2	-	-	17,0	12,53	-	-	8,45
1.1-B-7-02	1	1	1	516	18	551	-	-	363	29,2	-	-	28,1	20,62	-	-	12,67

Tabelle 8-86 Rissflächenermittlung für Reihe 2.1-A-1, Schraubentyp A, $d = 8$ mm, $t = 80$ mm, $a_{1,c} = 56$ mm, $a_{2,c} = 24$ mm, $a_1 = 40$ mm

Versuch	Schraubenbild			ρ	γ_{mean}	Rissflächen in mm²				max. Risslänge in mm				Abstände e_{085} in mm			
	m_p	n_p	Folge	in kg/m³	in °	$A_{Ri,1}$	$A_{Ri,11}$	$A_{Ri,13}$	$A_{Ri,3}$	$a_{Ri,1}$	$a_{Ri,11}$	$a_{Ri,13}$	$a_{Ri,3}$	$e_{085,1}$	$e_{085,11}$	$e_{085,13}$	$e_{085,3}$
2.1-A-1-01	1	1	1	506	20	970	-	910	-	27,6	-	20,0	-	12,66	-	13,21	-
		2	2			-	1398	-	994	-	28,1	-	34,1	-	16,72	-	16,87
2.1-A-1-02	1	1	1	485	18	886	-	966	-	20,4	-	23,2	-	11,24	-	14,54	-
		2	2			-	1095	-	1022	-	21,9	-	32,4	-	14,89	-	16,14
2.1-A-1-03	1	1	1	493	70	4237	-	1572	-	56,0	-	23,5	-	47,64	-	16,94	-
		2	2			-	1619	-	4087	-	33,6	-	105,4	-	17,72	-	72,62
Mittelwerte				495		2031	1371	1149	2034	34,7	27,9	22,2	57,3	23,85	16,44	14,90	35,21
Variationskoeffizient in %				2,14		94,1	19,2	31,9	87,4	54,3	21,0	8,73	72,7	86,5	8,73	12,69	92,0

Tabelle 8-87   Rissflächenermittlung für Reihe 2.1-A-2, Schraubentyp A, d = 8 mm, t = 80 mm, $a_{1,c}$ = 56 mm, $a_{2,c}$ = 24 mm, a_1 = 40 mm

Versuch	Schraubenbild			ρ	γ_{mean}	Rissflächen in mm²				max. Risslänge in mm				Abstände e_{085} in mm			
	m_p	n_p	Folge	in kg/m³	in °	$A_{Ri,1}$	$A_{Ri,11}$	$A_{Ri,13}$	$A_{Ri,3}$	$a_{Ri,1}$	$a_{Ri,11}$	$a_{Ri,13}$	$a_{Ri,3}$	$e_{085,1}$	$e_{085,11}$	$e_{085,13}$	$e_{085,3}$
2.1-A-2-01	1	1	1	483	18	1454	-	1044	-	44,3	-	20,0	-	27,82	-	14,38	-
		2	2			-	1051	1290	-	-	20,0	20,0	-	-	14,40	16,18	-
		3	3			-	1303	1218	-	-	20,0	20,0	-	-	16,17	16,46	-
		4	4			-	1353	1258	-	-	20,0	20,0	-	-	16,14	15,74	-
		5	5			-	1280	-	2836	-	20,0	-	102,3	-	15,71	-	64,42
2.1-A-2-02	1	1	1	502	10	946	-	1146	-	45,1	-	20,0	-	28,93	-	14,79	-
		2	2			-	1120	1192	-	-	22,6	20,0	-	-	15,31	15,88	-
		3	3			-	1137	1187	-	-	20,0	20,0	-	-	16,08	16,03	-
		4	4			-	1262	1271	-	-	20,0	20,0	-	-	15,89	16,44	-
		5	5			-	1322	-	4734	-	20,0	-	105,0	-	16,38	-	84,48
2.1-A-2-03	1	1	1	509	68	2089	-	1600	-	37,7	-	20,0	-	24,92	-	17,00	-
		2	2			-	1600	1600	-	-	20,0	20,0	-	-	17,00	17,00	-
		3	3			-	1600	1600	-	-	20,0	20,0	-	-	17,00	17,00	-
		4	4			-	1600	1600	-	-	20,0	20,0	-	-	17,00	17,00	-
		5	5			-	1680	-	4409	-	20,0	-	86,9	-	17,00	-	56,68
2.1-A-2-04	1	1*	5	500	70	-	-	-	-	-	-	-	-	-	-	-	-
		2	4			-	7680	1600	-	-	96,0	20,0	-	-	81,60	17,00	-
		3	3			-	1600	1600	-	-	20,0	20,0	-	-	17,00	17,00	-
		4	2			-	1600	1600	-	-	20,0	20,0	-	-	17,00	17,00	-
		5	1			-	1600	-	3627	-	20,0	-	79,0	-	17,00	-	55,86
2.1-A-2-05	1	1*	5	478	40	-	-	-	-	-	-	-	-	-	-	-	-
		2	4			-	5299	1412	-	-	96,0	24,0	-	-	80,57	16,35	-
		3	3			-	1216	1319	-	-	28,3	28,8	-	-	16,78	16,36	-
		4	2			-	1052	1374	-	-	20,8	24,7	-	-	15,54	16,22	-
		5	1			-	1296	-	1127	-	32,5	-	24,1	-	16,45	-	14,52
2.1-A-2-06	1	1*	5	537	50	-	-	-	-	-	-	-	-	-	-	-	-
		2	4			-	7680	1600	-	-	96,0	20,0	-	-	81,60	17,00	-
		3	3			-	1600	1600	-	-	20,0	20,0	-	-	17,00	17,00	-
		4	2			-	1600	1600	-	-	20,0	20,0	-	-	17,00	17,00	-
		5	1			-	1600	-	2217	-	20,0	-	55,6	-	17,00	-	32,81
Mittelwerte				502		1496	2089	1415	2034	42,4	30,5	20,8	75,5	27,22	24,53	16,42	51,46
Variationskoeffizient in %				4,20		38,3	91,2	13,8	67,3	9,59	83,5	10,8	40,9	7,61	89,4	4,56	47,7

* nicht verwertbar

Tabelle 8-88   Rissflächenermittlung für Reihe 2.2-A-1, Schraubentyp A, $d = 8$ mm, $t = 80$ mm, $a_{1,c} = 56$ mm, $a_{2,c} = 24$ mm, $a_1 = 40$ mm, $a_2 = 24$ mm

Versuch	Schraubenbild			ρ in kg/m³	γ_{mean} in °	Rissflächen in mm²				max. Risslänge in mm				Abstände e_{085} in mm			
	m_p	n_p	Folge			$A_{Ri,1}$	$A_{Ri,11}$	$A_{Ri,13}$	$A_{Ri,3}$	$a_{Ri,1}$	$a_{Ri,11}$	$a_{Ri,13}$	$a_{Ri,3}$	$e_{085,1}$	$e_{085,11}$	$e_{085,13}$	$e_{085,3}$
2.2-A-1-01	1	1	1	461	43	954	-	601	-	23,6	-	15,0	-	12,49	-	7,70	-
		2	3			-	929	-	685	-	22,0	-	16,2	-	10,97	-	7,76
	2	1	2		30	1145	-	835	-	29,2	-	20,3	-	14,22	-	12,10	-
		2	4			-	926	-	616	-	27,8	-	17,8	-	10,98	-	7,50
2.2-A-1-02	1	1	1	(473)*	-	-	-	-	-	-	-	-	-	-	-	-	-
		2	3			-	-	-	-	-	-	-	-	-	-	-	-
	2	1	2		-	-	-	-	-	-	-	-	-	-	-	-	-
		2	4			-	-	-	-	-	-	-	-	-	-	-	-
2.2-A-1-03	1	1	1	457	28	836	-	896	-	25,1	-	20,0	-	11,25	-	12,03	-
		2	3			-	1111	-	1043	-	31,3	-	29,1	-	14,31	-	13,15
	2	1	2		45	691	-	755	-	17,8	-	18,0	-	8,16	-	10,15	-
		2	4			-	797	-	709	-	23,5	-	30,6	-	9,71	-	10,53
2.2-A-1-04	1	1	1	473	53	1063	-	745	-	27,9	-	20,0	-	14,56	-	11,02	-
		2	3			-	1190	-	1016	-	22,4	-	29,0	-	14,28	-	12,82
	2	1	2		33	1204	-	865	-	29,5	-	20,0	-	14,43	-	13,32	-
		2	4			-	1498	-	978	-	32,9	-	26,3	-	18,66	-	12,96
Mittelwerte				464		982	1075	783	2034	25,5	26,7	18,9	24,8	12,52	13,15	11,05	10,79
Variationskoeffizient in %				1,80		19,8	23,3	13,7	9,4	17,4	17,7	11,0	25,1	20,0	25,1	17,8	24,3

* Versuch nicht verwertbar

Tabelle 8-89   Rissflächenermittlung für Reihe 2.2-A-2, Schraubentyp A, d = 8 mm, t = 80 mm, $a_{1,c}$ = 40 mm, $a_{2,c}$ = 22 mm, a_1 = 40 mm, a_2 = 40 mm

Versuch	Schraubenbild			ρ	γ_{mean}	Rissflächen in mm²				max. Risslänge in mm				Abstände e_{085} in mm			
	m_p	n_p	Folge	in kg/m³	in °	$A_{Ri,1}$	$A_{Ri,11}$	$A_{Ri,13}$	$A_{Ri,3}$	$a_{Ri,1}$	$a_{Ri,11}$	$a_{Ri,13}$	$a_{Ri,3}$	$e_{085,1}$	$e_{085,11}$	$e_{085,13}$	$e_{085,3}$
2.2-A-2-01	1	1	2	471	23	1834	-	1100	-	40,0	-	20,0	-	32,01	-	15,06	-
	1	2	1		23	-	1124	-	1200	-	20,0	-	26,5	-	15,05	-	16,49
	2	1	4		30	852	-	593	-	22,2	-	12,4	-	9,82	-	7,63	-
	2	2	3		30	-	838	-	540	-	17,2	-	14,0	-	9,39	-	7,14
2.2-A-2-02	1	1	2	485	33	715	-	485	-	16,2	-	17,2	-	8,42	-	7,97	-
	1	2	1		33	-	594	-	642	-	18,4	-	19,5	-	7,24	-	8,93
	2	1	4		25	762	-	611	-	15,8	-	15,0	-	8,84	-	6,82	-
	2	2	3		25	-	776	-	618	-	15,1	-	13,7	-	8,80	-	7,60
2.2-A-2-03	1	1	2	465	28	706	-	830	-	17,5	-	20,4	-	8,87	-	10,36	-
	1	2	1		28	-	733	-	769	-	14,4	-	22,3	-	8,60	-	9,80
	2	1	4		20	1082	-	837	-	31,3	-	20,1	-	14,46	-	13,96	-
	2	2	3		20	-	962	-	803	-	20,0	-	20,0	-	12,93	-	9,72
Mittelwerte				474		992	838	743	2034	23,8	17,5	17,5	19,3	13,74	10,34	10,30	9,95
Variationskoeffizient in %				2,17		43,9	22,1	30,1	11,6	41,2	13,7	18,7	25,4	67,2	29,0	33,8	34,0

Tabelle 8-90   Rissflächenermittlung für Reihe 2.2-A-3, Schraubentyp A, d = 8 mm, t = 80 mm, $a_{1,c}$ = 40 mm, $a_{2,c}$ = 24 mm, a_1 = 40 mm, a_2 = 24 mm

Versuch	Schraubenbild			ρ	γ_{mean}	Rissflächen in mm²				max. Risslänge in mm				Abstände e_{085} in mm			
	m_p	n_p	Folge	in kg/m³	in °	$A_{Ri,1}$	$A_{Ri,11}$	$A_{Ri,13}$	$A_{Ri,3}$	$a_{Ri,1}$	$a_{Ri,11}$	$a_{Ri,13}$	$a_{Ri,3}$	$e_{085,1}$	$e_{085,11}$	$e_{085,13}$	$e_{085,3}$
2.2-A-3-01	1	1	2	462	50	1186	-	1100	-	20,0	-	20,0	-	16,13	-	15,96	-
	1	2	1		50	-	1108	-	864	-	20,0	-	27,1	-	14,64	-	14,24
	2	1	4		35	948	-	595	-	19,5	-	19,2	-	11,47	-	6,83	-
	2	2	3		35	-	837	-	476	-	19,0	-	10,0	-	10,42	-	5,69
2.2-A-3-02	1	1	2	478	43	3200	-	1600	-	40,0	-	20,0	-	34,00	-	17,00	-
	1	2	1		43	-	1600	-	3852	-	20,0	-	59,0	-	17,00	-	46,47
	2	1	4		50	1808	-	1431	-	40,0	-	31,2	-	28,56	-	19,43	-
	2	2	3		50	-	1310	-	1261	-	33,0	-	33,1	-	16,41	-	16,22
2.2-A-3-03	1	1	2	493	40	2284	-	1292	-	40,0	-	22,6	-	32,65	-	15,53	-
	1	2	1		40	-	1198	-	830	-	20,0	-	20,9	-	15,42	-	11,35
	2	1	4		65	1160	-	814	-	39,0	-	21,5	-	19,75	-	14,23	-
	2	2	3		65	-	1065	-	998	-	28,3	-	30,0	-	14,19	-	14,75
Mittelwerte				478		1764	1186	1139	2034	33,1	23,4	22,4	30,0	23,76	14,68	14,83	18,12
Variationskoeffizient in %				3,25		48,8	21,6	33,4	60,8	31,2	25,0	20,0	54,6	39,1	15,9	28,9	79,4

Tabelle 8-91   Rissflächenermittlung für Reihe 2.2-A-4, Schraubentyp A, d = 8 mm, t = 80 mm, $a_{1,c}$ = 40 mm, $a_{2,c}$ = 22 mm, a_1 = 24 mm, a_2 = 40 mm

Versuch	Schraubenbild			ρ	γ_{mean}	Rissflächen in mm²				max. Risslänge in mm				Abstände e_{085} in mm			
	m_p	n_p	Folge	in kg/m³	in °	$A_{Ri,1}$	$A_{Ri,11}$	$A_{Ri,13}$	$A_{Ri,3}$	$a_{Ri,1}$	$a_{Ri,11}$	$a_{Ri,13}$	$a_{Ri,3}$	$e_{085,1}$	$e_{085,11}$	$e_{085,13}$	$e_{085,3}$
2.2-A-4-01	1	1	2	466	23	1176	-	960	-	28,4	-	12,0	-	16,54	-	10,20	-
		2	1			-	960	-	708	-	12,0	-	16,9	-	10,20	-	9,91
	2*	1*	4		-	-	-	-	-	-	-	-	-	-	-	-	-
		2*	3			-	-	-	-	-	-	-	-	-	-	-	-
2.2-A-4-02	1	1	2	466	25	749	-	565	-	20,6	-	16,0	-	9,35	-	9,24	-
		2	1			-	633	-	640	-	14,0	-	16,6	-	7,97	-	8,49
	2	1	4		30	1088	-	943	-	24,0	-	13,8	-	13,00	-	10,17	-
		2	3			-	947	-	679	-	12,8	-	17,7	-	10,11	-	8,16
2.2-A-4-03	1	1	2	484	25	2186	-	855	-	40,0	-	17,9	-	32,39	-	10,24	-
		2	1			-	830	-	1590	-	16,1	-	46,6	-	9,79	-	32,78
	2	1	4		23	845	-	633	-	18,6	-	13,4	-	9,72	-	8,49	-
		2	3			-	705	-	585	-	12,4	-	12,8	-	8,66	-	7,14
Mittelwerte				472		1209	815	791	2034	26,3	13,5	14,6	22,1	16,20	9,35	9,67	13,30
Variationskoeffizient in %				2,20		47,4	17,8	22,9	20,7	32,3	12,3	15,9	62,5	58,7	10,5	8,07	82,3

* nicht verwertbar

Tabelle 8-92   Rissflächenermittlung für Reihe 2.3-A-1, Schraubentyp A, d = 8 mm, t = 80 mm, $a_{1,c}$ = 56 mm, $a_{2,c}$ = 24 mm, a_1 = 40 mm, a_2 = 24 mm

Versuch	Schraubenbild			ρ	γ_{mean}	Rissflächen in mm²				max. Risslänge in mm				Abstände e_{085} in mm			
	m_p	n_p	Folge	in kg/m³	in °	$A_{Ri,1}$	$A_{Ri,11}$	$A_{Ri,13}$	$A_{Ri,3}$	$a_{Ri,1}$	$a_{Ri,11}$	$a_{Ri,13}$	$a_{Ri,3}$	$e_{085,1}$	$e_{085,11}$	$e_{085,13}$	$e_{085,3}$
2.3-A-1-01	1	1	1	484	55	1352	-	1210	-	32,0	-	33,5	-	17,98	-	18,52	-
	1	2	6		55	-	1110	947	-	-	26,2	20,0	-	-	16,35	15,88	-
	1	3	7		55	-	1202	-	1643	-	22,8	-	55,3	-	15,24	-	35,22
	2	1	2		40	1105	-	607	-	23,4	-	14,2	-	12,60	-	8,27	-
	2	2	5		40	-	1035	745	-	-	20,9	18,6	-	-	12,13	9,41	-
	2	3	8		40	-	1128	-	749	-	26,7	-	15,0	-	13,06	-	9,09
	3	1	3		33	1684	-	1438	-	42,0	-	34,5	-	24,92	-	21,87	-
	3	2	4		33	-	1724	1326	-	-	40,0	30,7	-	-	20,89	16,64	-
	3	3	9		33	-	1522	-	1723	-	27,7	-	50,2	-	17,37	-	28,70
2.3-A-1-02	1	1	1	467	70	973	-	991	-	38,9	-	20,0	-	16,86	-	15,07	-
	1	2	4		70	-	1146	1087	-	-	23,3	20,0	-	-	15,89	15,78	-
	1	3	7		70	-	1234	-	2808	-	30,6	-	74,0	-	16,94	-	58,98
	2	1	2		58	847	-	775	-	30,6	-	20,5	-	12,28	-	10,53	-
	2	2	5		58	-	872	762	-	-	26,2	20,0	-	-	10,38	9,69	-
	2	3	8		58	-	1182	-	1121	-	27,3	-	23,0	-	14,71	-	13,28
	3	1	3		50	1189	-	1447	-	28,1	-	32,8	-	15,16	-	16,87	-
	3	2	6		50	-	1221	1307	-	-	29,3	23,4	-	-	15,75	14,63	-
	3	3	9		50	-	1014	-	1210	-	30,8	-	23,8	-	14,48	-	13,59
2.3-A-1-03	1	1	1	503	50	980	-	1186	-	23,6	-	30,7	-	12,26	-	15,96	-
	1	2	6		50	-	1229	1175	-	-	28,4	30,1	-	-	16,66	15,78	-
	1	3	7		50	-	1356	-	1893	-	32,9	-	54,3	-	19,60	-	38,43
	2	1	2		58	922	-	816	-	19,4	-	17,8	-	10,66	-	9,63	-
	2	2	5		58	-	960	968	-	-	20,3	22,1	-	-	11,04	12,52	-
	2	3	8		58	-	820	-	937	-	21,3	-	21,2	-	9,55	-	10,91
	3	1	3		75	757	-	1012	-	18,2	-	29,2	-	9,49	-	11,93	-
	3	2	4		75	-	1561	1478	-	-	33,1	31,2	-	-	19,10	17,79	-
	3	3	9		75	-	1353	-	1105	-	33,3	-	26,7	-	18,27	-	14,45
Mittelwerte				485		1090	1204	1071	2034	28,5	27,8	25,0	38,2	14,69	15,41	14,27	24,74
Variationskoeffizient in %				3,72		26,3	19,6	24,9	31,0	29,0	18,5	25,9	53,8	32,3	20,8	26,1	68,3

Tabelle 8-93 Rissflächenermittlung für Reihe 2.2-B-1, Schraubentyp B, d = 8 mm, t = 40 mm, $a_{1,c}$ = 40 mm, $a_{2,c}$ = 22 mm, a_1 = 40 mm, a_2 = 40 mm

Versuch	m_p	n_p	Folge	ρ in kg/m³	γ_{mean} in °	$A_{Ri,1}$	$A_{Ri,11}$	$A_{Ri,13}$	$A_{Ri,3}$	$a_{Ri,1}$	$a_{Ri,11}$	$a_{Ri,13}$	$a_{Ri,3}$	$e_{085,1}$	$e_{085,11}$	$e_{085,13}$	$e_{085,3}$
2.2-B-1-01	1	1	2	472	53	395	-	437	-	25,0	-	21,2	-	9,94	-	10,84	-
	1	2	1			-	348	-	340	-	15,9	-	16,5	-	8,05	-	7,77
	2	1	4		35	540	-	402	-	23,3	-	19,8	-	13,69	-	12,51	-
	2	2	3			-	446	-	341	-	18,8	-	19,8	-	10,11	-	7,97
2.2-B-1-02	1	1	2	472	55	359	-	269	-	17,0	-	15,9	-	8,45	-	7,87	-
	1	2	1			-	432	-	259	-	25,0	-	13,2	-	10,90	-	5,94
	2	1	4		38	421	-	332	-	17,7	-	17,6	-	10,06	-	7,73	-
	2	2	3			-	405	-	412	-	18,5	-	18,1	-	9,95	-	9,91
2.2-B-1-03	1	1	2	459	48	396	-	459	-	18,2	-	19,0	-	9,03	-	11,30	-
	1	2	1			-	283	-	437	-	15,6	-	17,5	-	6,81	-	9,82
	2	1	4		33	500	-	412	-	22,8	-	24,8	-	12,50	-	15,85	-
	2	2	3			-	440	-	343	-	21,8	-	18,3	-	10,35	-	7,77
Mittelwerte				468		435	392	385	2034	20,7	19,3	19,7	17,2	10,61	9,36	11,02	8,20
Variationskoeffizient in %				1,60		16,0	16,4	18,5	3,09	16,6	18,7	15,7	13,1	19,3	16,9	27,7	18,2

Tabelle 8-94 Rissflächenermittlung für Reihe 2.2-B-2, Schraubentyp B, d = 8 mm, t = 40 mm, $a_{1,c}$ = 40 mm, $a_{2,c}$ = 24 mm, a_1 = 40 mm, a_2 = 24 mm

Versuch	m_p	n_p	Folge	ρ in kg/m³	γ_{mean} in °	$A_{Ri,1}$	$A_{Ri,11}$	$A_{Ri,13}$	$A_{Ri,3}$	$a_{Ri,1}$	$a_{Ri,11}$	$a_{Ri,13}$	$a_{Ri,3}$	$e_{085,1}$	$e_{085,11}$	$e_{085,13}$	$e_{085,3}$
2.2-B-2-01	1	1	2	483	60	387	-	291	-	13,7	-	15,4	-	8,57	-	7,04	-
	1	2	1			-	404	-	265	-	30,4	-	18,5	-	9,80	-	8,10
	2	1	4		68	299	-	271	-	15,6	-	12,1	-	7,72	-	6,11	-
	2	2	3			-	285	-	263	-	13,9	-	12,4	-	6,73	-	6,05
2.2-B-2-02	1	1	2	477	15	654	-	800	-	30,7	-	33,9	-	16,02	-	19,83	-
	1	2	1			-	564	-	466	-	20,7	-	19,5	-	14,39	-	11,16
	2	1	4		25	532	-	255	-	25,3	-	20,0	-	13,98	-	7,63	-
	2	2	3			-	450	-	375	-	20,0	-	17,4	-	10,15	-	8,77
2.2-B-2-03	1	1	2	483	70	398	-	675	-	30,3	-	25,8	-	14,68	-	15,68	-
	1	2	1			-	501	-	397	-	20,0	-	21,1	-	14,76	-	11,33
	2	1	4		43	444	-	500	-	32,6	-	20,0	-	11,43	-	12,87	-
	2	2	3			-	481	-	536	-	21,8	-	41,4	-	13,96	-	16,37
Mittelwerte				481		452	448	465	2034	24,7	21,1	21,2	21,7	12,07	11,63	11,53	10,30
Variationskoeffizient in %				0,72		27,6	21,4	49,9	5,33	33,1	25,2	36,6	46,4	28,1	27,8	47,9	34,7

Tabelle 8-95 Rissflächenermittlung für Reihe 2.2-B-3, Schraubentyp B, d = 8 mm, t = 40 mm, $a_{1,c}$ = 40 mm, $a_{2,c}$ = 22 mm, a_1 = 24 mm, a_2 = 40 mm

Versuch	Schraubenbild			ρ	γ_{mean}	Rissflächen in mm²				max. Risslänge in mm				Abstände e_{085} in mm			
	m_p	n_p	Folge	in kg/m³	in °	$A_{Ri,1}$	$A_{Ri,11}$	$A_{Ri,13}$	$A_{Ri,3}$	$a_{Ri,1}$	$a_{Ri,11}$	$a_{Ri,13}$	$a_{Ri,3}$	$e_{085,1}$	$e_{085,11}$	$e_{085,13}$	$e_{085,3}$
2.2-B-3-01	1	1	2	464	48	402	-	301	-	17,8	-	12,5	-	8,91	-	6,86	-
	1	2	1		48	-	326	-	400	-	12,1	-	16,4	-	7,55	-	9,47
	2	1	4		23	488	-	309	-	21,1	-	12,5	-	11,71	-	8,14	-
	2	2	3		23	-	382	-	407	-	15,1	-	21,7	-	8,69	-	10,06
2.2-B-3-02	1	1	2	468	28	460	-	346	-	16,6	-	12,0	-	9,99	-	9,14	-
	1	2	1		28	-	453	-	281	-	16,0	-	17,1	-	9,88	-	7,30
	2	1	4		50	525	-	364	-	21,9	-	15,9	-	12,40	-	9,12	-
	2	2	3		50	-	387	-	339	-	12,3	-	16,9	-	8,75	-	8,63
2.2-B-3-03	1	1	2	468	30	433	-	370	-	27,0	-	12,8	-	10,52	-	8,78	-
	1	2	1		30	-	431	-	367	-	13,1	-	18,7	-	9,38	-	8,99
	2	1	4		50	440	-	290	-	17,6	-	12,0	-	10,54	-	8,08	-
	2	2	3		50	-	385	-	289	-	14,5	-	14,4	-	8,73	-	6,68
Mittelwerte				467		458	394	330	2034	20,3	13,9	13,0	17,5	10,68	8,83	8,35	8,52
Variationskoeffizient in %				0,49		9,51	11,2	10,4	2,66	19,1	11,5	11,4	14,1	11,6	8,89	10,4	15,2